河渠湖库连通水力模拟与水量调配技术

高学平 刘殿竹 孙博闻 张晨 等 著

中国水利水电出版社
www.waterpub.com.cn
·北京·

内 容 提 要

针对河渠湖库连通形成的复杂水网，解决多水源多用户水量均衡调配难题，充分发挥河渠湖库调蓄能力及闸坝泵站等水利设施作用，提出了涵盖"水力模拟-水资源多维均衡调配-水量多目标优化调配-水量水质联合调配-调水过程优化-连通线路评价优选"等系列技术，适用于大尺度复杂水网水量均衡调配，最大限度地实现水资源高效利用，为河渠湖库连通工程设计及运行提供指导。

全书共分 6 章，分别为河渠湖库连通水力模拟技术；河渠湖库连通水资源多维均衡调配技术；河渠湖库连通水量多目标优化调配技术；河渠湖库连通水量水质联合调配技术；河渠湖库连通调水过程优化技术；河渠湖库连通线路评价优选技术。

本书可供从事水力模拟、水系连通、水量调度和水资源管理等相关研究方向的科研人员和高校师生参考。

图书在版编目（ＣＩＰ）数据

河渠湖库连通水力模拟与水量调配技术 / 高学平等著. -- 北京 : 中国水利水电出版社，2023.2
ISBN 978-7-5226-1400-7

Ⅰ. ①河… Ⅱ. ①高… Ⅲ. ①水资源管理-研究②水资源利用-研究 Ⅳ. ①TV213

中国国家版本馆CIP数据核字(2023)第036521号

书　　名	**河渠湖库连通水力模拟与水量调配技术** HE QU HU KU LIANTONG SHUILI MONI YU SHUILIANG TIAOPEI JISHU
作　　者	高学平　刘殷竹　孙博闻　张　晨　等著
出版发行	中国水利水电出版社 （北京市海淀区玉渊潭南路 1 号 D 座　100038） 网址：www.waterpub.com.cn E-mail：sales@mwr.gov.cn 电话：(010) 68545888（营销中心）
经　　售	北京科水图书销售有限公司 电话：(010) 68545874、63202643 全国各地新华书店和相关出版物销售网点
排　　版	中国水利水电出版社微机排版中心
印　　刷	天津嘉恒印务有限公司
规　　格	170mm×240mm　16 开本　17.75 印张　348 千字
版　　次	2023 年 2 月第 1 版　2023 年 2 月第 1 次印刷
定　　价	**78.00 元**

前　言

2015 年 1 月至 2017 年 12 月，天津大学联合南水北调东线山东干线有限责任公司、河海大学、山东大学、济南大学和中国海洋大学共同承担了"十二五"国家科技支撑计划课题"南水北调河渠湖库联合调控关键技术研究与示范（2015BAB07B02）"。课题针对南水北调东线山东段复杂河渠湖库连通水网沿线分水口众多、梯级泵站提水与自流型渠道输水模式并存、多水源多用户的特点，为实现适量、适时、精细化调配和分水的安全经济输水运行，开展了涵盖"水资源多维调配-水量优化调度-输水控制-输水环境保障-突发事故应急控制"等内容的研究与示范。2018 年 1 月至 2021 年 6 月，天津大学参加了水体污染控制与治理国家科技重大专项的子任务"区域水网水系连通路线方案优化研究（ZX07105 - 2 - 2 - 4）"，针对具有多水源、多调水目标、多闸坝等特点的区域水网，开展了水力连通优化等内容的研究。

上述两项研究均涉及区域水网水力连通的内容，为此本书将天津大学具体承担的有关区域水网水力模拟和水量调配等内容进行提炼总结，形成了一套河渠湖库连通水力模拟与水量调配技术。主要包括：①河渠湖库连通水力模拟技术，模拟具有调蓄能力区域水网的连通性，明晰区域水网水量和水位变化及其相互关系；②河渠湖库连通水资源多维均衡调配技术，高效利用多种水源，将各水源水量调配至受水区及用户；③河渠湖库连通水量多目标优化调配技术，利用区域水网调蓄能力在空间和时间上调配水量，将各水源水量进一步调配至受水区内的各受水单元及用户；④河渠湖库连通水量水质联合调配技术，考虑区域水网水质时空变化，实施分质供水，将各水源水量进一步调配至受水区内的各受水单元及用户；⑤河渠湖库连通调水过程优化技术，优化梯级泵站启闭时间，形成安全稳定经济的梯级泵站最优调水方案；⑥河渠湖库连通线路评价优选技术，量化评价多个不同的连通线路，确定较优的连通线路；附录的河渠湖库连通水力模拟与水量调配技术一览图直观地展示了该套技术的核心内容。

高学平承担全书的构思和统稿，刘殿竹组织各章内容，孙博闻、张晨、聂晓东、陈玲玲、张岩、闫晨丹、胡泽等参加了相关工作。

由于作者水平有限，书中有不妥之处，恳请广大读者及专家批评、指正。

著者

2022 年 6 月

目　录

第1章

河渠湖库连通水力模拟技术

调水工程通水后，输水干线与原有众多河道、明渠、湖泊和水库等形成复杂的河渠湖库连通水网（区域水网）。复杂的河渠湖库连通水网，一般包括河道、明渠、湖泊和水库等，这些河渠湖库构成了具有一定调蓄能力的调蓄工程群。为了解区域水网水力连通效果和河渠湖库等调蓄工程群的调蓄能力，实现区域水网安全输水和高效调配水资源，开展调水期的区域水网水力连通性研究。本章提出适用于区域水网的河渠湖库连通水力模拟技术。

对于具体的区域水网，基于湖库分布特点及调蓄能力，应用河渠湖库连通水力模拟技术，研究河道、明渠、湖泊、水库等之间的水力连通关系，揭示各调蓄工程的水位和水量变化过程和相互影响关系，为制定区域水网水量调配方案提供依据，实现区域水网安全输水。

1.1 引　　言

河渠湖库连通水力模拟技术是针对复杂区域水网水流运动进行模拟，明晰河道、明渠、湖泊和水库等之间的水力连通关系，揭示各调蓄工程的水位和水量变化过程和相互影响关系，其核心部分涉及水动力学模型等内容。

对于一般的水力模拟，通常针对研究对象的水流运动特征不同，水动力学模型可分为一维、二维和三维模型。对于河渠而言，水深一般较浅，其垂向尺度相比横向尺度和纵向尺度要小很多，因此，一般假定水动力要素在垂向上平均分布，将实际复杂的三维水动力学问题简化为纵向一维水动力学问题和平面二维水动力学问题。对于湖库而言，小型浅水湖泊一般采用一维水动力模型，大型浅水湖泊和水库一般采用二维水动力模型，深水湖泊往往存在垂向分层现象，大多采用三维模型进行模拟。一维、二维模型各有特色：一维模型计算效率高，模拟河流渠道，便于设置各种水工建筑物调度规则；二维模型模拟湖库流动，但是网格数量多而导致计算效率低。因此，在实际工程问题中，对较大

1

范围的复杂水网进行全域水动力模拟时，为权衡水力信息和计算效率，最直接有效的方法是对河流渠道建立一维模型，对湖泊水库建立二维模型，形成一维、二维耦合的全域水动力模型。

一维、二维耦合模型在国内外应用广泛，例如用于洪水演进分析、溃坝模拟、潮汐运动模拟等。Liang 等（2007）采用动态链接库技术，将二维模型和一维模型进行了耦合；Bladée 等（2012）基于有限体积法建立一维、二维水动力耦合模型，在确保质量守恒的基础上考虑了动量守恒；Chen 等（2012）提出了一维、二维耦合边界的水位预测校正法，该方法具有一维、二维模型计算完全独立的优点；Dutta 等（2007）采用有限差分法耦合一维、二维水动力学模型模拟洪水淹没，计算河流与洪泛区之间的流量交换；槐文信等（2003）通过曲线坐标系下的有限分析法求解二维水动力方程，利用一维、二维耦合模型模拟了渭河下游河道及洪泛区洪水演进；李云等（2005）将采用特征线法求解的一维模型与基于 OS-FEM 格式二维模型进行耦合，完成了淮河临淮岗段的洪水模拟；张大伟等（2010）将基于 Preissmann 格式的一维模型和二维非结构有限体积模型进行耦合求解，对松花江哈尔滨段松北分洪区溃堤洪水进行了模拟；姜晓明等（2012）采用相应的宽顶堰流公式计算耦合界面的流量，模拟了溃坝洪水过程；Lai 等（2013）提出了适用于大尺度水动力模拟的一维、二维耦合方法，对长江中游流域的河流湖泊洪水演进进行了模拟。

目前，一维、二维模型耦合求解方法分为三类：侧向耦合、重叠耦合和边界搭接耦合。

侧向耦合又分为基于堰流公式的水量守恒法和基于数值通量的水量和动量守恒法，可以合理地描述模型间的水力传递关系，主要适用于河网与其旁侧洪泛区的联合模拟，或者河网整体框架下局部地区的水流细节模拟等侧向型耦合联解模型。例如防洪保护区溃堤洪水演进或溃坝的模拟，因溃口处流态较为复杂，采用基于堰流公式的水量守恒法具有原理简单、计算稳定等优点，应用较为广泛。

重叠耦合和边界搭接耦合主要用于上下游联解的一维、二维模型耦合。重叠耦合需要将一维模型区域的边界向二维模型区域延长一段形成虚拟重叠区域，基于重叠—投影关系进行耦合求解，边界搭接耦合则无须延长一段重叠区域，只需在耦合边界处满足水位相等、进出流量相等的连接条件，较重叠耦合更为严谨合理。

边界搭接耦合的求解方法又可分为直接求解法、特征方程求解法和互赋边界迭代法。直接求解法是将连接断面的连接条件及河网、河口边界条件作为定解条件引入一维、二维方程组，形成一个包含一维、二维所有变量的整体方程组，多采用有限元法进行离散，在离散方程组层面进行矩阵整体求解，能严格满足耦合连接条件，但不易扩展至有限差分法和有限体积法，较难利用现有模型。特征方程求解法在耦合连接处显式离散求解一维、二维特征方程，并利用求得的耦合连接处水位或流量作为边界条件对一维、二维计算域求解，该方法的缺点是特征方程求解结果和一维、二维模型的求解结果之间往往存在差异，从而使耦合连接条件无法得到满足。互赋边界迭代法在一维、二维模型间根据已知解互相提供边界条件，交替计算以实现整体求解，两部分模型迭代的时间步长要互相匹配，避免迭代次数过长而消耗大量计算时间。

1.2 水力模拟技术理论

河渠湖库连通水力模拟技术（简称水力模拟技术），其核心部分是针对区域水网的特点，对河渠建立一维数学模型、对湖库建立二维数学模型，采用一维数学模型与二维数学模型耦合的方式进行计算，实现河渠湖库连通水网水流运动模拟，揭示区域水网水量和水位变化及其相互关系。

1.2.1 一维非恒定流方程及求解方法

一维非恒定流方程包括连续性方程和运动方程，即圣-维南（Saint - Venant）方程组。

连续性方程：

$$\frac{\partial A}{\partial t} + \frac{\partial Q}{\partial x} - q = 0 \tag{1.1}$$

运动方程：

$$\frac{\partial Q}{\partial t} + \frac{\partial QU}{\partial x} + gA\left(\frac{\partial z}{\partial x} + S_f\right) = 0 \tag{1.2}$$

式中：A 为过流断面面积，m^2；Q 为过流断面流量，m^3/s；x 为沿河道距离（纵向坐标），m；t 为时间，s；q 为旁侧入流或出流，m^2/s；U 为过流断面平均流速，m/s；z 为水位，m；S_f 为摩阻比降，$S_f = \dfrac{Q|Q|}{K^2}$，K 为流量模数，m^3/s；g 为重力加速度，m/s^2。

初始条件。初始条件通常是河道明渠在某一时刻的水流状态，如河道明渠沿程各断面的水位和流量。

$$z(x,t)|_{t=0} = z(x,0)$$
$$Q(x,t)|_{t=0} = Q(x,0) \tag{1.3}$$

边界条件。边界条件主要有三种形式，即给定水位过程、给定流量过程和给定水位流量关系。

$$z(x,t)|_{x=0}=z(0,t) \quad z(x,t)|_{x=K}=z(K,t)$$

或 $\quad\quad Q(x,t)|_{x=0}=Q(0,t) \quad Q(x,t)|_{x=K}=Q(K,t) \quad\quad (1.4)$

或 $\quad\quad\quad\quad Q(x,t)|_{x=0,K}=f[z(x,t)]$

采用四点隐式有限差分法求解 Saint-Venant 方程组。在求解区域 $x-t$ 平面内，离散网格如图 1.1 所示，可以计算得到每一节点的流量和水位值。对于交汇汊点处的求解，先将未知水力要素集中到汊点上，待汊点未知量求出后，再回代求解各河段未知量。

在一条河中主槽涨水时，水会漫入滩地，随着水量的增加，滩地的水沿着一个较短的路径向下游输送；当水量减少到一定程度时，水又会从滩地流回主槽。由于水流的主要方向是沿着主槽的，所以这种二维流动问题可以用一维模型很好地模拟。主槽和滩地水流的相互关系如图 1.2 所示。

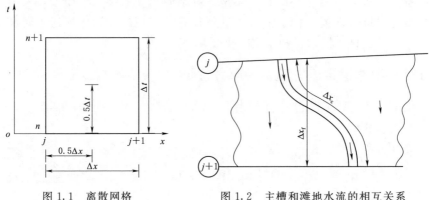

图 1.1　离散网格　　　　　图 1.2　主槽和滩地水流的相互关系

这里根据 Fread（1973）和 Smith（1978）提出的方法对主槽和滩地进行处理，将主槽和滩地看成两条河道，然后分别列控制方程。主槽和滩地流量的分配与输水量有关。

$$Q_c=\phi Q \quad\quad\quad (1.5)$$

式中：Q_c 为主槽里的流量，$\mathrm{m^3/s}$；Q 为总流量，$\mathrm{m^3/s}$；$\phi=K_c/(K_c+K_f)$，下标 c、f 分别代表主槽和滩地，K_c、K_f 分别为主槽和滩地的流量模数。

分别对主槽和滩地的连续性方程和运动方程各项进行离散，并分别将主槽和滩地两部分方程相加，式（1.1）和式（1.2）可写为

$$\frac{\partial A}{\partial t}+\frac{\partial(\phi Q)}{\partial x_c}+\frac{\partial[(1-\phi)Q]}{\partial x_f}-q=0 \quad\quad (1.6)$$

$$\frac{\partial Q}{\partial t}+\frac{\partial(\phi^2 Q^2/A_c)}{\partial x_c}+\frac{\partial[(1-\phi^2)Q^2/A_f]}{\partial x_f}+gA_c\left(\frac{\partial z}{\partial x_c}+S_{fc}\right)+gA_f\left(\frac{\partial z}{\partial x_f}+S_{ff}\right)=0$$

$$(1.7)$$

1.2.2 二维非恒定流方程及求解方法

二维非恒定流方程包括连续性方程和运动方程。

连续性方程：

$$\frac{\partial h}{\partial t}+\frac{\partial (hu)}{\partial x}+\frac{\partial (hv)}{\partial y}+q=0 \tag{1.8}$$

运动方程：

$$\begin{cases} \dfrac{\partial u}{\partial t}+u\dfrac{\partial u}{\partial x}+v\dfrac{\partial u}{\partial y}=-g\dfrac{\partial h}{\partial x}+\nu_{\mathrm{t}}\left(\dfrac{\partial^2 u}{\partial x^2}+\dfrac{\partial^2 u}{\partial y^2}\right)-c_{\mathrm{f}}u+fv \\[4mm] \dfrac{\partial v}{\partial t}+u\dfrac{\partial v}{\partial x}+v\dfrac{\partial v}{\partial y}=-g\dfrac{\partial h}{\partial y}+\nu_{\mathrm{t}}\left(\dfrac{\partial^2 v}{\partial x^2}+\dfrac{\partial^2 v}{\partial y^2}\right)-c_{\mathrm{f}}v+fu \end{cases} \tag{1.9}$$

式中：u、v 为沿 x、y 方向的流速，m/s；h 为水深，m；q 为汇/源流量，m^3/s；$\nu_{\mathrm{t}}=Dhu^*$（ν_{t} 为水平涡黏系数，m^2/s，其中 D 为混合系数，u^* 为摩阻流速，$u^*=\sqrt{gRJ}$，m/s，其中 R 为水力半径，m，J 为水力坡度）；$c_{\mathrm{f}}=g\,|V|/(C^2 R)$（$c_{\mathrm{f}}$ 为河床摩擦系数，s^{-1}；$|V|$ 为 u 和 v 的合流速，m/s；C 为谢才系数；f 为科氏参数，s^{-1}）。

初始条件。初始条件包括湖库在某一时刻的初始水位或初始流量等。

边界条件。边界条件包括开边界和闭边界。开边界一般给定流量过程、水位过程或水位流量关系。闭边界也称陆地边界，一般认为该边界上各点法向流速及对应的各流动变量法向梯度均为 0。

耦合模型中二维非恒定流计算以有限体积法为主，在非正交网格处采用有限体积法与有限差分法联合求解的方法计算。有限体积法的基本原理是将区域划分为独立连续的单元控制体，逐单元进行水量和动量平衡，计算出通过每个控制体边界法向输入或输出的流量和动量通量后，便可以得到计算时段末各控制体的平均水深和流速。

1.2.3 一维、二维耦合水动力模型建立

针对具体的区域，基于区域水网水力连通或设计图，建立一维、二维耦合水动力模型，具体步骤如下：

（1）建立湖库 DEM（Digital Elevation Model）地形。宽浅型湖库具有面大、水浅、密度分层不明显、沿水深方向水流流速变化较小等特点，可简化为平面二维水动力模型进行模拟分析。目前，对于湖库水下地形，多采用散点法均匀布设测点，通过水上定位和测深获得水下地形。对于水域面积较大的湖泊，

布设的测点间距为 50～100m 时，精度相对较低。为获得较高精度的水下地形，借助 ArcGIS 软件，采用 TIN（Triangular Irregular Network）算法处理原始地形数据，然后通过线性和双线性内插创建精度更高的 DEM 地形，以此作为建立二维模型和划分网格的基础地形。

（2）湖库网格的划分。对于湖库，首先确定湖岸水陆边界，然后基于湖泊 DEM 地形划分网格。对于湖区等地形变化较小的区域采用四边形结构化网格，网格生成质量较高，可保证计算精度的前提下提高计算速度；对于湖内地形变化较大、河流进出口附近以及重点区域等采用多边形非结构化网格，并对网格进行加密，以保证该处的计算精度与稳定性。

（3）河渠计算断面的划分。对于河渠，根据相应的地形资料，合理进行河渠概化和考虑河渠走向及河势变化的断面选择，对地形数字化处理，建立河渠的一维水动力模型；同时，在模型中输入节制闸、分水闸和泵站等水工建筑物信息。

（4）一维、二维模型耦合。采用边界搭接耦合的方法处理一维模型河道断面边界与二维模型边界的衔接耦合。

（5）特殊节点处理。针对河渠湖库连通水网中的湖泊和水库，结合实际情况确定是否考虑其二维水动力特性，是否作为具有调蓄能力的一维蓄水区考虑。

（6）初始条件及边界条件。对于具体的区域水网，根据研究内容和已知资料设定模型的初始条件，主要包括初始水位或初始流量等；设定模型的边界条件，包括模型边界处的流量时序、水位时序、泵站提水流量、过闸流量和蒸发渗漏等。

（7）模型验证。对建立的一维、二维耦合水动力模型进行参数率定和合理性验证，验证资料通常是实测资料或设计资料。

（8）数值模拟及分析。将经过合理性验证的一维、二维耦合水动力模型应用于具体区域，模拟不同调水流量条件下该区域水网的水量和水位变化，分析该区域网的沿程水位、动态蓄水位和动态蓄水量，明晰调蓄工程群的水量联动变化和相互影响关系。

1.2.4　水力模拟技术简介

针对复杂的河渠湖库连通水网，提出了河渠湖库连通水力模拟技术，其核心部分是对河道明渠建立一维模型，对湖泊水库建立二维模型，形成一维、二维耦合的整体水动力模型，实现河渠湖库连通水网水流运动模拟。一维模型求解采用隐式有限差分法；二维模型求解以有限体积法为主，计算网格既包括结构网格又包括非结构网格，在结构网格处采用有限体积法计算，在非结构网格处采用有限体积法与有限差分法联合求解的方法计算；在一维、二维耦合边界处，采用边界迭代法处理。利用该技术，模拟不同调水流量条件下区域水网的水量和水位变化，明晰河渠湖库的水位、水量变化及其相互影响关系。

1. 河渠湖库连通水力模拟技术特点

（1）一维模型和二维模型相耦合。对河道和明渠建立一维模型，对湖泊和水库建立二维模型，河渠湖库连接处采用边界迭代法处理，模拟复杂水网的实际情况，模拟结果更接近实际。

（2）既有结构化网格又有非结构化网格。结构化网格计算速度快，非结构化网格计算精度高，采用结构化网格与非结构化网格相结合的方法，提高计算精度与速度。

（3）模拟各类水工建筑物。模拟坝、堤、堰、涵管、桥梁和闸门等水工建筑物，考虑水工建筑物对水面线等变化的影响。

2. 河渠湖库连通水力模拟技术适用对象

该技术适用于复杂的河渠湖库连通水网，即河道、明渠、湖泊和水库并存，湖泊和水库具有一定的调蓄能力，输水干线设多级水泵逐级提水输送。此类复杂的河渠湖库连通水网，既有自流输水，又有梯级泵站输水，河渠湖库构成了具有调蓄能力的调蓄工程群，各调蓄工程群之间的水量及水位相互关联。

3. 河渠湖库连通水力模拟技术应用所需资料

（1）区域水网水力连通或设计图。

（2）河道或明渠的地形、底高程、底坡、长度、河底宽度、边坡和糙率等特征参数。

（3）湖泊或水库的位置、地形、功能、水位和蓄水量等信息。

（4）各类水工建筑物的位置和尺寸，以及水位-流量关系等。

（5）外调水量或流量等。

4. 河渠湖库连通水力模拟技术应用步骤

（1）建立一维河渠和二维湖库 DEM 地形。

（2）划分河渠计算断面和湖库网格。

（3）在模型中输入节制闸、分水闸和泵站等水工建筑物信息。

（4）输入河渠湖库初始条件，输入河渠湖库、分水口和闸泵等边界条件。

（5）模型验证及参数率定。

（6）水力模拟得到不同工况下区域水网的沿程水位、河渠湖库的动态蓄水位和动态蓄水量情况，分析调蓄工程群的水量联动变化和相互影响关系。

河渠湖库连通水力模拟技术应用步骤如图 1.3 所示。

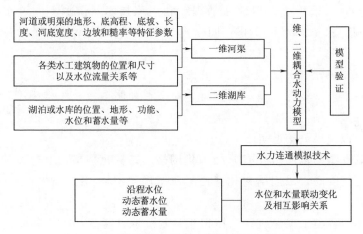

图 1.3　河渠湖库连通水力模拟技术应用步骤

1.3　水力模拟研究实例概况

这里以南水北调东线山东段河渠湖库连通水网为例。南水北调东线山东段输水干线与天然河道、湖泊、水网交织，调水工程通水后，输水干线与原有众多河流、渠道、湖泊和水库形成复杂的河渠湖库连通水网。该河渠湖库连通水网具有以下特点：

第一，输水线路复杂，输水形式多样。鲁南段水库和泵站参与输水，需采用梯级泵站相继联动提水，鲁北段和胶东段采用明渠自流方式输水。

第二，河渠湖库具有调蓄能力。山东段设置有七级泵站，中间有南四湖和东平湖作为调蓄节点，调水线路利用了更多的河道、渠道和湖泊，而且利用了水库调蓄。

第三，沿线分水口众多，输水干线沿线共设 41 个分水口。

1.3.1　河渠湖库连通水网

南水北调东线通水后，长江水经江苏地区进入山东地区后，则进入了山东段所特有的复杂河渠湖库连通水网，如图 1.4 所示。

经江苏区域进入山东段后，利用韩庄运河和不牢河两路送水至南四湖，在韩庄运河上新建台儿庄泵站、万年闸泵站、韩庄泵站三座泵站逐级提水输送至南四湖的下级湖，在南四湖中新建二级坝泵站将下级湖水提至上级湖，在梁济运河上新建长沟泵站提水出湖向北，在梁济运河与柳长河交汇处新建邓楼泵站提水进入柳长河，在柳长河下游末端新建八里湾泵站提水进入东平湖，至此共设置了 7 级泵站进行提水；出东平湖后向北穿黄河通过小运河、六分干、七一河、六五河自流至德州大屯水库；另一路向东通过济平干渠自流输水至济南，并在济南新建东湖水库用于调蓄，从济南新建干线自流输水至滨州博兴进入引黄济青，沿原引黄济青送水至胶东地区，并在引黄济青段新建双王城水库进行调蓄。

图 1.4　南水北调东线山东段河渠湖库连通水网（2016 年）

1.3.2　输水工程

南水北调东线山东段输水工程分为鲁南、鲁北和胶东输水干线。鲁南输水干线主要包括韩庄运河段和梁济运河—柳长河段。韩庄运河段自微山湖出口韩庄起，至陶沟河口与中运河相接，全长 42.81km，该段设计输水流量为 125m³/s。梁济运河段输水全长为 87.8km，设计输水流量为 100m³/s，输水线路从南四湖湖口至邓楼泵站长 57.89km。柳长河段输水流量为 100m³/s，输水工程长为 21.28km，设计河底高程为 32.8m。鲁南输水干线的梯级泵站工程主要由八里湾泵站、邓楼泵站、长沟泵站、二级坝泵站、韩庄泵站、万年闸泵站和台儿庄泵站 7 个泵站组成，见表 1.1。

鲁北输水干线分为两段：一段是从位山川黄枢纽出口—临清邱屯闸；另一段是从临清邱屯闸—德州大屯水库。鲁北输水渠道位山—临清邱屯闸设计输水

表1.1　　　　　　　　　　　鲁南输水干线梯级泵站基本情况

序号	泵站名称	管理分局	管理处	桩号
1	台儿庄泵站		台儿庄泵站	11+720
2	万年闸泵站	枣庄	万年闸泵站	24+000
3	韩庄泵站		韩庄泵站	25+080
4	二级坝泵站		二级坝泵站	
5	长沟泵站	济宁	长沟泵站	26+000
6	邓楼泵站		邓楼泵站	57+890
7	八里湾泵站	泰安	八里湾泵站	79+000

流量为 $50m^3/s$；穿黄枢纽出口水位为 35.61m，邱屯闸上水位为 31.39m；输水河道全长为 96.92m，其中利用现状河道为 58.54km，新开渠段长为 38.38km；沿线各类建筑物为 217 座，其中输水渠穿徒骇河、马颊河倒虹各 1 座，涵闸 54 处，穿输水渠倒虹 17 座。鲁北输水渠道临清邱屯闸—大屯水库段设计输水流量为 $25.5\sim13.7m^3/s$，输水线路全长 76.57km，其中利用六分干扩挖 12.88km；利用七一河、六五河现状河道 63.69km。鲁北输水干线为明渠自流输水，沿线各类建筑物 121 座，分水闸 2 座，节制闸 10 座，涵闸 72 处，穿输水渠倒虹 4 座。

胶东输水干线为明渠自流输水，输水线路全长为 239.78km，分为济平干渠段、济南至引黄济青段、引黄济青输水河段和引黄济青渠道以东至威海市米山水库四段。济平干渠段自东平湖渠首引水闸至小清河睦里庄跌水，线路总长为 90.055km，沿线主要建筑物有 184 座，其中水闸 18 座，包括渠首引水闸 1 座、节制闸 1 座、分水闸 4 座，输水渠倒虹 10 座。济南至引黄济青段全长 149.99km，自睦里庄跌水起，利用小清河输水，至小清河金福高速公路下游约 150m。之后在小清河左岸新建小清河涵闸，输水线路出小清河，沿小清河左岸埋设无压箱涵输水，暗渠侧墙作为小清河左岸暗墙，沿途穿越虹吸干河、北太平河、华山沟等支流，至小清河洪家园桥下，输水暗渠长 23.28km。洪家园桥下暗渠出口之后，改为新辟明渠输水，至小清河分洪道分洪闸下穿分洪道北堤入分洪道，新辟明渠段全长 87.53km。进入小清河分洪道后，开挖疏通分洪道子槽长 34.61km，至分洪道子槽引黄济青上节制闸与引黄济青输水河连接。沿线各类建筑物 282 座，其中各类水闸 26 座，包括输水渠节制闸 13 座、分水闸 8 座；输水渠穿河沟倒虹吸 5 座。引黄济青输水河段采用原引黄济青河道进行输水，全长约 275km，其中 253km 为人工衬砌明渠，22km 为暗渠。引黄济青渠道至威海市米山水库段采用原引黄济烟进行输水。

1.3.3　调蓄湖库

南水北调东线山东段输水干线上主要调蓄工程有南四湖和东平湖2座天然湖泊，以及大屯水库、东湖水库和双王城水库3座平原水库。

1. 南四湖

南四湖位于沂沭泗流域西部，是山东省最大的淡水湖泊，由南阳、独山、昭阳和微山4座湖串连而成，湖面南北长约120km，东西宽为5～25km，湖面面积为1266km²。南四湖是南水北调东线工程的重要输水通道和调蓄湖泊。二级坝区枢纽工程将南四湖分成上、下级湖，二级坝闸上为上级湖，南北长67km；二级坝闸下为下级湖，南北长58km。

2. 东平湖

东平湖位于山东省东平县境内，大汶河下游入黄河口处，是黄河下游南岸的滞洪区，湖区总面积为632km²，常年水面124.3km²，平均水深为2.5m，蓄水总量为3亿m³。现东平湖作为引江水分往鲁北区、胶东区的分水节点。

3. 大屯水库

大屯水库布置在六五河以西150～200m，德武公路以南丁王庄、王庄和贾庄以西。水库在南水北调东线鲁北输水干渠六五河段设引水闸引水，设计入库流量为12.65m³/s。引江水通过水库调蓄后，向德州市的德城区和武城县城供水；供水为全年均匀供水，利用压力管道输水至城区、县城水厂。向德城区供水设计流量为3.46m³/s，向武城县城区供水设计流量为0.4m³/s。

4. 东湖水库

东湖水库位于济南市东北约30km处，水库北临小清河，南至湖北路，西邻井家排水沟，东至四干排水沟（东干渠）。围坝轴线总长8.39km，坝轴线以内面积为4.65km²，最大水面面积为4.57km²，最大坝高为13m，水库死水位为19m，最高蓄水位为30m，总库容为5549万m³。东湖水库入库采用泵站提水并在胶东输水干渠右岸设一分水口，其作用是东湖水库充库时，开启闸门引水，不充库时关闭闸门，便于南水北调输水；出库采用出库涵闸、穿小清河出库倒虹，进入南水北调干渠。

5. 双王城水库

双王城水库位于寿光市北部卧铺乡寇家坞村北天然洼池，围坝轴线总长为9.64m，坝轴线以内面积为6.46km²，最大水面面积为6.29km²，最大坝高为12.5m，水库死水位为3.9m，最高蓄水位为12.5m，总库容为6150万m³。水库入库采用泵站提水入库并设立引水渠进口闸，其作用是双王城水库充库时，开启闸门引水；不充库时，关闭闸门，便于引黄济青输水。出库采用闸门控制，供水渠出口闸位于供水渠出口、引黄济青输水渠左堤上。双王城水库向胶东供水时，开启闸门输水；不供水时，关闭闸门。

1.4　水力模拟技术应用及成果

将提出的河渠湖库连通水力模拟技术应用于南水北调东线山东段河渠湖库连通水网，研究不同调水流量条件下该区域水网的水量和水位变化，分析连该区域网的沿程水位、动态蓄水位和动态蓄水量，明晰调蓄工程群的水位和水量联动变化和相互影响关系。

研究工况包括两种，即调水流量 140.15m³/s（调水保证率 95%）和 127.88m³/s（调水保证率 75%）。

首先，结合区域的河渠湖库等特点以及分水口位置分布，建立一维、二维耦合水动力模型，同时进行模型验证；其次，利用耦合水动力模型，模拟不同调水流量条件下的区域水网水量和水位变化；最后，分析调蓄工程群的水位和水量联动变化。

1.4.1　模型建立

区域范围自韩庄泵站提水入南四湖开始经梁济运河入东平湖，之后一条线穿黄进入鲁北区输水至大屯水库，另一条线向东输送胶东输水干线至双王城水库。图 1.5 为山东段河渠湖库连通水网概化图；图 1.6 为山东段河渠湖库连通水网一维、二维耦合水动力模型。

山东段河渠湖库连通水网一维、二维耦合水动力模型的建立包括以下六部分。

1. 建立湖库 DEM 地形

南四湖为典型的大型浅水湖泊，湖底平坦，地势西北高东南低，大部分湖区水深低于 1m，最深处位于微山岛以南的区域，水深为 3m 左右，其他区域最深处为 1.5m 左右。南四湖具有面大、水浅、密度分层不明显、沿水深方向水流流速变化较小等特点，故可简化为平面二维水动力模型进行模拟分析。

为获得较高精度的水下地形，借助 ArcGIS 软件，采用 TIN（Triangular Irregular Network）算法处理原始地形数据，然后通过线性和双线性内插创建精度更高的 DEM（Digital Elevation Model），以此作为建立二维模型和划分网格的基础地形。南四湖原始 CAD 图和 DEM 地形图如图 1.7 和图 1.8 所示。

2. 湖库网格的划分

对于湖库，首先确定湖岸水陆边界，然后基于湖泊 DEM 地形划分网格，对于湖区等地形变化较小的区域采用四边形结构化网格，网格生成质量较高，在保证计算精度的前提下提高计算速度；对于湖内地形变化较大、河流进出口附

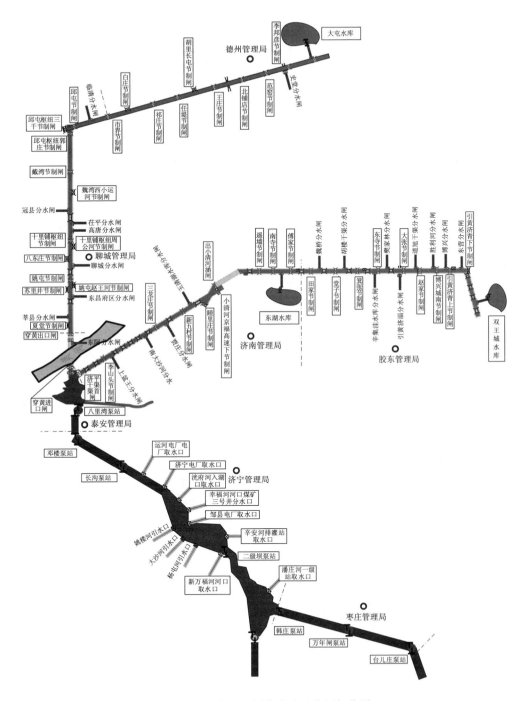

图 1.5　山东段河渠湖库连通水网概化图

近以及重点区域等采用多边形非结构化网格，并对网格进行加密，保证该处的计算精度与稳定性。南四湖二维模型基本网格尺寸为 150m×150m，上级湖共划分 34877 个网格，下级湖共划分 34826 个网格。湖区结构网格如图 1.9 所示，湖区边界与河口非结构化网格如图 1.10 所示。

3. 河渠计算断面的划分

对于河渠，根据相应的地形资料，合理进行河渠概化和考虑河渠走向及河势变化的断面选择，对地形数字化处理，建立鲁南区潘庄引河、北沙河、万福河、白马河、泗河、梁济运河和柳长河 7 条河流、鲁北区小运河、七一河、五六河及东阿、高唐、冠县等各分水支流以及胶东区东平湖至双王城水库段输水干线的一维水动力模型，采用边界搭接耦合的方法处理一维模型河道断面边界与二维模型边界的衔接耦合。

图 1.6　山东段河渠湖库连通水网一维、二维耦合水动力模型

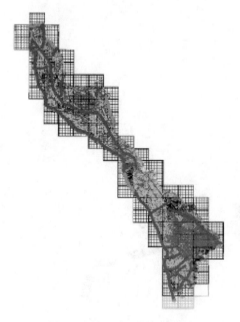

图 1.7　南四湖原始 CAD 图

图 1.8　南四湖 DEM 地形图

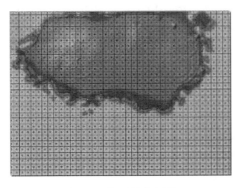

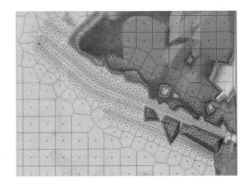

<table>
<tr><td>图 1.9　湖区结构网格</td><td>图 1.10　湖区边界与河口非结构化网格</td></tr>
</table>

其中，鲁北区输水干线沿线设有 3 座节制闸和 2 座倒虹吸；胶东区输水干线沿线设有 1 处暗渠和 2 座节制闸。

鲁南区潘庄引河长约为 7km，共划分为 70 个断面；北沙河长约为 25.5km，共划分为 51 个断面；万福河长约为 83km，共划分为 83 个断面；白马河长约为 32.5km，共划分为 65 个断面；泗河长约为 53km，共划分为 53 个断面；梁济运河长约为 57.89km，共划分为 139 个断面；柳长河长约为 21.28km，共划分为 55 个断面。

鲁北区小运河长约为 96.9km，共划分为 134 个断面，沿线设有 3 座节制闸可调节干线流量，分别是赵王河节制闸、周公河节制闸和邱屯节制闸；七一河、五六河长约为 76.6km，共划分为 84 个断面；东阿分水支流长约为 23km，共划分为 47 个断面；阳谷分水支流长约为 30km，共划分为 61 个断面；东昌府分水支流长约为 11km，共划分为 56 个断面；聊城市分水支流长约为 8km，共划分为 17 个断面；高唐分水支流长约为 40km，共划分为 81 个断面；茌平分水支流长约为 26km，共划分 53 个断面；冠县分水支流长约为 40km，共划分 81 个断面；临清分水支流长约为 4km，共划分 21 个断面；夏津分水支流长约为 4km，共划分 21 个断面；乐陵、陵城区、宁津、平原、庆云分水支流长约为 60km，共划分 121 个断面。

胶东区河道全长为 310km，其中济平干渠段为 89.8km，共划分 89 个断面；济平干渠至引黄济青上节制闸段为 140km，共划分 149 个断面；引黄济青至双王城水库段为 70.2km，共划分 71 个断面。考虑到输水干线需承担一部分调蓄能力以及胶东输水干线各建筑物的作用，在模型中需考虑的建筑物包括 1 处暗渠和 2 座节制闸，济平干渠段北大沙河和玉符河之间布置新五村节制闸，以及位于济南至引黄济青段的睦里庄节制闸。

4. 特殊节点处理

（1）东平湖。因东平湖无向用水户供水的任务，仅用作调蓄分水，且自东平湖向鲁北和胶东区的分水线路均通过引水闸直接从湖内取水，故将东平湖视为具有调蓄能力的一维蓄水区考虑，不考虑其二维水动力特性。

（2）大屯水库。大屯水库位于鲁北干线最末端，引江水进入大屯水库经调蓄后全年向德州市德城区与武城县供水，故也将大屯水库视为具有调蓄能力的一维蓄水区考虑，不考虑其二维水动力特性。

（3）东湖水库。东湖水库位于济南市东北约 30km 处，引江水经东湖水库分水调蓄后，全年向章丘、济阳供水。由于水库水深较大，地形的影响可以忽略，故将东湖水库作为具有调蓄能力的一维蓄水区考虑，不考虑其二维水动力特性。

（4）双王城水库。双王城水库位于寿光市北部，引江水经双王城水库分水调蓄后，全年向寿光市供水，错开干线供水时间的目的是为北平原水库和青岛市供水。同样由于水库水深较大，地形的影响可以忽略，故将东湖水库作为具有调蓄能力的一维蓄水区考虑，不考虑其二维水动力特性。

（5）双王城水库至米山水库段。胶东输水干线在双王城水库之后无调蓄水库和调蓄建筑物，故本次模拟范围为东平湖出库至双王城水库之间，将双王城水库之后的各分水口流量汇总作为研究区河道的下游节点边界条件。

5. 初始条件

根据研究内容和已知资料设定模型的初始条件，主要包括初始水位或初始流量等。根据南水北调一期工程可行性研究，调水期为非汛期，即每年 10 月 1 日至翌年 5 月 31 日，在此一维模型选取河渠下游断面汛末水位、二维模型选取湖库汛末水位为计算的初始水位。各河段下游汛末水位与湖库汛末水位列于表 1.2。

表 1.2　　　　　　　　各河段下游汛末水位与湖库汛末水位

项　　目	汛末水位/m	项　　目	汛末水位/m
上级湖	33.30	双王城水库	3.90
下级湖	31.80	柳长河下游	33.80
东平湖	40.76	鲁北输水干线下游	32.65
大屯水库	20.25	胶东输水干线下游	4.30
东湖水库	18.00		

6. 边界条件

按研究工况设定模型的边界条件，包括模型边界处的流量时序、水位时序、泵站提水流量、过闸流量和蒸发渗漏等。这里，设定两种调水流量条件，分别为调水保证率 95%（140.15m³/s）和调水保证率 75%（127.88m³/s），区域的上游边界按调水流量给定；区域的下游边界按各自河道出流流量时序给定，河渠一维模型边界与湖库二维模型边界耦合作为内边界处理。依据《南水北调东线第一期工程可行性研究总报告》（2005年），图1.11～图1.13给出了调水保证率为95%的各分水口分水流量边界。

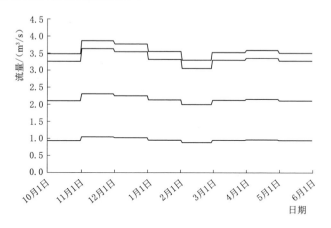

图1.11 鲁南区分水口分水流量过程

自上而下依次为：上级湖洙水河港口提水泵站、上级湖城郭河甘桥泵站、上级湖济宁提水泵站和下级湖潘庄一级站

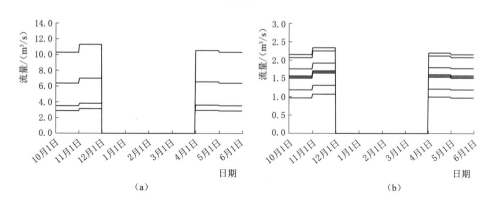

（a）

（b）

图1.12 鲁北区分水口分水流量过程

（a）自上而下依次为：大屯水库市区分水口、六五河与堤上旧城河交叉口、临清市分水口和高唐县分水口

（b）自上而下依次为：阳谷分水口、荏平区分水口、莘县分水口、东阿分水口、冠县分水口、东昌府区分水口、大屯水库武城分水口和六五河分水口

1.4.2 模型验证

为验证利用河渠湖库连通水力模拟技术获得成果的合理性，依据《南水北调东线第一期工程可行性研究总报告》（2005年），选取鲁南区南四湖、梁济运河和柳长河段、鲁北区小运河段河和胶东区输水干线进行模型验证。为方便计，

17

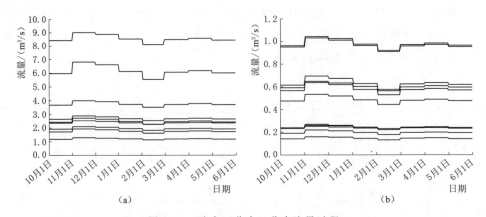

图 1.13　胶东区分水口分水流量过程

(a) 自上而下依次为：东营北分水口、棘洪滩水库、腰庄分水闸、东湖水库济南分水闸、米山水库、
引黄济淄分水闸、锦秋水库分水闸、门楼水库分水口、东营南分水口、双王城水库和新五分水闸
(b) 自上而下依次为：引黄济青干渠的西分干分水闸、胡楼分水闸、王河分水口、东湖水库章丘
分水口、招远分水口、温石汤泵站出口、南栾河分水口、潍河倒虹吸出口西小章分水闸、丰粟分
水口、辛安桥分水口、贾庄分水闸、双友分水闸、博兴水库分水闸和泳汶河分水口

下文将利用河渠湖库连通水力模拟技术获得的成果称为计算值或模拟值。鉴于山东段通水时间短（当时 2016 年开展该项研究时山东段通水不久），实测水位资料不完整，故采用河道在设计流量下的设计水位作为验证资料，通过比较河段计算水位值和设计水位值，进行参数率定与模型验证。同时，为弥补实测资料的不足，进行室内水力连通系统试验，对河渠湖库连通水力模拟技术获得的成果进行合理性验证。

1.4.2.1　糙率率定

南四湖湖内情况复杂，航道、深槽、湖草、芦苇、莲藕、鱼池、湖田等遍布湖区，相互交错且疏密程度不同，因此，南四湖湖内糙率复杂多变。为了便于数值模拟计算，在调查分析的基础上将南四湖湖内概化为四类区域，即挺水植物芦苇生长区（芦苇）、沉水植物水草生长区（湖草）、无水生植物生长的浅水区（明湖）、无水生植物生长的深水区（航道）。根据现场调查统计，挺水植物芦苇区占湖泊水面 66%，沉水植物水草区占湖泊水面 15%，无水生植物生长的浅水区占湖泊水面 18%，无水生植物生长的深水区占湖泊水面 1%。四种类型在南四湖中的位置如图 1.14 所示。

根据山东省水利勘测设计院 2001 年现场勘测分析［《南水北调东线第一期工程可行性研究总报告》（2005 年）］，上述四类区域的湖底糙率确定如下：挺水植物芦苇生长区（芦苇）湖底糙率系数为 0.705，沉水植物生长区（湖岸）湖底糙率系数为 0.200，无水生植物生长浅水区（明湖）的湖底糙率系数为 0.074，

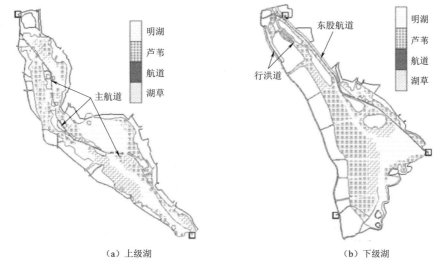

（a）上级湖   （b）下级湖

图 1.14　四种类型在南四湖中的分布位置

无水生植物生长深水区（航道）的湖底糙率系数为 0.025。

　　鲁南输水干线梁济运河和柳长河均采用《南水北调东线第一期工程可行性研究总报告》（2005 年）中设计的新开挖断面资料，河道糙率按设计糙率进行率定，其中梁济运河糙率为 0.025，柳长河河床糙率为 0.025，柳长河边坡糙率为 0.015。

　　鲁北输水干线小运河段分为全衬砌段和非衬砌段，设计桩号 0＋000～24＋000 为非衬砌段，糙率为 0.025；设计桩号 24＋000～58＋000 全衬砌段，糙率为 0.015；设计桩号 58＋000～96＋920 为非衬砌段，糙率为 0.025。

　　胶东输水干线济平干渠段采用梯形全断面衬砌输水断面，河道糙率为 0.015；济平干渠至引黄济青上节制闸段包括全断面衬砌渠段和半断面衬砌渠段，糙率分别为 0.015 和 0.02。

1.4.2.2　水位验证

1. 鲁南区南四湖

　　南四湖上级湖主要入湖河道下游控制站包括泗河书院站、洸府河黄庄站、梁济运河后营站、洙赵新河梁山闸站、万福河孙庄站和东鱼河鱼城站，主要出湖控制站为二级坝站。下级湖主要入湖控制站为二级坝站，主要出湖控制站为韩庄闸站。二维模型选用各控制站 2003 年 8 月 9 日至 10 月 31 日的洪水流量过程线作为验证资料，各控制站洪水流量过程线如图 1.15 所示。

　　经调节各分区糙率模拟计算，当芦苇区湖底糙率系数为 0.705，湖草区湖底糙率系数为 0.200，明湖区湖底糙率系数为 0.074，航道区湖底糙率系数为

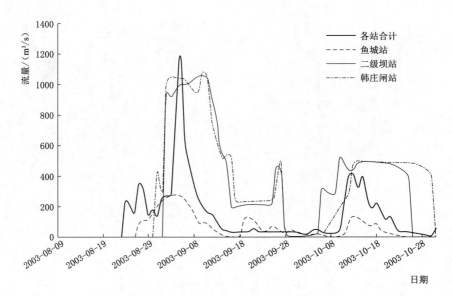

图 1.15 南四湖各控制站洪水流量过程线

0.025 时，提取上级湖南阳和马口两个位置的水位数据进行分析，将水位计算值与设计值分别绘于图 1.16 和图 1.17。选用 RMSE 作为判别准则，RMSE 的值越接近于 0，表明两者吻合度越好。比较计算水位值与设计水位值，南阳水位最大误差为 0.12m，RMSE 为 5.18%；马口水位最大误差为 0.15m，RMSE 为 7.48%。计算结果表明，计算值与设计值基本吻合，模型的模拟效果较好。严格来讲，应该选定水深作为误差分析，这里之所以选定水位是因为便于和设计水位进行比较，主要还是因为其在水位 30m 左右时其水位高程值相对较小，而且这里的水深相对较大，两者数值大小处于同一量级，因此以水位作为误差分析和以水深作为误差分析的效果相同。

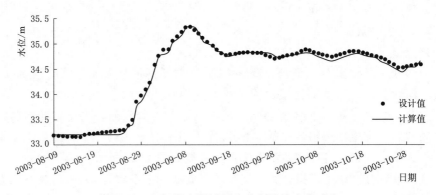

图 1.16 上级湖南阳计算水位与设计水位对比

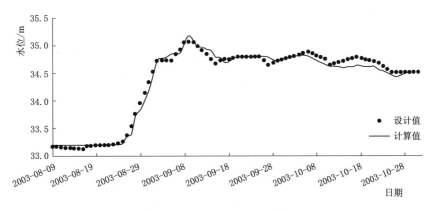

图 1.17 上级湖马口计算水位与设计水位对比

提取下级湖二级坝和微山岛两个位置的水位数据进行分析，将两个位置的水位计算值与设计值分别绘于图 1.18 和图 1.19。比较水位计算值与水位设计值，二级坝水位最大误差为 0.15m，RMSE 为 6.42%；微山岛水位最大误差为 0.13m，RMSE 为 5.72%。计算值与设计值基本吻合，模型的模拟效果较好。

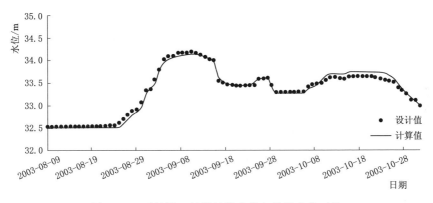

图 1.18 下级湖二级坝计算水位与设计水位对比

2. 鲁南区梁济运河和柳长河

梁济运河和柳长河在正常调水年份的设计流量均为 100m³/s，水位计算值与设计值绘于图 1.20。比较水位计算值与水位设计值，两者最大误差为 0.12m，RMSE 为 6.12%。计算值与设计值基本吻合，模型的模拟效果较好。

3. 鲁北区和胶东区

鲁北输水干线小运河段设计流量为 50m³/s，胶东输水干线设计流量为 50m³/s，选取设计流量下的设计水位以及各控制闸闸上闸下设计水位作为验证

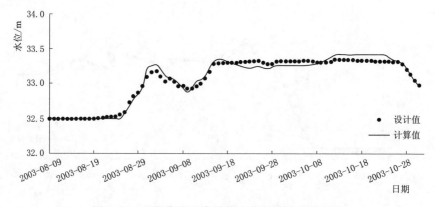

图 1.19　下级湖微山岛计算水位与设计水位对比

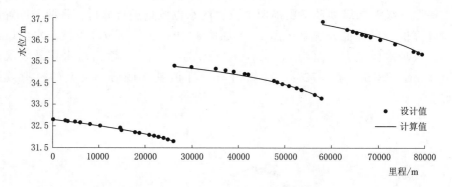

图 1.20　梁济运河和柳长河的计算水位与设计水位对比

资料。当非衬砌段糙率为 0.024～0.027、衬砌段糙率为 0.015 时，提取鲁北与胶东输水干线的水位计算值与设计值分别绘于图 1.21 和图 1.22 中。其中小运河河段底高程为 30.95～28.10m，胶东输水干线河段底高程为 36.1～1.2m，比较水位计算值与水位设计值，鲁北输水干线水位误差最大为 0.16m，均方根误差 RMSE 为 6.64%；胶东输水干线水位误差最大为 0.10m，均方根误差 RMSE 为 5.80%。计算值与设计值基本吻合，模型的模拟效果较好。

1.4.2.3　系统试验验证

为弥补该区域河道水位实测资料的不足，选取典型工况专门进行了该区域水力连通系统试验，量测输水河道沿程水深变化，得到典型工况的沿程水深，并与利用水力模拟技术获得的成果进行比较，进一步验证水力模拟技术的合理性。

由于原型观测受到某些条件的局限或按现有相似理论难以建立相似的物理模型，因而既不能进行原型观测又难以进行室内物理模型试验，在此情况

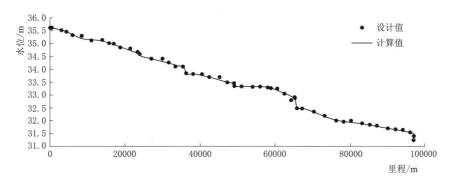

图 1.21　鲁北区河道水位计算值与水位设计值对比

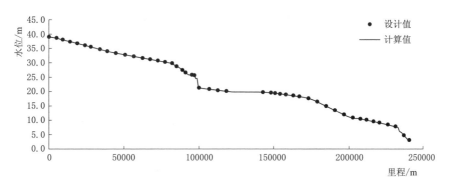

图 1.22　胶东区河道水位计算与水位设计对比

下，尝试进行系统试验，即在实验室内小规模地构建某类流动，进行试验观测。

依据实际调水线路建造系统试验模型，模拟相似的调水线路、调蓄水库、湖泊，模拟相似的调水方式和运行工况，进行试验量测。应当指出，系统试验不是严格意义上的和原型完全相似的模型试验，详见 1.5 节水力连通系统试验。

利用河渠湖库连通水力模拟技术研究系统试验的典型工况，即调水流量为 18.49L/s，且向东湖水库、双王城水库和大屯水库等 3 座水库正常分水，其分水口分水流量见表 1.6。

图 1.23 给出了水力模拟技术与系统试验获得的河道沿程水深的对比。沿程河道各测点水深的水力模拟技术值与系统试验值吻合较好，相对于系统试验水深，水力模拟技术获得水深的相对误差小于 1.10%。表 1.3 给出了调蓄湖库水深的水力模拟技术值与系统试验值的对比，两者吻合较好，相对于系统试验水深，水力模拟技术获得的水深相对误差小于 2.84%。

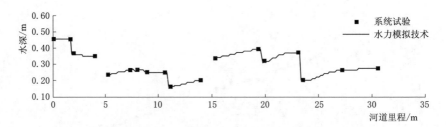

图 1.23 水力模拟技术与系统试验获得的河道沿程水深的对比

表 1.3 水力模拟技术与系统试验获得的调蓄湖库水深对比

湖库编号	水力模拟技术值/m	系统试验值/m	相对误差/%
南四湖 L1	0.415	0.411	0.97
南四湖 L2	0.415	0.412	0.73
南四湖 L3	0.415	0.412	0.73
南四湖 L4	0.330	0.323	2.17
大屯水库	0.145	0.141	2.84
东湖水库	0.431	0.427	0.94
双王城水库	0.209	0.212	−1.42

1.4.3 沿程水位

河渠湖库连通水网受调蓄工程控制和不同入流条件的影响，其河道、分水口等水流特征（流量、水位）呈明显的时空变化。研究表明，当调水流量为 140.15m³/s（调水保证率 95%）时，整个调水期经韩庄泵站和蔺家坝泵站共流入南四湖 29.73 亿 m³，其中供给山东省 14.67 亿 m³，供给江苏省 15.06 亿 m³。鲁南区各分水口按拟定的供水方案供水后，经梁济运河入东平湖 13.79 亿 m³；经东平湖调蓄，向鲁北输送 4.42 亿 m³，其中入大屯水库 1.33 亿 m³；向胶东输送 10.26 亿 m³，其中入东湖水库 0.59 亿 m³，入双王城水库 0.23 亿 m³。当调水流量为 127.88m³/s（调水保证率 75%）时，整个调水期经韩庄泵站和蔺家坝泵站共流入南四湖 26.85 亿 m³，其中供给山东省 13.24 亿 m³，供给江苏省 13.61 亿 m³。鲁南区各分水口按拟定的供水方案分水后，经梁济运河入东平湖 12.96 亿 m³；经东平湖调蓄，向鲁北输送 4.07 亿 m³，其中入大屯水库 1.25 亿 m³；向胶东输送 8.96 亿 m³，其中入东湖水库 0.59 亿 m³，入双王城水库 0.23 亿 m³。

可以看到，当调水水量由调水保证率由 95% 降低到 75% 时，入南四湖水量减少 2.88 亿 m³，入东平湖减小 0.83 亿 m³，送到鲁北、胶东的水量分别降低

0.35 亿 m³ 和 1.30 亿 m³，大屯水库入库水量减小 0.08 亿 m³，而东湖水库和双王城水库入库水量保持不变。一方面，当调水水量减小时，向下游各调蓄工程输送的水量均会有不同程度的减少，而在逐级向下游输水过程中，由于湖泊、水库、河道等均存在一定的调蓄能力，向下游输送水量的减少量亦在逐级减小；另一方面，对比两种调水保证率的调水流量，大屯水库入库水量发生变化，而东湖水库和双王城水库入库水量无变化。即当调水水量发生变化时，对大屯水库影响较大，而对东湖水库和双王城水库的影响较小，这是由于鲁北输水干线坡降较大，河道的调蓄能力相对胶东输水干线较小。

在不同调水保证率的调水流量条件下，输水河道水位也有一定变化，下面分别对鲁南区、鲁北区、胶东区输水干线，在调水前期（11 月 1 日）、调水中期（2 月 1 日）和调水后期（5 月 1 日）三个时刻的沿程水位进行分析。

1.4.3.1 鲁南区

鲁南区利用梯级泵站输水，按途径湖泊、河流可分为两部分：南四湖部分、梁济运河至柳长河部分，沿线共有 4 个分水口。引江水由韩庄泵站和蔺家坝泵站抽入下级湖，由二级坝泵站将水从下级湖抽出送至上级湖。鲁南区在下级湖段只有枣庄市薛城区一个分水口，位于下级湖的湖东，通过潘庄引河输水至用水户，潘庄引河与下级湖连接处未设置控制工程；下级湖的湖西也可向江苏徐州分水，因徐州不属于本区域，故徐州分水口按平均流量考虑。由二级坝泵站将下级湖水提至上级湖，在上级湖的湖东设另一分水口，通过北沙河输水至枣庄市滕州市；在上级湖的湖西的万福河河口设有唯一分水口，沿万福河输水至菏泽市巨野县；在上级湖济宁市设一分水口，输水至济宁市高新区、邹城市、兖州和曲阜市。之后经湖内航道进入梁济运河，由长沟、邓楼两级泵站提水进入柳长河，再由八里湾泵站提水入东平湖。

分析南四湖调水前期（11 月 1 日）、调水中期（2 月 1 日）和调水后期（5 月 1 日）三个时刻的沿程水位，下级湖为韩庄泵站至二级坝泵站，上级湖为二级坝泵站至梁济运河出口处，调水前期和调水后期不同调水保证率下沿程水位如图 1.24 所示，调水流量 140.15m³/s（调水保证率 95%）下三个时刻的沿程水位如图 1.25 所示。

从图 1.24 看出，在调水前期，在 140.15m³/s（调水保证率 95%）和 127.88m³/s（调水保证率 75%）两种调水流量下的下级湖和上级湖的沿程水位变化趋势均相同，且调水流量为 140.15m³/s（调水保证率 95%）时的水位略高于调水流量为 127.88m³/s（调水保证率 75%）时的水位。在下级湖和上级湖出口处，虽然调水流量为 140.15m³/s（调水保证率 95%）时的出湖流量大于调水流量为 127.88m³/s（调水保证率 75%）时的出湖流量，但在调水前期并未出现调水流量为 140.15m³/s（调水保证率 95%）时的水位低于调水流量为

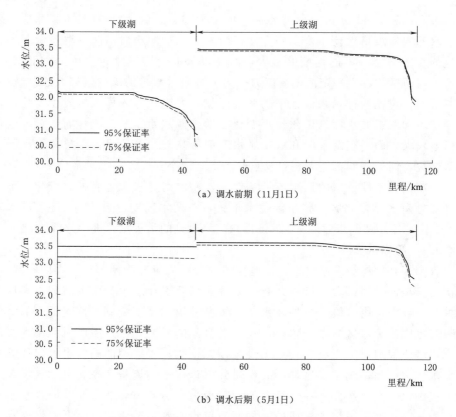

（a）调水前期（11月1日）

（b）调水后期（5月1日）

图 1.24　不同调水保证率的南四湖沿程水位

127.88m³/s（调水保证率 75％）时的水位的情况。这是由于在调水前期（11 月 1 日），入湖水量已经补充到出湖口处，由于调水流量为 140.15m³/s（调水保证率 95％）时入湖流量大，所以在调水前期，下级湖和上级湖出口处调水流量为 140.15m³/s（调水保证率 95％）时的水位仍然略高于调水流量为 127.88m³/s（调水保证率 75％）时水位。在调水后期，调水流量为 140.15m³/s（调水保证率 95％）时的沿程水位仍高于调水流量为 127.88m³/s（调水保证率 75％）时的水位。且对于上级湖，与调水前期相似，在上级湖出口处水位较低。但下级湖在调水后期与调水前期有了明显的差别。这是由于下级湖湖底高程相对较低，在调水后期随着调水量的增加，湖泊蓄水量增加，使得下级湖入口和出口处的水位差减小。

　　结合图 1.24 和图 1.25 可以看出，调水初期下级湖上下游水位差较大，随着调水时间的递进，上游入湖来水逐渐输送至二级坝泵站，且受下级湖总入湖水量大于总出湖水量的条件限制，下级湖逐渐蓄水，水面比降相应地逐渐减小，调水结束时上下游水位差仅为 0.02m，水面几近水平。而对于上级湖，二级坝

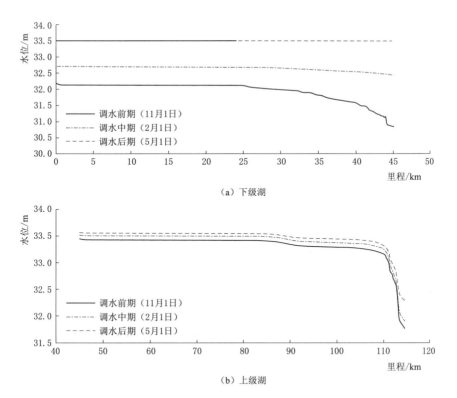

（a）下级湖

（b）上级湖

图 1.25　不同调水时段的南四湖沿程水位（调水流量为 140.15m³/s 时）

泵站至北沙河河口（里程 67.0km，自南四湖下级湖入湖泵站算起，下同）的湖内水位比降较小，两者均位于深湖区，河口的分水对深湖区水位的影响较小，调水过程中二级坝泵站至两河口处的湖内最大水位差仅为 0.03m；万福河河口（里程 100.0km）因位于浅湖区，且二级坝泵站至万福河河口有一定的湖内水位比降，最大水位差为 0.14m；梁济运河河口（里程 114.6km）位于浅湖区主航道最下游，幸福河河口至梁济运河河口段主要通过主航道输水，河口分水后因只能沿主航道一个方向从上游浅湖区补水，故该段的湖内水面比降较大，二级坝泵站与梁济运河河口的最大水位差达到了 1.65m。

分析鲁南区输水干线在调水前期（11 月 1 日）、调水中期（2 月 1 日）和调水后期（5 月 1 日）三个时刻的沿程水位，调水前期和调水后期不同调水保证率下沿程水位如图 1.26 所示，140.15m³/s（调水保证率 95%）和 127.88m³/s（调水保证率 75%）两种调水流量下三个时刻的沿程水位如图 1.27 所示。

该段输水线路未设置分水口，不承担供水任务。结合图 1.26 和图 1.27 可以看出，由于梁济运河至柳长河段为梯级泵站输水，因此水位沿程曲线呈阶梯状。在调水期间，两种工况下输水渠道的沿程水位总体趋势相同，调水流量为

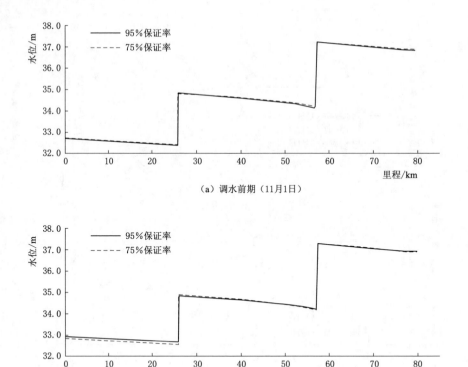

（a）调水前期（11月1日）

（b）调水后期（5月1日）

图 1.26　不同调水保证率的梁济运河至柳长河沿程水位

$140.15\text{m}^3/\text{s}$（调水保证率 95％）时的沿程水位基本略高于调水流量为 $127.88\text{m}^3/\text{s}$（调水保证率 75％）时的沿程水位。但在长沟泵站（桩号 $26+000$，南四湖上级湖出湖湖口桩号为 $0+000$，下同）之前，尤其是调水后期，两种工况水位差别较明显，且在调水流量为 $140.15\text{m}^3/\text{s}$（调水保证率 95％）时调水后期水位高于调水前期，这与南四湖上级湖情况保持一致。

1.4.3.2　鲁北区

引江水穿过黄河进入鲁北区后，沿小运河采用自流的方式向北输水，该段沿线共有东阿、莘县与阳谷、东昌府、茌平、高唐、冠县、临清七个分水口，设有姚屯枢纽、十里铺枢纽、邱屯枢纽三座节制闸进行输水调节控制；由小运河段经邱屯枢纽后进入七一河、六五河，该段沿线有夏津和六五河与堤上旧城河交叉口两个分水口，六五河下游末端进入大屯水库，经调蓄后向德城、武城全年供水，该段未设置节制闸等调节控制建筑物。鲁北区输水干线的河底高程如图 1.28 所示，图中 A、B、C 分别表示姚屯节制闸、十里铺节制闸和邱屯节制闸。

由于鲁北区输水干线为自流型输水，且调水时间和供水时间均为每年 10—

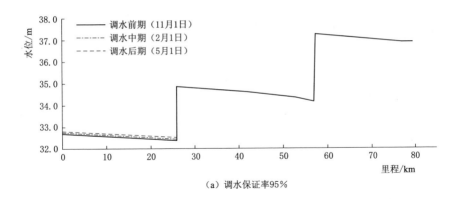

（a）调水保证率95%

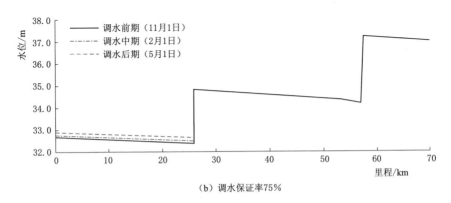

（b）调水保证率75%

图 1.27 不同调水时段的梁济运河至柳长河沿程水位

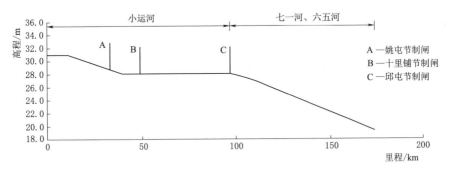

图 1.28 鲁北区输水干线河底高程

11月和次年4—5月，在暂停调水期间（12月至次年3月），由图1.28可知，若不通过节制闸进行调控，干线河道中的引江水在重力作用下将会继续流向下游，导致干线下游有发生漫堤的危险。因此，根据三座节制闸的位置，在11月末暂停调水时应同时关闭邱屯节制闸，次年4月恢复调水时同时开启邱屯节制闸，

29

既可以阻止小运河段河水流向七一河、六五河段，又可以充分利用小运河段的调蓄能力。

分析鲁北区输水干线在调水前期（11 月 1 日）、暂停调水期（2 月 1 日）和调水后期（5 月 1 日）三个时刻的沿程水位，调水前期和调水后期不同调水保证率下沿程水位如图 1.29 所示，调水流量为 140.15m³/s（调水保证率 95％）下三个时刻的沿程水位如图 1.30 所示。

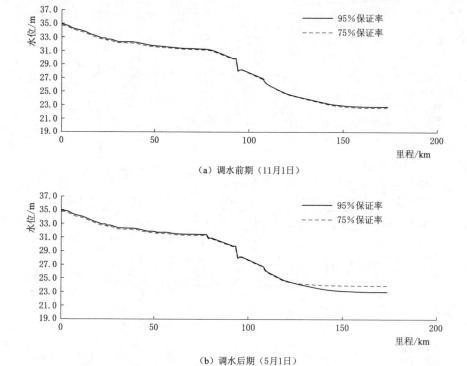

（a）调水前期（11月1日）

（b）调水后期（5月1日）

图 1.29　不同调水保证率的鲁北区输水干线沿程水位

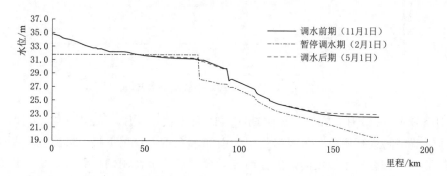

图 1.30　不同调水时期的鲁北区输水干线沿程水位（调水流量为 140.15m³/s 时）

由图 1.29 和图 1.30 可以看出，在上游不同调水保证率条件下，鲁北区输水干渠水位也有一定变化；河道全线水位在供水前期和供水后期两个时间段水位变化不大。在调水前期，渠道在 140.15m³/s（调水保证率 95%）和 127.88m³/s（调水保证率 75%）两种调水流量条件下的沿程水位总体趋势相同，水位差比较小，由于调水流量为 140.15m³/s（调水保证率 95%）时水量大，因此整个输水干线的沿程水位较高。但在调水后期，鲁北干线下游段有较明显的差别，最大水位差为 0.92m。这是由于在暂停调水期间邱屯节制闸处于关闭状态，调水后期输水渠道水位处于非平衡状态，调水流量为 140.15m³/s（调水保证率 95%）时大屯水库的分水流量较调水流量为 127.88m³/s（调水保证率 75%）时的分水流量大，且由于沿线各分水口的分水，上游水量不能及时补充到下游，因此调水流量为 140.15m³/s（调水保证率 95%）时输水干渠下游的水位略低于调水流量为 127.88m³/s（调水保证率 75%）时的水位。

1.4.3.3 胶东区

胶东区输水干线调水前期和调水后期不同调水保证率下沿程水位如图 1.31 所示，渠道在 140.15m³/s（调水保证率 95%）和 127.88m³/s（调水保证率 75%）两种调水流量下三个时刻的沿程水位如图 1.32 所示。

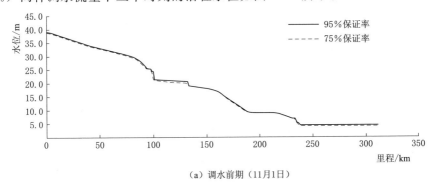

（a）调水前期（11月1日）

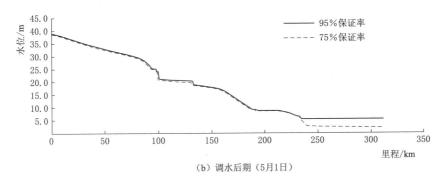

（b）调水后期（5月1日）

图 1.31　各时期不同调水保证率的胶东区输水干线沿程水位

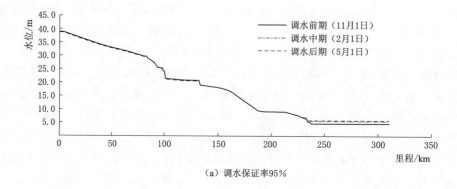

（a）调水保证率95%

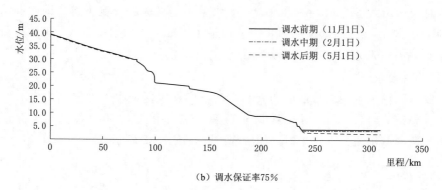

（b）调水保证率75%

图 1.32 不同调水时期的胶东区输水干线沿程水位

从图 1.31 看出，在调水前期，胶东区输水干线在 140.15m³/s（调水保证率 95%）和 127.88m³/s（调水保证率 75%）两种调水流量条件下的沿程水位总体趋势相同，调水流量为 140.15m³/s（调水保证率 95%）时的沿程水位基本略高于调水流量为 127.88m³/s（调水保证率 75%）时的沿程水位，水位差比较小，最大水位差仅为 0.41m。这是由于在供水前期两种工况均可以仅通过调水满足各分水口的分水，输水渠道沿程水位相差不大。在调水后期，两种工况下输水渠道的沿程水位总体趋势相同，调水流量为 140.15m³/s（调水保证率 95%）时上游的沿程水位基本略高于调水流量为 127.88m³/s（调水保证率 75%）时的沿程水位，但在下游段有较明显的差别，水位相差较大，最大水位差达到 3.33m。这是由于在供水后期，随着各分水口持续取水和河道的蒸发渗漏损失，调水保证率 75% 时调水流量较小，需消耗河道的存水来满足分水要求，且河道下游段比较平缓，因此调水流量为 127.88m³/s（调水保证率 75%）时水位有所下降，两种调水流量下的水位在河道下游段出现较明显的差别。

对比图 1.32 看出，两种工况下河道全线水位调水前期与调水中期、调水后期水位变化不大，调水中期和调水后期水位基本一致，处于稳定状态。对于调水流量为 140.15m³/s（调水保证率 95％），桩号 0＋000～233＋474 段调水前期水位高于调水后期，桩号 233＋474～310＋000 在调水前期水位低于调水后期；这是由于调水保证率 95％的调水流量可以满足各分水口的分水要求，随着供水的持续进行，河道水位趋于稳定，水位坡降趋于平缓。而对于调水流量为 127.88m³/s（调水保证率 75％）时，河道全线水位在调水前期均高于调水后期，且在下游段水位相差较大。这是由于调水保证率 75％时的调水流量不能满足各分水口的分水要求，需要消耗河道的存水，因此随着供水的持续进行，供水后期的河道水位低于供水前期，且由于输水河道下游段较平缓，使得该段河道水位变化较明显。

1.4.4　动态蓄水位

1.4.4.1　河道和明渠

图 1.33 所示调水流量为 140.15m³/s（调水保证率 95％）时鲁南区梁济运河和柳长河桩号 22＋836 处水位随时间变化曲线。梁济运河和柳长河段间有 3 个提水泵站，从南四湖出口至东平湖入口依次为长沟泵站（桩号 26＋000）、邓楼泵站（桩号 57＋890）、八里湾泵站（桩号 79＋170）。由于梁济运河和柳长河段仅在上级湖出口至长沟泵站之间有分水口，因此选取其中一个断面（桩号 22＋836）进行分析。图 1.33 表明，从调水初期开始，河道水位上升；随后长沟泵站开启，水位开始下降；当水位下降到河道所能达到的最低水位时，泵站关闭，随后以此往复循环。

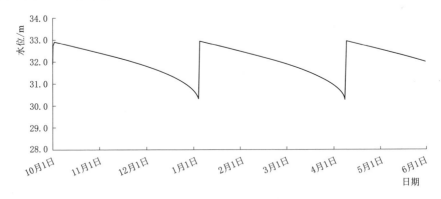

图 1.33　鲁南区梁济运河和柳长河水位随调水时间的变化曲线

根据鲁北区输水干线的河道分段和邱屯节制闸位置，穿黄出水口、邱屯节制闸前（桩号 83＋323）、邱屯节制闸后（桩号 121＋818）、大屯水库引水闸前等 4 个断面在调水流量为 140.15m³/s（调水保证率 95％）时调水期内的水位变化曲线如图 1.34 所示。结合图 1.30 和图 1.34 可以看出，穿黄出水口、邱屯节制闸前与邱屯节制闸后等3个断面的水位在调水开始后均有所上升，调水初期水位基本维持不变；大屯水库引水闸为鲁北干线最下游端，其水位在有所降低后受调水水量补水而再次上升。暂停调水期间（12月至次年3月）邱屯节制闸关闭，穿黄出水口水位因上游停止入流而降低，邱屯节制闸前水位因停止向下游输水而上升，两处水位最终相等；邱屯节制闸后的水体在暂停调水后流向下游，水位突然下降，之后由于蒸发渗漏缓慢下降；大屯水库引水闸前的水位在暂停调水之后受蒸发渗漏的影响而逐渐下降。3月30日，鲁北区开启邱屯节制闸恢复调水，穿黄出水口、邱屯节制闸后和大屯水库引水闸前的水位均受上游再次来水突然上升，之后趋于稳定；而邱屯节制闸前的水位由于来水及泄水，水位变化不大。

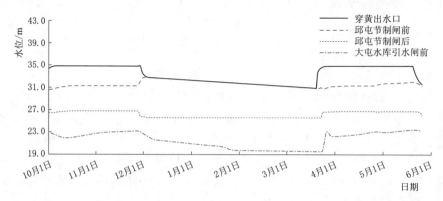

图1.34 鲁北区输水干线4个断面水位随调水时间的变化曲线

图1.35所示调水流量为140.15m³/s（调水保证率95%）时胶东区输水干线睦里庄节制闸前（桩号89+787）和睦里庄节制闸后（桩号90+676）2个断面的水位随时间变化曲线。图1.35表明，在调水期内胶东区输水干线水位变化趋势相同，闸前水位高于闸后水位。各断面水位在不同月份有轻微的变化，闸前水位变化幅度为0.16m，小于闸后水位变化幅度（0.26m）。调水期内最低水位出现在2月，闸前水位为26.40m，闸后水位为25.46m，最高水位出现在11月，闸前水位为26.56m，闸后水位为25.72m。

1.4.4.2 湖泊和水库

为分析南四湖的动态蓄水水位，调水流量为140.15m³/s（调水保证率95%）时下级湖和上级湖出口两处的水位随时间的变化曲线如图1.36所示。下级湖二级坝上水位在调水初期开始下降，当上游入流补水后水位开始上升，水位最低出现在10月4日为30.2m，最高水位出现在5月31日为33.71m；上级湖水位变化趋势与下级湖相同，最低水位出现在10月4日为33.12m，最高水位出现在5月31日为33.46m。

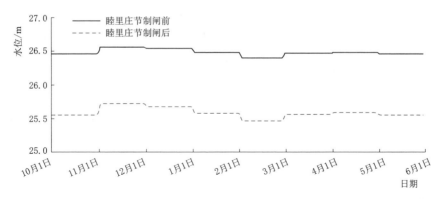

图 1.35　胶东区输水干线水位随调水时间的变化曲线

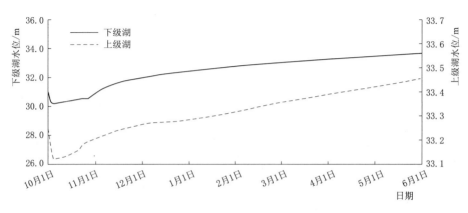

图 1.36　下级湖和上级湖水位随调水时间的变化曲线

图 1.37 给出了东平湖在调水期内的水位随时间变化曲线，由于东平湖并不向用户供水，仅作调蓄分水，因此对东平湖作一维蓄水区考虑。东平湖由八里湾泵站提水入湖，由鲁北区出湖闸和济平干渠渠首引水闸输水至鲁北区和胶东区。调水流量为 140.15m³/s（调水保证率 95%）时入东平湖 14.81 亿 m³，向鲁北区输送 4.42 亿 m³，向胶东区输送 10.22 亿 m³；在调水保证率 75% 时入东平湖 13.51 亿 m³，向鲁北区输送 4.07 亿 m³，向胶东区输送 9.57 亿 m³。图 1.37 表明，140.15m³/s（调水保证率 95%）和 127.88m³/s（调水保证率 75%）两种调水流量下东平湖水位随时间均呈现先降低再升高再降低的趋势，且调水流量为 140.15m³/s（调水保证率 95%）时的水位在前期低于调水流量为 127.88m³/s（调水保证率 75%）时的水位，后期则高于调水流量为 127.88m³/s（调水保证率 75%）时的水位。10 月 1 日至 11 月 30 日，由于鲁北区和胶东区分水大于柳长河的入流，水位第一次降低；12 月 1 日至次年 3 月 31 日，由于鲁北区停止分水，水位开始升高，升高的速率不同主要是因为湖泊的形状的原因；4 月 1

日至 5 月 31 日，鲁北区再次开始调水，水位再次发生下降。调水流量为 140.15m³/s（调水保证率 95%）时的最低水位发生在 11 月 30 日为 40.47m，最高水位出现在 3 月 31 日为 40.76m；调水流量为 127.88m³/s（调水保证率 75%）时的最低水位出现在 11 月 30 日为 40.49m，最高水位出现在 3 月 31 日为 40.75m。

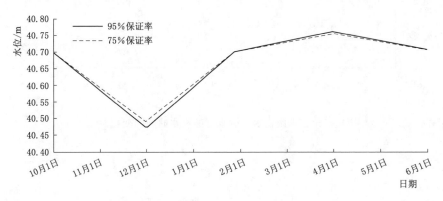

图 1.37 东平湖水位随调水时间的变化曲线

图 1.38 为大屯、东湖和双王城三个平原水库的蓄水水位随时间变化曲线。对于东湖水库和双王城水库由于 140.15m³/s（调水保证率 95%）和 127.88m³/s（调水保证率 75%）两种调水流量下的分水流量一样，因此水位变化相同，而大屯水库在两种调水保证率条件下的水位有一定差别。

大屯水库位于鲁北输水干线最末端，其作用为在调水期储存引江水，经调蓄后向德城和武城全年供水。大屯水库在调水流量为 140.15m³/s（调水保证率 95%）时年内调水时间为 122d，调水流量为 12.65m³/s，分水时间为 365d，分水流量为 3.87m³/s。大屯水库在调水初期（10 月 1 日）水位最低，为 20.25m；调水末期（5 月 31 日）水位最高，为 28.98m。第一次调水期间（10 月 1 日至 11 月 30 日）其蓄水位逐渐上升，由于 12 月 1 日至次年 3 月 31 日暂停调水并持续向德城、武城供水故此时间段水库水位逐渐下降，第二次调水期间（12 月 1 日至次年 3 月 31 日）再次回升。东湖水库调水时间为 243d，调水流量为 4.18m³/s，分水时间为 365d，分水流量为 1.83m³/s，东湖水库水位在调水期从 18m 持续上升至 29.09m。双王城水库调水时间为 243d，调水流量为 3.07m³/s，分水时间为 365d，分水流量为 0.64m³/s。双王城水库水位在调水期从 3.9m 持续上升至 12.1m。

1.4.5 动态蓄水量

图 1.39 给出了调水流量为 140.15m³/s（调水保证率 95%）时鲁南区梁济运河和柳长河河道蓄水量随调水时间的变化曲线。从图 1.39 看出，调水初期上

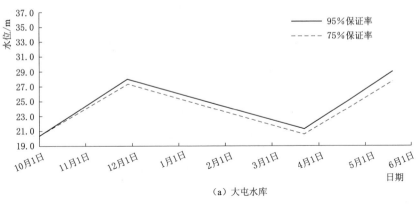

（a）大屯水库

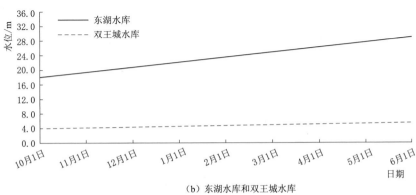

（b）东湖水库和双王城水库

图 1.38　水库水位随调水时间的变化曲线

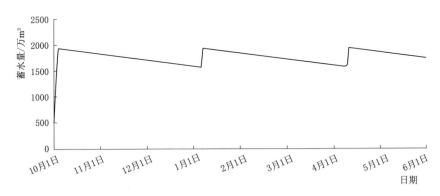

图 1.39　鲁南区梁济运河和柳长河蓄水量随调水时间的变化曲线

游开始调水，河道蓄水量增加，河道水位也逐渐上升；当增加到一定水位时泵站开始提水，各分水口也开始分水，此时河道蓄水量开始逐渐减小，河道水位水深也随之降低；当河道水位减小到河道最低水位时，泵站停止工作。重复之前的循环，直到调水期结束。调水末期相比于调水前期的河道蓄水量增加 1361 万 m^3。

图 1.40 给出了调水流量为 140.15 m^3/s（调水保证率 95%）时鲁北区输水干线蓄水量随调水时间的变化曲线。从图 1.40 看出，在调水初期由于各分水口分水，河道蓄水量发生突然下降，之后随着调水水量的补充，河道蓄水量缓慢增加且趋于稳定。在 11 月 30 日时由于停止调水且分水口停止分水，仅有蒸发渗漏消耗水量，因此河道蓄水量开始逐渐减小。4 月 1 日时重新开始调水，河道蓄水量突然增加；之后随着各分水口开始分水，河道蓄水量增加速率变缓，后趋于稳定。调水末期相比于调水前期，河道蓄水量减少 240.8 万 m^3。

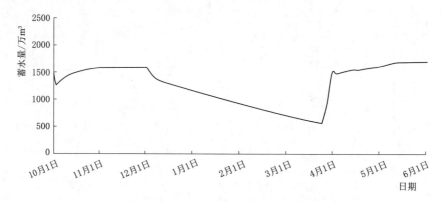

图 1.40　鲁北区输水干线蓄水量随调水时间的变化曲线

图 1.41 给出了调水流量为 140.15 m^3/s（调水保证率 95%）时胶东区输水干线河道蓄水量随调水时间的变化曲线。从图 1.41 看出，调水初期各分水口开始分水，此时间段分水口分水流量大于渠首调水流量，河道蓄水量逐渐减小。11 月和 12 月由于东平湖调水量相比其他月份较大，河道蓄水量开始增加；之后随着渠首调水量再次减小，河道蓄水量开始不同程度地减小。调水末期相比调

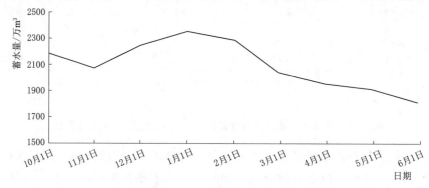

图 1.41　胶东区输水干线蓄水量随调水时间的变化曲线

水初期河道槽蓄量减少 373 万 m³。

综上所述，利用河渠湖库连通水力模拟技术探究了山东段河渠湖库连通水网输水过程中沿线水量、水位相互影响关系：河道、湖泊、水库等均存在一定的调蓄能力，当调水流量减小时，南四湖有较大的调蓄能力，鲁南区还可以保持正常的分水；胶东区河道沿程水位会有一定程度的变化，但东湖水库和双王城水库仍可以保持原有的分水流量；而鲁北区在调水流量减小时，大屯水库的分水流量减小。同时，受调蓄工程控制和不同入流条件和影响，其河道断面水流特征（流量、水位）呈明显的时空变化。具体表现如下所述：

（1）在调蓄湖泊中，南四湖在不同调水流量条件下湖面水位变化比较明显，在调水过程中和调水结束后，调水流量为 140.15m³/s（调水保证率 95%）时湖面水位高于调水流量为 127.88m³/s（调水保证率 75%）时的水位，但整体趋势相同；而东平湖在两种调水流量工况条件下水位差很小。

（2）在调蓄水库中，胶东区的东湖水库和双王城水库在两种调水保证率下可以以相同的分水流量进行分水，而鲁北区的大屯水库在调水流量为127.88m³/s（调水保证率 75%）时分水流量变小。这说明，在调水流量发生变化时，胶东输水干渠可以通过渠道自身调蓄不改变水库分水流量，而鲁北调水干渠需改变水库分水流量，即鲁北输水干渠相对于胶东输水干渠调蓄能力较差。

（3）在输水渠道中，鲁南区输水干渠、胶东区输水干渠、鲁北区输水干渠，在两种调水保证率下渠道水位有一定变化，但不明显，总体上，调水流量为140.15m³/s（调水保证率 95%）时渠道水位略高于调水流量为 127.88m³/s（调水保证率 75%）时的渠道水位。

1.4.6　调蓄能力分析

基于上述研究成果，对南水北调东线山东段河渠湖库连通水网的调蓄能力分析如下：

（1）由于鲁北区输水河道调蓄能力较差，当调水流量大于调水保证率 75%的调水流量时，应增大大屯水库调水流量，以保证鲁北区输水河道的正常运行；而胶东区输水河道调蓄能力较强，当调水流量增大时，既可以通过河道自身调节能力进行调蓄，又可以通过增大东湖水库和双王城水库的调水流量进行调蓄。

（2）鲁北区采用非连续调水，冬季不调水；停止调水时，应关闭邱屯节制闸，将水拦截在邱屯闸以上，恢复调水时再打开邱屯节制闸。这主要是由于邱屯节制闸至大屯水库段河道坡降较大，如不关闭邱屯节制闸，水流下泄过快，将全部蓄在大屯水库闸前，影响该处河道的正常运行。

（3）鲁南区具有较强的调蓄能力，主要依靠南四湖和东平湖进行调蓄，梁济运河和柳长河主要作为输水渠道并无调蓄功能。当调水流量大于调水保证率

75％的调水流量时，南四湖和东平湖蓄水量均增加，梁济运河和柳长河蓄水量基本不变。

1.5　水力连通系统试验

针对原型水利工程，基于相似理论进行模型设计，建造物理模型进行试验，将试验结果换算为原型结果，称为物理模型试验，它是一种传统的、应用广泛的、行之有效的研究方法。由于河渠湖库连通水网调水线路长、河渠宽度相对于调水线路过小，难以建立严格意义上的物理模型进行试验研究，这里建造系统试验进行研究。系统试验是指由于原型观测受到某些条件的局限或按现有相似理论难以建立相似的物理模型，因而既不能进行原型观测又不能进行室内物理模型试验，则可在实验室内小规模地构建某类流动，进行系统的试验观测。

应当指出，这里的南水北调东线山东段河渠湖库连通水网系统试验，主要是模拟该类区域水网形态和沿程多分水口的分水特点，揭示该类输水网络的流动规律。该系统试验虽不同于一般意义上的物理模型试验，但可以得到某类流动问题的规律。

南水北调东线山东段河渠湖库连通水网系统试验的目的：一是可通过系统试验总结规律，虽然该系统试验模拟的区域水网和实际区域水网并非完全相似，但其区域水网的形态等相似，因此能揭示该类区域水网的水力连通规律；二是利用系统试验的数据为利用水力模拟技术获得的成果验证提供支持，弥补缺乏验证所需实测资料的不足。

依据实际调水线路进行系统试验，该系统试验模拟相似的调水线路、调蓄水库、湖泊，模拟相似的调水方式和湖库运行工况，进行系统试验量测。

1.5.1　系统试验制作

针对南水北调东线山东段河渠湖库连通水网，进行室内系统试验研究。系统试验模拟范围：一路从韩庄泵站提水入南四湖，经梁济运河、柳长河后提水入东平湖，之后一路向北穿黄自流至大屯水库；另一路向东新辟胶东地区输水干线接引黄济青渠道，此段设有东湖水库、双王城水库进行调蓄；沿线设 28 个分水口进行分水。系统试验如图 1.42 所示，系统试验河段基本参数列于表 1.4。

依据南水北调东线山东段河渠湖库水位变化情况，选取水位变化显著位置布置测点进行水位量测。南四湖布置 3 个测点（东平湖 1 个测点，大屯水库、东湖水库和双王城水库各 1 个测点），梁济运河和柳长河 4 个测点，鲁北输水干线 7 个测点，胶东输水干线 7 个测点，测点布置如图 1.43 所示。

图 1.42 系统试验

表 1.4 系统试验河段基本参数

区域	河 段	长度/m	河底宽/m	河底高程/m
鲁南	梁济运河	2.890	0.400/0.300	0.260~0.280
	柳长河	1.060	0.300	0.280
鲁北	小运河	5.240	0.200	0.300~0.250
	六分干	0.644	0.125	0.250~0.242
	七一河、六五河	3.186	0.325	0.242~0.200
胶东	济平干渠	4.490	0.200	0.300~0.230
	济南—引黄济青	7.490	0.250	0.230~0.110
	引黄济青	3.670	0.250	0.110~0.100

1.5.2 系统试验工况

本系统试验模拟与实际调水相似的湖库运行工况。依据调水流量（南四湖入湖流量）和各分水口分水流量的差异，设计了两种不同调水流量，即调水流量 18.49L/s（对应调水保证率 95%）和调水流量 14.83L/s（对应调水保证率 75%），再根据调蓄水库运行状态的差异，将每一个调水流量对应 4 组不同工况，分别对应工况 A1~A4 和工况 B1~B4，共计 8 组试验工况。

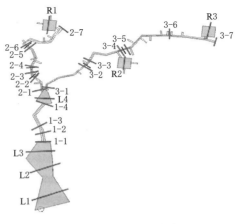

图 1.43 系统试验测点布置

41

试验工况列于表 1.5。例如，表 1.5 工况 A1 表示调水流量 18.49L/s 时，向大屯水库、东湖水库和双王城水库分水（简称大屯水库、东湖水库和双王城水库分水，或 3 座水库分水）；工况 A2 表示调水流量 18.49L/s 时，停止向东湖水库分水（简称东湖水库停止分水），向大屯水库和双王城水库分水（简称大屯水库和双王城水库分水）。

表 1.5　　　　　　　　　　　　试　验　工　况

工　况		水库运行状态		
		大屯水库（R1）	东湖水库（R2）	双王城水库（R3）
调水流量 18.49L/s	A1	√	√	√
	A2	√		√
	A3	√		
	A4			
调水流量 14.83L/s	B1	√	√	√
	B2	√		√
	B3	√		
	B4			

进行系统试验时，按上述各工况对应的沿程水利设施运行状况来控制沿程分水流量，量测调水过程中输水河道沿程水深。试验工况对应的沿程水利设施运行时的分水流量列于表 1.6。

表 1.6　　　　试验工况对应的沿程水利设施运行时的分水流量　　　　单位：L/s

沿程水利设施	调水流量 18.49L/s 时工况 A1～A4	调水流量 14.83L/s 时工况 B1～B4
下级湖潘庄一级站	0.25	0.20
上级湖城郭河甘桥泵站	0.73	0.58
上级湖济宁提水泵站	0.59	0.47
上级湖洙水河港口提水泵站	0.84	0.67
东阿分水口	0.20	0.16
莘县分水口	0.23	0.18
阳谷分水口	0.28	0.22
东昌府区分水口	0.21	0.17
茌平区分水口	0.30	0.24
高唐县分水口	0.41	0.33
冠县分水口	0.21	0.17

沿程水利设施	调水流量 18.49L/s 时工况 A1～A4	调水流量 14.83L/s 时工况 B1～B4
临清市分水口	0.49	0.39
六五河分水口	0.13	0.10
六五河与堤上旧城河交叉口	0.88	0.70
大屯水库德州市区分水口	1.56	1.25
大屯水库武城分水口	0.18	0.15
贾庄分水闸	0.11	0.09
新五分水闸	0.57	0.45
东湖水库济南分水闸	0.65	0.52
东湖水库章丘分水闸	0.27	0.22
胡楼分水闸	0.22	0.17
腰庄分水闸	0.85	0.68
锦秋水库分水闸	0.11	0.09
博兴水库分水闸	0.45	0.36
引黄济淄分水闸	0.46	0.37
东营北分水口	2.16	1.73
东营南分水口	0.31	0.25
双王城水库	0.82	0.66
下游出流	3.89	3.11

1.5.3　系统试验结果

对上述介绍的两种调水流量和相应的调蓄水库运行状态组合的 8 组试验工况（工况 A1～A4 和工况 B1～B4）的试验成果进行分析，其中调水流量 18.49L/s 对应调水保证率 95%，调水流量 14.83L/s 对应调水保证率 75%。

第一，比较调水流量 18.49L/s（较大流量）和 14.83L/s（较小流量）两种情况的试验结果，依据调水过程中输水河道沿程水深的变化，分析不同调水流量对沿程水深的影响。

当大屯水库、东湖水库和双王城水库 3 座水库正常分水时，两种调水流量对应的为工况 A1 与工况 B1，试验量测的河道沿程水深变化，如图 1.44 所示。从图 1.44 看出，两种工况输水河道水深变化趋势相同。调水流量较大时，全线河道沿程水深均高于小流量情况，但两种工况河道沿程水深增幅不同。当调水流量由 14.83L/s 增大到 18.49L/s 时，流量增加了 25%，河道水深升高幅度最小出现在胶东输水段，水深升高 28％，河道水深升高幅度最大出现在鲁北输水段，水深升高了 116.92％。由此可见，当上游南四湖入湖流量增大后，对鲁北输水河道水深的影响最为明显，而对于胶东输水河道的影响最小。此规律与上述利用河渠湖库连通水力模拟技术得到的规律相同。

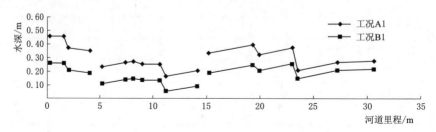

图 1.44　工况 A1 与工况 B1 输水河道沿程水深变化

　　第二，分析较大调水流量时调蓄水库运行状态对输水河道沿程水深的影响，即调蓄水库分水或停止分水对沿程水深的影响。这里对调水流量 18.49L/s 的试验量测结果进行分析，对应试验工况 A1～A4，4 组工况分别表示 3 座水库（大屯水库、东湖水库和双王城水库）全部分水；东湖水库停止分水，其余 2 座水库分水；东湖水库和双王城水库停止分水，仅 1 座水库分水；3 座水库均停止分水。

　　图 1.45 给出了工况 A1～A4 输水河道沿程水深变化，当水库全部正常分水时（工况 A1），鲁南、鲁北和胶东区输水干线水深均为最低。当东湖水库停止分水时（工况 A2），输水河道全线水深均有所升高，但变化幅度很小；相比工况 A1，全线河道水深变化最大升高 4.37％。当东湖水库和双王城水库停止分水时（工况 A3），输水河道全线水深升高，但不同河段水深升高幅度不同，鲁南和鲁北区河道水深升高幅度较小，胶东区河道水深升高幅度较大；相比工况 A2，鲁南区输水河道水深最大升高 3.63％，鲁北区输水河道水深最大升高 5.2％，胶东区输水河道水深最大升高 30.9％。当大屯水库、东湖水库和双王城水库均停止分水时（工况 A4），输水河道水深再次上升，且鲁南和胶东区河道水深升高幅度较小，鲁北区河道水深升高幅度较大；相比工况 A3，鲁南区输水河道水深最大升高 3.47％，胶东区输水河道水深最大升高 5.32％，鲁北区输水河道水深最大升高 52.19％。由此可见，当某一支流河段上的水库停止分水时，对该河段的水深变化影响较大，对其他支流河段和上游干流河段水深变化影响较小。

　　第三，分析较小调水流量时调蓄水库运行状态对输水河道沿程水深的影响，即调蓄水库分水或停止分水对沿程水深的影响。这里对调水流量 14.83L/s 的试验量测结果进行分析，对应试验工况 B1～B4，4 组工况分别表示 3 座水库（大

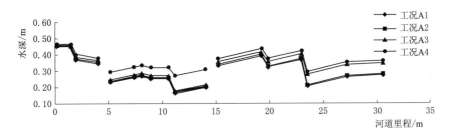

图 1.45　工况 A1～A4 输水河道沿程水深变化

屯水库、东湖水库和双王城水库）全部分水；东湖水库停止分水，其余 2 座水库分水；东湖水库和双王城水库停止分水，仅 1 座水库分水；3 座水库均停止分水。

图 1.46 给出了工况 B1～B4 输水河道沿程水深变化，当水库全部正常分水时（工况 B1），鲁南区、鲁北区和胶东区输水干线水深均为最低。当东湖水库停止分水时（工况 B2），输水河道全线水深均有所升高，但变化幅度不大；相比工况 B1，全线河道水深最大升高 11.47%。当东湖水库和双王城水库停止分水时（工况 B3），输水河道全线水深升高，但不同河段水深升高程幅度不同，鲁南区和鲁北区河道水深升高幅度较小，胶东区河道水深升高幅度较大；相比工况 B2，鲁南区输水河道水深最大升高 1.18%，鲁北区输水河道水深最大升高 9.11%，胶东区输水河道水深最大升高 21.55%。当大屯水库、东湖水库和双王城水库 3 座调蓄水库均停止分水时（工况 B4），输水河道水深再次上升，且鲁南区和胶东区河道水深升高幅度较小，鲁北区河道水深升高幅度较大；相比工况 B3，鲁南区输水河道水深最大升高 12.81%，胶东区输水河道水深最大升高 9.07%，鲁北区输水河道水深最大升高 99.46%。由此可见，当某一支流河段上的水库停止分水时，对该河段的水深变化影响较大，对其他支流河段和上游干流河段水深变化影响较小。

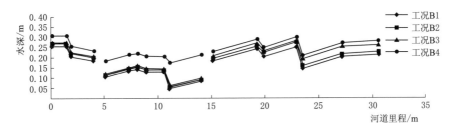

图 1.46　工况 B1～B4 输水河道沿程水深变化

总结分析系统试验成果，表明与前文利用河渠湖库连通水力模拟技术得到的规律一致。第一，对比两种调水流量的试验结果可知，当上游南四湖入湖流量增大时，鲁北区输水河道水深受影响最为明显，胶东区输水河道受影响最小；第二，对比不同调蓄水库运行状况的试验结果可知，当某一支流河段上的水库停止分水时，对该河段的水深变化影响较大，对其他支流河段和上游干流河段水深变化影响较小。

1.6　小　　结

　　针对复杂的河渠湖库连通水网，基于沿线湖库的分布特点及调蓄能力，提出了河渠湖库连通水力模拟技术。利用该水力模拟技术可得区域水网的水位和水量联动变化及影响关系。

　　将河渠湖库连通水力模拟技术应用于南水北调东线山东段，得到了不同调水流量条件下该区域水网的河道、明渠、湖泊、水库等调蓄工程群水量和水位等变化，揭示了区域水网的水位和水量联动变化过程及其相互影响关系。对于该区域水网，随着调水流量的减小，由于湖泊、水库、河道等均存在一定的调蓄能力，向下游输送的水量将逐级减小；调水流量的变化对鲁北区输水河道影响较大，即鲁北区输水干渠调蓄能力较差。

第 2 章

河渠湖库连通水资源多维均衡调配技术

对于具体的区域，当地水源不能满足该区域需水时，需通过外调水进行补充，从而形成外调水、当地地表水、地下水和其他水源等多种水源并存的格局，以满足生活、工业、农业和生态等用户的不同用水需求。鉴于外调水改变了所在区域原有的水资源配置格局，为合理高效利用各类水源满足各用户需水，应对各类水源水量进行重新调配，明确各类水源水量在各受水区用水结构中的调配水量，优化组合各水源，均衡各方效益。本章提出适用于区域水网的河渠湖库连通水资源多维均衡调配技术。

对于具体的区域水网，具有多水源多用户的特点，区域水网尺度大范围广，承担着向多座地级以上城市（受水区）调配水量的任务。利用河渠湖库连通水资源多维均衡调配技术，合理调配外调水、当地地表水、地下水和其他水源等多种水源，明确调配给各受水区的各类水源水量，明确调配给生活、工业、农业和生态等用户的各类水源水量，形成受水区水量调配最优方案，实现外调水和当地水源的高效利用。

2.1 引　　言

河渠湖库连通水资源多维均衡调配技术是对复杂区域水网内多水源进行空间和时间上的合理配置，满足多用户用水量的需求，明晰各类水源调配给不同用户的水量，其核心部分涉及数学规划模型等内容。

随着数学规划和模拟技术的发展及其在水资源领域的应用，以水量为主的水资源优化调配研究成果不断增多。与此同时，不确定性问题受到越来越多的关注，不确定性优化方法也在水资源多维均衡调配领域得到了广泛运用。常用的不确定性优化方法包括随机规划、模糊规划和区间规划等。

1. 随机规划

为处理数据中存在的随机问题，使得模型更加符合实际，Dantzing（1955）提出了线性规划的基本理论，通过在数学系数中引入随机变量，解决具有随机特征的问题。随后，Dantzing（1956）提出的两阶段规划和 Charnes 等（1959）提出的机会约束规划两类随机规划模型已被许多学者应用于水资源均衡调配。Azaiez 等（2005）针对地表水和地下水建立了多阶段随机规划模型，反映水库灌溉需水的随机性；Qin 等（2008）以河流管理中的水质问题作为研究对象，建立不确定性二次机会约束规划模型，分析污水处理成本和系统故障风险过程的复杂不确定性；Guo 等（2010）结合两阶段规划与机会约束规划建立水资源调配模型，用于随机和模糊环境下的不确定参数；Cui 等（2015）建立了两阶段随机分式规划（TSFP）模型，用于不确定条件下的农业水资源管理规划，可有效平衡相互冲突的目标，反映多个系统要素间的复杂关系。

2. 模糊规划

Bellman 等（1970）以模糊集理论为基础建立了模糊规划理论，通过用隶属度函数取代概率密度函数将模糊信息转化为数学公式，被广泛应用于水量调配相关研究。谢新民（1995）将模糊规划理论应用到水电站水库群的协调调度问题；He 等（2008）建立了基于仿真的模糊机会约束模型，以模拟地下水修复问题，获取不确定性条件下的地下水最优抽水率；Li 等（2009）提出了多模型模糊随机规划模型（MFSP），在多阶段情境下帮助决策者对不确定性水资源管理进行决策；Zhang 等（2012）构建可信度模糊约束规划模型进行农业水资源配置，解决作物灌溉配水时存在的不确定性问题。

3. 区间规划

区间规划是将系统中的不确定性信息通过数学方法转变成区间形式，即将系统中的变量转变为一个取值范围。相比随机规划及模糊规划，需获得相对应的概率分布函数及隶属度函数，但优势是可将变量处理成简单的区间，且对数据量要求较低，有利于处理实际问题。Moore 等（1979）提出区间分析的思想，随后，国内外学者相继提出了区间随机、区间模糊以及区间整数等耦合优化方法。Ishibuchi 等（1990）引入区间数序关系将区间目标函数转化为多个确定的目标函数的方法，从而将目标函数系数为区间数的区间规划模型转化为确定性的参数规划模型；Huang 等（2000）将区间两阶段随机规划模型应用到水资源管理和灌区灌溉规划；Li 等（2008）以多阶段随机规划理论为基础，提出了区间模糊动态规划模型（IFMP）和多阶段随机整数规划模型（IMSIP），前者可有效地解决大型系统中多级动态顺序结构的问题，后者则是在离散点的多阶段情境下反映配水的动态过程；张静（2008）以区间规划和二阶段随机规划为基础构建耦合模型，以处理城市多水源系统中的不确定性问题为背景建立了优化调度模型。

2.2　水资源多维均衡调配技术理论

河渠湖库连通水资源多维均衡调配技术（简称水资源多维均衡调配技术），是解决各类水源调配给各受水区及不同用户的合理水量，形成受水区水量调配最优方案，即明确各受水区调配水量和不同用户调配水量，高效利用外调水和当地水源，满足向地级以上城市（受水区）调配水量的要求。其核心部分是针对多种水源共存、受水区及各用户用水需求不同的特点，依次形成受水区水量调配初步方案、备选方案和最优方案。首先，利用区间两阶段随机规划模型和区间不确定性模型得到受水区水量调配初步方案，其中区间两阶段随机规划模型将各类水源在不同受水区间进行调配，区间不确定性模型将各受水区的调配水量配置到不同用户；其次，采用单因素敏感性分析方法确定敏感水源，从初步方案中选定受水区水量调配备选方案；最后，构建水资源调配效果评价指标体系，利用加速遗传算法-投影寻踪模型对备选方案进行评价优选，得到受水区水量调配最优方案，即明确调配给受水区的各类水源水量，明晰用户用水量中各类水源水量。

2.2.1　受水区水量调配方案拟定方法

建立区间两阶段随机规划模型，将各类水源在不同受水区进行调配；建立区间不确定性模型，将各受水区的调配水量进行再调配，配置到不同的用户，得到受水区水量调配初步方案。

受水区水量调配初步方案结果以区间数表示，并非数值确定的调配方案。为对其进行评价优选，在区间数表示的初步方案的基础上，采用单因素敏感性分析方法，解析不同用户中各类水源调配水量的变化对水资源调配效果的影响程度，确定敏感水源，组合敏感水源和调配水量，拟定受水区水量调配备选方案，明确评价对象。

2.2.1.1　区间两阶段随机规划模型建立及求解

由于各水源的可供水量具有不确定性，因此选用能够解决水资源调配过程中不确定性问题的区间两阶段随机规划模型调配各类水源，该模型实际的决策过程分两阶段完成。

第一阶段，根据区域综合需水量以及各水源供水能力，对未来规划期内各水源向该区域的可供水量做出预先判断，给出每类水源的预先调配水量，即第一阶段的决策变量。但由于未来的不确定事件，预先决策存在风险，如果实际供水不能达到需求目标，会导致经济上的惩罚。

　　第二阶段，根据各水源实际供水量的变化，对第一阶段的调配水量进行调整，即采取追索或纠正行为，减少损失，该阶段的决策变量为第一阶段预先调配水量的调整量。在区域供水调度系统中，水源的可供水量和用户的需水量都是不确定的，预先调配水量以及单位供水成本等参数很难定义为确定值，因此采用区间表示。

　　由此可知，水源多维均衡调配既考虑调配过程的不确定性，又要满足两阶段决策。区间两阶段随机规划模型如下所述。

　　目标函数：以某一水平年各类水源向各受水区供水的供水成本最小为目标函数，即

$$\min f^{\pm} = \sum_{i=1}^{I} \sum_{j=1}^{J} B_{ij}^{\pm} W_{ij}^{\pm} + E\left(\sum_{i=1}^{I} \sum_{j=1}^{J} C_{ij}^{\pm} S_{ijQ}^{\pm} \right) \tag{2.1}$$

式中：$f^{\pm}$ 为综合费用期望区间值，元；i 为不同水源，$i = 1, 2, \cdots, I$；j 为各受水区，$j = 1, 2, \cdots, J$；$B_{ij}^{\pm}$ 为从水源 i 向受水区 j 的供水成本系数区间值，元/m³；$W_{ij}^{\pm}$ 为预先决策中给定的水源 i 向受水区 j 的目标调配水量区间值，m³，即第一阶段决策变量；E 为数学期望函数，表示不同可供水量水平下缺水量的平均水平；$C_{ij}^{\pm}$ 为调配水量达不到目标时的惩罚系数区间值，元/m³；$S_{ijQ}^{\pm}$ 为水源 i 向受水区 j 的可供水量为 Q 时，实际调配水量未达到目标调配水量 $W_{ij}^{\pm}$ 的缺水量区间值，m³，即第二阶段决策变量。

　　第二阶段决策变量 $S_{ijQ}^{\pm}$ 受水源可供水量 Q 的影响，Q 受季节变化影响显著，较难确定。因此，将可供水量 Q 按离散函数处理，假设各类水源可供水量 Q 的水平为 l_i，当 $l_i = 1$ 时表示高水平，缺水量最小；当 $l_i = 2$ 时表示中水平，缺水量较小；$l_i = 3$ 表示低-中水平，缺水量较大；$l_i = 4$ 表示低水平，缺水量最大；水源可供水量 Q 水平为 l_i 的概率为 p_{l_i}（$p_{l_i} > 0$ 且 $\sum_{l_i=1}^{L} p_{l_i} = 1$）。与可供水量 Q 相对应，$S_{ijQ}^{\pm}$ 也视为离散概率分布，即 $E\left(\sum_{i=1}^{I} \sum_{j=1}^{J} C_{ij}^{\pm} S_{ijQ}^{\pm} \right) = \sum_{i=1}^{I} \sum_{j=1}^{J} C_{ij}^{\pm} (E S_{ijQ}^{\pm}) = \sum_{i=1}^{I} \sum_{j=1}^{J} C_{ij}^{\pm} \left(\sum_{l_i=1}^{L} p_{l_i} S_{ijQ}^{\pm} \right)$。

　　因此，将代表可供水量平均水平的数学期望函数 E 表示成离散函数的形式，得到区间两阶段随机规划模型最终表示如下所述。

　　目标函数：以某一水平年各类水源向各受水区供水的供水成本最小为目标函数，即

$$\min f^{\pm} = \sum_{i=1}^{I} \sum_{j=1}^{J} B_{ij}^{\pm} W_{ij}^{\pm} + \sum_{i=1}^{I} \sum_{j=1}^{J} C_{ij}^{\pm} \left(\sum_{l_i=1}^{L} p_{l_i} S_{ijQ}^{\pm} \right) \tag{2.2}$$

式中：$f^{\pm}$ 为综合费用期望区间值，元；i 为不同水源，$i = 1, 2, \cdots, I$；j 为各受

水区，$j=1,2,\cdots,J$；$B_{ij}^{\pm}$ 为从水源 i 向受水区 j 的供水成本系数区间值，元/m³；$W_{ij}^{\pm}$ 为预先决策中给定的水源 i 向受水区 j 供水的目标调配水量区间值，m³，即第一阶段决策变量；$C_{ij}^{\pm}$ 为调配水量达不到目标时的惩罚系数区间值，元/m³；p_{l_i} 为水源供水量取 Q 的概率；$S_{ijQ}^{\pm}$ 为水源 i 向受水区 j 的可供水量为 Q 时，实际调配水量未达到目标调配水量 $W_{ij}^{\pm}$ 的缺水量区间值，m³，即第二阶段决策变量。

目标函数要求供水成本最小，达到了优化供水成本的目的，因此得到的受水区水量调配方案更经济，体现了经济约束。

（1）需水量约束，即受水区 j 的各类水源目标调配水量应大于该受水区需水量的下限，即

$$\sum_{i=1}^{I} W_{ij}^{\pm} \geqslant W_{j\min} \tag{2.3}$$

式中：$W_{j\min}$ 为受水区 j 需水量下限，m³。

（2）水源供水能力约束为

$$\sum_{j=1}^{J} (W_{ij}^{\pm} - S_{ijQ}^{\pm}) \geqslant Q_{il_i}^{\pm} \tag{2.4}$$

式中：$Q_{il_i}^{\pm}$ 为在可供水量 Q 的水平为 l_i 时，水源 i 的可供水量，由于受季节变化影响显著，呈明显的概率特征，可供水量 $Q_{il_i}^{\pm}$ 的概率是 p_{l_i}。

（3）水源最大可供水量约束为

$$\sum_{j=1}^{J} W_{ij}^{\pm} \leqslant W_{i\max} \tag{2.5}$$

式中：$W_{i\max}$ 为水源 i 的最大可供水量，m³。

水源供水能力约束要求各受水区各类水源的可供水量不小于各类水源目标调配水量与缺水量的差值，水源最大可供水量约束要求各受水区各类水源的可供水量不大于各类水源的最大可供水量，通过这两个约束对水源的可供水量进行了限制，体现了供水约束。

（4）水库蓄水约束为

$$V_{\min} \leqslant V \leqslant V_{\max} \tag{2.6}$$

式中：V 为水库蓄水量，m³；$V_{\min}$、$V_{\max}$ 为水库的最小、最大蓄水量，m³，最小蓄水量为水库死库容，最大蓄水量当汛期时为汛限水位的蓄水量，非汛期为正常蓄水位的蓄水量。

这项约束要求水库蓄水量在汛期时不大于汛限水位的蓄水量，体现了防洪的约束要求。

（5）变量非负约束为

$$W_{ij}^{\pm} \geqslant S_{ijQ}^{\pm} \geqslant 0 \tag{2.7}$$

根据区间两阶段随机规划模型本身的特点，$W_{ij}^{\pm}$ 是以区间形式表示的不确定数，很难判断其取何值时系统成本最小。因此，引入另一决策变量 z_{ij}，$z_{ij} \in [0,1]$，令 $W_{ij}^{\pm} = W_{ij}^{-} + \Delta W_{ij} z_{ij}$，当 $z_{ij} = 1$ 时 $W_{ij}^{\pm}$ 取其上限值，当 $z_{ij} = 0$ 时 $W_{ij}^{\pm}$ 取其下限值，而 $\Delta W_{ij} = W_{ij}^{+} - W_{ij}^{-}$ 是确定值。通过引入决策变量 z_{ij} 可以求解其使供水成本最小的最优值 z_{ijopt}，从而得到 $W_{ij}^{\pm}$ 的最优值 $W_{ijopt}^{\pm} = W_{ij}^{-} + \Delta W_{ij} z_{ijopt}$，确定供水成本最小时的目标调配水量 W_{ij}，并以此为已知通过求解模型的上限值，求得区间两阶段随机规划模型的解，即综合费用期望区间上限值 f_{opt}^{+} 和短缺水量区间上限值 S_{ijQopt}^{+}，确定各受水区的各类水源调配水量。

将区间两阶段随机规划模型变形为 2 个子模型进行求解，其中求解目标下限值子模型为

$$\min f^{-} = \sum_{i=1}^{I} \sum_{j=1}^{J} B_{ij}^{-} (W_{ij}^{-} + \Delta W_{ij} z_{ij}) + \sum_{i=1}^{I} \sum_{j=1}^{J} C_{ij}^{-} \left(\sum_{l_i=1}^{L} p_{l_i} S_{ijQ}^{-} \right) \tag{2.8}$$

约束条件：

$$\sum_{i=1}^{I} W_{ij}^{-} + \Delta W_{ij} z_{ij} \geqslant W_{j\min} \tag{2.9}$$

$$\sum_{j=1}^{J} (W_{ij}^{-} + \Delta W_{ij} z_{ij} - S_{ijQ}^{-}) \leqslant Q_{ih_i}^{+} \tag{2.10}$$

$$\sum_{j=1}^{J} (W_{ij}^{-} + \Delta W_{ij} z_{ij}) \leqslant W_{i\max} \tag{2.11}$$

$$W_{ij}^{-} + \Delta W_{ij} z_{ij} \geqslant S_{ijQ}^{-} \geqslant 0 \tag{2.12}$$

$$0 \leqslant z_{ij} \leqslant 1 \tag{2.13}$$

对于该模型来说，S_{ijQ}^{-}、z_{ij} 是决策变量，S_{ijQopt}^{-}、z_{ijopt}、f_{opt}^{-} 是该模型的解，求得的目标调配水量最优值为 $W_{ijopt}^{\pm} = W_{ij}^{-} + \Delta W_{ij} z_{ijopt}$。同理，符合目标函数上限的子模型为

$$\min f^{+} = \sum_{i=1}^{I} \sum_{j=1}^{J} B_{ij}^{+} (W_{ij}^{-} + \Delta W_{ij} z_{ijopt}) + \sum_{i=1}^{I} \sum_{j=1}^{J} C_{ij}^{+} \left(\sum_{l_i=1}^{L} p_{l_i} S_{ijQ}^{+} \right) \tag{2.14}$$

约束条件：

$$\sum_{j=1}^{J} (W_{ij}^{-} + \Delta W_{ij} z_{ijopt} - S_{ijQ}^{+}) \leqslant Q_{ih_i}^{-} \tag{2.15}$$

$$W_{ij}^{-} + \Delta W_{ij} z_{ijopt} \geqslant S_{ijQ}^{+} \geqslant 0 \tag{2.16}$$

$$S_{ijQ}^{+} \geqslant S_{ijQ}^{-} \tag{2.17}$$

$$0 \leqslant z_{ij} \leqslant 1 \tag{2.18}$$

经过求解得到 S_{ijQopt}^{+} 和 f_{opt}^{+}，并将 2 个子模型合并，得到区间两阶段随机规划模型的解为

$$f_{opt}^{\pm} = [f_{opt}^{-}, f_{opt}^{+}], \quad S_{ijQopt}^{\pm} = [S_{ijQopt}^{-}, S_{ijQopt}^{+}], \quad z_{ij} = z_{ijopt} \tag{2.19}$$

其中最优调配水量，即各类水源的调配水量为

$$OPT_{ij}^{\pm} = W_{ijQopt}^{+} - S_{ijQopt}^{+}, \forall i, j \qquad (2.20)$$

各受水区多水源优化调度的目的是确定不同水源的调配水量，满足各受水区的用水需求，同时尽量降低供水成本。不同受水区各类水源的目标调配水量最优值可由 $W_{ijopt}^{\pm} = W_{ij}^{-} + \Delta W_{ij} z_{ijopt}$ 得到；不同情景下的缺水量根据子模型的计算结果得到，进而求得各类水源的调配水量 $OPT_{ij}^{\pm} = W_{ijQopt}^{+} - S_{ijQopt}^{+}$，$\forall i, j$。

2.2.1.2 区间不确定性模型建立及求解

以区间两阶段随机规划模型求解得到的各受水区各类水源的调配水量为输入数据，将各受水区调配水量再调配至受水区的不同用户。以某一水平年各受水区各用户供水成本最小为目标函数，建立区间不确定性模型，计算各类水源在受水区不同用户的调配水量，得到受水区水量调配初步方案。

目标函数：以某一水平年各类水源向各受水区各用户供水的供水成本最小为目标函数，即

$$\min f^{\pm} = \sum_{i=1}^{I} \sum_{j=1}^{J} \sum_{k=1}^{K} \alpha_{j}^{k} B_{ijk}^{\pm} W_{ijk}^{\pm} \qquad (2.21)$$

式中：$f^{\pm}$ 为综合费用期望区间值，元；i 为不同水源，$i = 1, 2, \cdots, I$；j 为各受水区，$j = 1, 2, \cdots, J$；k 为各用户，$k = 1, 2, \cdots, K$；$B_{ijk}^{\pm}$ 为从水源 i 向受水区 j 用户 k 供水的成本系数区间值，元/m³；W_{ijk} 为水源 i 向受水区 j 用户 k 的调配水量区间值，m³；α_{j}^{k} 为受水区 j 用户 k 的供水次序系数。

供水次序系数 α_{j}^{k} 反映受水区 j 用户 k 相对于其他用户供水的优先程度。假设对受水区 j 供水的各用户的供水次序为生活、工业、农业和生态。现将各水源的优先程度转化为 $[0, 1]$ 区间上的系数，即供水次序系数。以 $n_{\max}^{k}$ 表示受水区 j 用户 k 供水次序的序号，$n_{\max}^{k}$ 为受水区 j 用户 k 供水序号的最大值，α_{j}^{k} 可由下式确定，即

$$\alpha_{j}^{k} = \frac{1 + n_{\max}^{k} - n_{j}^{k}}{\sum_{i=1}^{I} (1 + n_{\max}^{k} - n_{j}^{k})} \qquad (2.22)$$

约束条件：

(1) 不同受水区不同水源可供水量约束，即受水区 j 水源 i 向所有用户的调配水量之和应不大于其可供水量总量，即

$$\sum_{k=1}^{K} W_{ijk}^{\pm} \leqslant W_{ij}^{\pm} \qquad (2.23)$$

式中：$W_{ij}^{\pm}$ 为水源 i 向受水区 j 供水的可供水总量，m³。

（2）需水量约束，即用户 k 从受水区 j 水源 i 获得的调配水量应大于该用户需水量的下限，即

$$\sum_{i=1}^{I} W_{ijk}^{\pm} \geqslant W_{jk\min}^{\pm} \qquad (2.24)$$

式中：$W_{jk\min}^{\pm}$ 为用户 k 需水量下限。

这项约束要求农业和生态用户从各受水区各类水源获得的总水量大于该用户需水量的下限，体现了灌溉和生态环境约束。

（3）变量非负约束为

$$W_{ijk}^{\pm} \geqslant 0 \qquad (2.25)$$

采用数学规划法求解区间不确定性模型，计算各类水源在不同用户的调配水量，将各受水区的调配水量再配置到不同的用户，得到受水区水量调配初步方案。

2.2.1.3　评价对象确定方法

上述模型得到的受水区水量调配初步方案结果以区间数表示，并非数值确定的调配方案。为对其进行评价优选，根据区间数表示的初步方案选定数值确定的备选方案，以明确评价对象。

首先，针对受水区水量调配初步方案，采用单因素敏感性分析方法，解析不同用户中各类水源调配水量的变化对水资源调配效果的影响程度，确定敏感水源；其次，组合敏感水源和调配水量，从初步方案中选定受水区水量调配备选方案。这里，单因素敏感性分析方法是指在其他水源调配水量保持不变的情况下，将某个水源调配量的数值按一定比例进行变化，分析其水资源调配效果及其变化情况。

具体步骤为：①计算各类水源调配水量变化的平均水平；②对平均变化水平按不同比例进行缩放，考察相应的水资源调配效果变化情况；③选择能够使水资源调配效果变化较明显的水源作为敏感水源；④对每个敏感水源的调配水量设置高、中、低三种水平，将不同敏感水源和对应的不同调配水量水平进行组合，构成受水区水量调配备选方案。

2.2.2　水资源调配效果评价指标体系构建

当明确了评价对象即备选方案之后，应构建水资源调配效果评价指标体系，对备选方案进行评价。这里，考虑社会效益、经济效益和生态效益等方面，构建水资源调配效果评价指标体系。

水资源调配效果评价指标体系是判断水量调配方案优劣的基础，建立指标体系时需要遵照一定的原则，确保科学、合理、完整、客观地反映水资源调配

效果。水资源调配效果评价指标体系构建应遵循以下原则：

（1）科学的可实施性原则。水资源调配效果评价指标体系的建立应以科学的统计数据为依据，且能够客观地衡量受水区水量调配方案各方面的实际水平。指标的确定应基于实测资料或搜集的资料，对缺少资料的、无法实施定量化处理的指标应避免选入体系。

（2）独立性和简明性原则。由于水资源调配效果是一个涉及多方面的庞大的系统，要综合反映该系统，一方面，如经济效益方面需要足够多的指标，各评价指标间可能存在多重共线性，对评价结果的可靠性产生影响，因此选取的评价指标应尽可能保证独立性，避免指标间的信息重叠；另一方面，由于指标量化可行性的限制、资料获取的局限性和评价结果可靠度的要求，指标应尽可能简洁明了，避免选入冗余指标，降低量化难度和评价误差。

（3）全面性原则。由于评价指标与评价目标是密不可分的整体，应该力求将两者有机结合，为使评价结果能够全面、完整地反映水资源调配引起的各种影响，应从经济效益、社会效益和生态效益等各方面选择评价指标，使其具备全面性。

2.2.2.1　水资源调配效果评价指标体系

水资源多维均衡调配的目标是妥善处理社会、经济和生态之间相互制约和相互依存的关系，因此评价指标体系应从不同角度、不同层面反映水资源均衡调配带来的社会效益、经济效益和生态效益。

社会效益反映的是人口发展程度和区域发展水平与资源供给能力之间的关系，人口发展程度可用人口自然增长率、人口密度和生活用水量等指标表示，区域发展水平可用城市化率量化，资源供给能力可用耕地灌溉率和人均耕地面积等指标量化。经济效益反映的是水资源多维均衡调配与区域经济产值之间的关系，可通过万元工业产值需水量、人均国内生产总值（Gross Domestic Produit，GDP）、万元 GDP 用水量和万元农业产值需水量等指标体现。生态效益反映的是生态用水对区域生态环境带来的影响，生态用水可由生态环境用水率表示，区域生态环境可由污径比和废污水处理率等指标反映。

本书根据评价指标体系的构建原则，并参考已有研究选取的指标进行水资源调配效果评价指标体系的构建。这里选取能够体现社会效益、经济效益和生态效益的 13 项指标构成水资源调配效果评价的指标体系，见表 2.1。

2.2.2.2　水资源调配效果评价指标的数据获取

不同水平年的评价指标数据可查阅统计年鉴、水资源公报等直接确定，缺失数据可采用灰色新陈代谢模型对评价指标数据进行预测。灰色新陈代谢模型是通过对传统灰色预测模型 ［GM(1,1)］ 进行改进而建立的预测模型，其理论基础是邓聚龙（1981）提出的灰色系统理论。起初依据该理论形成的是 GM(1,1)

表 2.1　　　　　　　　　　　　　水资源调配效果评价指标体系

目标层	准则层	指标层	计算方法	指标类型
多水源水量均衡调配效果评价	社会效益	人口自然增长率 C1/%		负向
		人口密度 C2/(人/km^2)		负向
		城市化率 C3/%		正向
		耕地灌溉率 C4/%	灌溉面积/耕地面积	正向
		人均耕地面积 C5/(hm^2/人)	耕地面积/人口总数	正向
		生活用水量 C6/亿 m^3		负向
	经济效益	万元工业产值需水量 C7/m^3	工业用水量/工业总产值	负向
		人均 GDP C8/(元/人)	GDP/人口总数	正向
		万元 GDP 用水量 C9/m^3	年用水总量/GDP 总量	正向
		万元农业产值需水量 C10/m^3	农业用水量/农业总产值	正向
	生态效益	生态环境用水率 C11/%	生态用水量/总用水量	正向
		污径比 C12	污水排放量/地表径流量	负向
		废污水处理率 C13/%	污水处理总量/废水排放量	正向

模型，这是一种能够在含有不确定信息的系统里预测相关事物发展或变化过程的方法。该模型由于所需预测样本量少，同时既可以预测线性变化的数据，也可以预测非线性变化的数据，因此在不同领域中的应用十分广泛。

利用灰色系统理论进行预测，即 GM(1,1) 模型的建模过程如下所述。

1. 级比检验

假设原始数据序列为 $X^{(0)} = \{X^{(0)}(1), X^{(0)}(2), X^{(0)}(3), \cdots, X^{(0)}(N)\}$ 在对数据序列做灰色预测前，需要首先利用下式对其进行级比检验：

$$\theta^{(0)}(k) = x^{(0)}(k-1)/x^{(0)}(k)$$

检验的准则是：如果满足 $\theta^{(0)}(k) \in (e^{-2/(n+1)}, e^{2/(n+1)})$，则原始数据序列可以进行灰色预测；如果不满足，则需通过对数或平移变换的方式调整原始序列，使其满足上述准则。

2. 计算累加数据序列

为使原始数据序列呈现的规律更明显，将其各项逐一进行一次累积，得到累加数据序列为

$$X^{(1)} = \{X^{(1)}(1), X^{(1)}(2), X^{(1)}(3), \cdots, X^{(1)}(N)\} \tag{2.26}$$

其中　　　　　　　　$X^{(1)}(k) = \sum_{i=1}^{k} X^{(0)}(i) \quad (k = 1, 2, \cdots, N)$

3. 生成紧邻均值等权序列

根据式（2.26）生成的紧邻均值等权序列为

$$Z^{(1)} = \{Z^{(1)}(1), Z^{(1)}(2), Z^{(1)}(3), \cdots, Z^{(1)}(N)\} \tag{2.27}$$

其中
$$Z^{(1)}(k) = [X^{(1)}(k-1) + X^{(1)}(k)]/2$$

4. 建立灰色预测模型的白化方程

拟合累加数据序列，得到白化形式的微分方程为

$$\frac{\mathrm{d}X^{(1)}}{\mathrm{d}t} + aX^{(1)} = b \tag{2.28}$$

式中：a、b 为待确定系数，可采用最小二乘法确定，其中 a 是发展系数，用来反映系统的发展态势，b 是灰色作用量。

5. 确定白化方程系数

采用最小二乘法确定 a、b，即

$$\binom{a}{b} = (B^T B)^{-1} B^T Y \tag{2.29}$$

其中
$$B = \begin{bmatrix} -Z^{(1)}(2) & 1 \\ -Z^{(1)}(3) & 1 \\ \vdots & \vdots \\ -Z^{(1)}(N) & 1 \end{bmatrix}, \quad Y = \begin{bmatrix} X^{(0)}(2) \\ X^{(0)}(3) \\ \vdots \\ X^{(0)}(N) \end{bmatrix}$$

则白化方程的解为

$$X^{(1)}(k+1) = \left[X^{(0)}(1) - \frac{b}{a} \right] e^{-ak} + \frac{b}{a} \quad (k = 1, 2, \cdots, N) \tag{2.30}$$

6. 计算预测值

计算式（2.30）的累减序列，得到原始数据序列 $X^{(0)}$ 的预测值为

$$X^{(0)}(k+1) = X^{(1)}(k+1) - X^{(1)}(k) \quad (k = 1, 2, \cdots, N) \tag{2.31}$$

利用 GM(1,1) 模型预测时，仅在未来较短的数据精度较高，数据序列延伸越长，该模型的预测精度就越低。在任何一个数据序列的变化过程中，随时间的发展会产生一些随机的新因素扰动数据序列的未来变化过程，从而使历史数据的影响逐渐削弱，因此需要从数据序列中删除对未来数据影响不大的历史数据，考虑新出现在发展进程中的因素。

灰色新陈代谢模型在 GM(1,1) 模型基础上进行等维更新，实现了删除陈旧

数据信息、加入新信息的替代过程。其基本思想是：首先，利用 GM(1,1) 模型预测原始序列未来一年的数据；其次，将该数据添加到原始数据序列的后面，同时删除序列最前面的一个原始数据，更新后的新序列与原始数据序列维数相同，但有新的数据信息融入其中，进而利用已更新的序列进行 GM(1,1) 预测过程；最后，得到未来下一年的数据，按照这个方法重复上述过程，逐一预测未来每一年的数据，直至完成目标的预测数量。

2.2.3　水资源调配效果评价方法

为使受水区水量调配最优方案在社会、经济和生态效益等方面的达到较优，采用加速遗传算法-投影寻踪模型对受水区水量调配备选方案进行评价优选，给出不同用户用水量中各类水源调配比例的最优值，得到受水区水量调配最优方案。

2.2.3.1　加速遗传算法-投影寻踪模型

基于水资源调配效果评价指标体系，建立加速遗传算法-投影寻踪模型，对受水区水量调配备选方案进行评价优选，得到受水区水量调配最优方案。

水资源调配效果评价指标涉及社会效益、经济效益和生态效益等三方面，需要考虑的指标众多，如果考虑 n 个指标，则评价指标体系是 n 维空间。当指标增加时，评价指标体系的维数随着增加，成了多维问题。投影寻踪模型在多维数据指标权重的选取上优势明显，其最显著的特点是克服了多维数据稀疏分布所造成的"维数祸根"困难，它能排除与数据结构和特征无关的或关系很小的变量干扰，成功地将非正态分布的多维数据投影到一维空间上，避免权重的人为设定，不会损失大量有用的偏态信息，自动找到数据的内在规律，稳健性较好。因此，利用投影寻踪模型进行评价，并选用加速遗传算法解决投影寻踪模型的多维数据全局寻优问题，构成加速遗传算法-投影寻踪模型。

2.2.3.2　加速遗传算法-投影寻踪模型求解步骤

利用投影寻踪模型对受水区水量调配备选方案进行评价，利用加速遗传算法全局寻优得到最优方案。

1. 投影寻踪模型

投影寻踪模型的主要求解步骤如下：

（1）对建立的水资源调配效果评价指标体系进行归一化处理。

设研究方案集为

$$\{x^*(i,j)|i=1,2,\cdots,n;j=1,2,\cdots,p\} \tag{2.32}$$

式中：$x^*(i,j)$ 为第 i 个方案第 j 个评价指标；n、p 为方案的数目和评价指标的数目。

为使各评价指标无量纲化和统一各评价指标的变化范围，对越大越优型评价指标可采用下式进行极值归一化处理，即

$$x(i,j) = \frac{x^*(i,j) - x_{\min}(j)}{x_{\max}(j) - x_{\min}(j)}$$ (2.33)

对越小越优型评价指标可采用如下进行极值归一化处理，即

$$x(i,j) = \frac{x_{\max}(j) - x^*(i,j)}{x_{\max}(j) - x_{\min}(j)}$$ (2.34)

式中：$x_{\min}(j)$、$x_{\max}(j)$ 为方案集中第 j 个评价指标的最小值和最大值。通过式（2.33）和式（2.34）得到的 $x(i,j)$ 统一为 $[0,1]$ 区间上的评价指标。

（2）构造投影指标函数。投影寻踪模型就是把 p 维数据 $\{x(i,j)|j=1,2,\cdots,p\}$ 综合成以 $a = [a(1),a(2),\cdots,a(p)]$ 为投影方向的一维投影值，即

$$z(i) = \sum_{j=1}^{p} a(j)x(i,j)$$ (2.35)

根据 $\{z(i)|i=1,2,\cdots,n\}$ 的一维散布图进行方案优选，其中 a 为单位长度向量。

在综合投影值时，投影值的散布特征应为：局部投影点尽可能密集，最好凝聚成若干个点团；而在整体上投影点团之间尽可能散开。基于此，投影指标函数可构造为

$$Q(a) = S_z D_z$$ (2.36)

式中：S_z 为投影值 $z(i)$ 的标准差；D_z 为投影值 $z(i)$ 的局部密度。

（3）优化投影指标函数确定最佳投影方向。当方案集给定时，投影指标函数 $Q(a)$ 只随投影方向 a 的变化而变化。不同的投影方向反映不同的数据结构特征，最佳投影方向就是最大可能暴露多维数据某类特征结构的投影方向。通过求解投影指标函数最大化问题可估计最佳投影方向，即

最大化目标函数：

$$\max: Q(a) = S_z D_z$$ (2.37)

约束条件：

$$\sum_{j=1}^{p} a^2(j) = 1$$ (2.38)

2. 加速遗传算法

投影寻踪模型是以 a 为优化变量的复杂非线性优化问题，用常规优化方法

处理较困难。模拟生物优胜劣汰规则与群体内部染色体信息交换机制的加速遗传算法是一种通用的全局优化方法，用它来求解上述问题十分简单和有效。

加速遗传算法的主要求解步骤如下：

（1）选择一定数目的个体构成初始种群，即父代染色体。

（2）计算目标函数值。计算种群内各个体的目标函数值，按照函数值的大小将染色体进行排序。

（3）进行选择操作。通过概率的形式从种群中选择若干个体，以生成第1个子代群体。

（4）进行复制、交叉和变异操作。对步骤（3）产生的新种群进行染色体个体基因的复制、交叉和变异等操作，生成新的种群。

（5）进化迭代。若终止条件不满足，则重新进入步骤（3）继续进化。

（6）加速寻优。以上步骤构成标准遗传算法，该方法不能保证全局收敛性。可采用第1次、第2次或第3次、第4次进化迭代所产生的优秀个体的变量变化区间作为新的初始变化区间，进入步骤（1）重新运行准遗传算法，形成加速寻优。

将投影寻踪模型中投影指标函数求最大作为目标函数，各个指标的投影作为优化变量，运行上述6个步骤，即可求得最佳投影方向及相应的投影值，据此可对评价样本集进行综合评价分析。

综上所述，利用加速遗传算法-投影寻踪模型对受水区水量调配备选方案进行评价优选，分析水资源调配效果，得到受水区水量调配最优方案。

2.2.4 水资源多维均衡调配技术简介

调水工程通水后，输水干线与原有众多河道、明渠、湖泊、水库形成复杂的河渠湖库连通水网（区域水网），原有的水资源格局随之改变，向其内数座城市（受水区）和其辖内的数个县（市、区）（受水单元）调配水量也将改变。针对具有多水源、多用户特点的河渠湖库连通水网，在多种水源条件下，考虑生活、工业、农业和生态等不同用户用水的优先次序等多方面约束条件，应用水资源多维均衡调配技术，优化组合多种水源，针对不同水平年和不同水源的丰枯遭遇组合，明确各受水区调配水量，明晰生活、工业、农业和生态等不同用户的调配水量，形成受水区水量调配最优方案。该技术得到的是调配给各受水区及用户的各类水源水量，即各受水区的调配水量和各用户的调配水量。

1. 河渠湖库连通水资源多维均衡调配技术特点

（1）多水源、多用户。供水水源考虑外调水、地表水、地下水和其他水源，需水用户考虑生活、工业、农业和生态等用户。

（2）不同水源可供水量存在不确定性和复杂性。考虑外调水与地表水的丰枯遭遇，将其划分为特枯水年、枯水年、平水年及丰水年等不同情况；引入区间数、随机变量等表示调配过程的不确定性，结果以区间形式表示，更真实地反映连通水网的多水源供水的实际情况。

（3）考虑不同用户的供水优先次序。可依据实际情况，设定不同用户的供水优先次序。

（4）增加对水资源调配效果的评价。充分考虑不确定性因素对水资源均衡调配影响，在传统的水资源多维均衡调配技术上增加多水源均衡调配效果评价优选过程，使其社会—经济—生态效益更加均衡，实现外调水和当地多水源的高效利用。

2. 河渠湖库连通水资源多维均衡调配技术适用对象

该技术适用于具有多水源、多用户特点的河渠湖库连通水网，即外调水与当地水多种水源并存且丰枯遭遇不一致，不同用户用水需求不同且存在季节性变化。此类复杂的河渠湖库连通水网，需在考虑诸多不确定因素及供水、灌溉、经济、生态环境等多维约束的条件下，将多种水源在各受水区不同用户间进行均衡调配，实现水资源优化调配。

3. 河渠湖库连通水资源多维均衡调配技术应用所需资料

（1）区域受水区划分。

（2）水源种类及不同水平年可供水量。

（3）受水用户类别和不同用户需水量。

（4）不同水源向各受水区供水的单位水量供水成本、单位水量惩罚系数等经济指标。

4. 河渠湖库连通水资源多维均衡调配技术应用步骤

（1）建立区间两阶段随机规划模型，以某一水平年各类水源向各受水区供水成本最小为目标函数，考虑供水、防洪、灌溉、经济、生态环境等多方面的约束条件，对外调水、地表水、地下水和其他水源等各类水源在各受水区进行水量调配。

（2）建立区间不确定性模型，将各受水区的调配水量进行再调配，配置到生活、工业、农业和生态等不同的用户，实现外调水的高效利用，得到受水区水量调配初步方案。

（3）基于受水区水量调配初步方案，采用单因素敏感性分析方法确定敏感水源，从初步方案中选定受水区水量调配备选方案。

（4）构建水资源调配效果评价指标体系，获取各指标数值。

（5）依据水资源调配效果评价指标体系，利用加速遗传算法-投影寻踪模型对备选方案进行评价优选，根据水资源调配效果确定受水区水量调配最优方案。

河渠湖库连通水资源多维均衡调配技术应用步骤如图 2.1 所示。

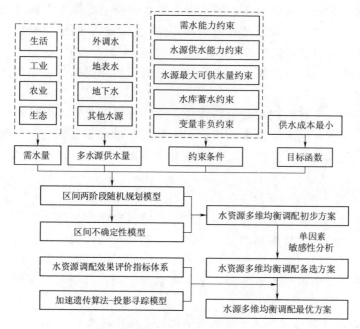

图 2.1 河渠湖库连通水资源多维均衡调配技术应用步骤

2.3 水资源多维均衡调配研究实例概况

这里以南水北调东线山东段河渠湖库连通水网为例。南水北调东线通水后（当时 2016 年）形成的山东段河渠湖库连通水网，改变了原有水资源配置情况，形成了"南北贯通、东西互济"的水资源格局。该区域水网尺度大、范围广，区域水源包括外调水、地表水、地下水和其他水源，需要向枣庄、菏泽、济宁、聊城、德州、济南、滨州、淄博、东营、潍坊、青岛、烟台和威海 13 座城市供水，受水用户包括生活、生产、农业和生态用户。

2.3.1 受水区划分

该区域水网的供水范围以东平湖为界划分为鲁南区、鲁北区和胶东区，需要向其辖内的枣庄、菏泽、济宁、聊城、德州、济南、滨州、淄博、东营、潍坊、青岛、烟台和威海 13 座城市（13 个受水区）供水。图 2.2 标出了 13 座城市（13 个受水区）对应的输水干线分水口。

鲁南区包含枣庄、济宁和菏泽 3 个受水区，对应输水干线上的 4 个分水口，分别是下级湖潘庄一级站、上级湖城郭河甘桥泵站、上级湖济宁提水泵站和上

图 2.2　受水区对应的输水干线分水口（2016 年）

级湖洙水河港口提水泵站。鲁北区包含聊城和德州 2 个受水区，对应输水干线的 12 个分水口，分别是东阿分水口、莘县分水口、阳谷分水口、东昌府区分水口、茌平区分水口、高唐县分水口、冠县分水口、临清市分水口、六五河分水口、六五河与堤上旧城河交叉口、大屯水库德州市区分水口和大屯水库武城分水口。胶东区包含济南、滨州、淄博、东营、潍坊、青岛、烟台和威海 8 个受水区，对应输水干线的 25 个分水口，分别是贾庄分水闸、新五分水闸、东湖水库济南分水闸、东湖水库章丘分水闸、胡楼分水闸、腰庄分水闸（辛集洼水库）、锦秋水库分水闸、博兴水库分水闸、引黄济淄分水闸、东营北分水口、东营南分水口、双王城水库、引黄济青干渠的西分干分水闸、胶东调水工程潍河倒虹吸出口西小章分水闸、双友分水闸、棘洪滩水库、辛安桥分水闸、门楼水库分水口、王河分水口、招远分水口、南栾河分水口、泳汶河分水口、温石汤泵站出口、丰粟水库和米山水库。

在水源方面，山东段的水源包括外调水、地表水、地下水和其他水源，外调水与当地水源并存，且当地水资源的丰枯不均；同时沿线农业用水的季节性变化，造成水量调度分配过程存在不确定性。各水源在不同受水区不同用户间的调配水量将对供水、灌溉、生态环境等多方面产生影响，如不同水源的供水成本存在差异，成本太高则不利于经济发展。

在需水方面，山东段既是用水户，又需要向河北、天津供水，供水水源不仅受长江干流水资源的丰枯影响较大，沿线相关区间的调水规模还受淮河流域、黄河流域、海河流域等水系的水资源丰枯影响较大。同时，各受水区间、各用户间存在着用水竞争，生活、生产、农业和生态等用户用水时空差异较大，水资源调配复杂。

2.3.2　水资源量

南水北调东线山东段的水源包括外调水、地表水、地下水和其他水源，其他水源包括再生水和海水淡化。

1. 外调水

根据《山东省水资源综合利用中长期规划》（2016 年），2020 年南水北调引江水量，按照东线一期工程设计的调水指标 14.67 亿 m^3 考虑。水利部正组织编制南水北调东线工程补充规划，根据补充规划初步阶段性成果，2030 年山东省引江水量按 29.51 亿 m^3 考虑。2020 年引黄水量按 62.19 亿 m^3 考虑，2030 年引黄水量按山东省引黄总量控制指标 65.03 亿 m^3 考虑。

2. 地表水和地下水

当地水资源可利用量，是指在可预见的时期内，在统筹考虑生活、生产和生态环境用水要求的基础上，通过经济合理、技术可行的措施，在当地水资源总量中可资一次性利用的最大水量，包括地表水资源可利用量和地下水资源可开采量。地表水资源可利用量是指在可预见的时期内，在统筹考虑河道内生态环境和其他用水的基础上，通过经济合理、技术可行的措施，可供河道外生活、生产、生态用水的一次性最大水量。地下水资源可开采量按浅层地下水资源可开采量考虑，是指在可预见的时期内，通过经济合理、技术可行的措施，在不致引起生态环境恶化的条件下，允许从含水层中获取的最大水量。

综合测算，山东省多年平均地表水可利用量，即地表水量为 106.90 亿 m^3；地下水量由山丘区水量和平原区水量两部分组成，山东省多年平均地下水可利用量，即地下水量为 132.39 亿 m^3，其中山丘区水量 56.14 亿 m^3，平原区水量 76.25 亿 m^3。各市地表水量和地下水量见表 2.2。

3. 其他水源

其他水源包括再生水和海水淡化等。为解决日益严峻的缺水问题，山东省注重对再生水的利用和推进海水淡化工程技术的发展。再生水可作为城市绿化、农林灌溉和工业冷却等的用水；海水淡化可作为生活杂用水、城市景观用水和工业用水等。根据《山东省统计年鉴》（2000—2015 年）及《山东省水资源公报》（2000—2015 年），山东省多年平均其他水源可供水量分别为济南 0.76 亿 m^3、

表 2.2   各市地表水量和地下水量

受水区	地表水量 /亿 m³	地下水量/亿 m³		
		山丘区水量	平原区水量	小计
总计	106.90	56.14	76.25	132.39
济南	10.17	4.84	4.98	9.82
青岛	13.31	4.20	2.18	6.38
淄博	11.06	4.42	3.68	8.10
枣庄	1.68	3.37	2.65	6.02
东营	5.24	0	1.70	1.70
烟台	5.07	6.97	1.53	8.50
潍坊	6.22	5.34	6.50	11.84
济宁	2.14	2.74	10.01	12.75
泰安	6.55	5.34	2.40	7.74
威海	10.00	2.91	0	2.91
日照	8.74	2.84	0.39	3.23
莱芜	13.88	2.02	0.00	2.02
临沂	12.85	11.01	3.32	14.33

青岛 0.49 亿 m³、淄博 0.14 亿 m³、枣庄 0.26 亿 m³、东营 0.23 亿 m³、烟台 0 亿 m³、潍坊 0.38 亿 m³、济宁 1.62 亿 m³、泰安 0.35 亿 m³、威海 0.34 亿 m³、日照 0.24 亿 m³、莱芜 0.54 亿 m³ 和临沂 0.18 亿 m³。

2.3.3 可供水量

根据《山东省水资源综合利用中长期规划》（2016 年）中的水资源开发战略，合理开发利用当地水资源，积极利用地表水，合理开采地下水，加强污水雨水处理回用，实现多水源供水。山东省的供水水源考虑引江水、引黄水、地表水、地下水和其他水源，其中其他水源包括再生水和海水淡化等。水源数据来自《山东省统计年鉴》（2016 年）及《山东省水资源公报》（2016 年）。根据《南水北调东线第一期工程可行性研究总报告》（2005 年），引江水用于供给山东段受水区输水沿线城市的生活、工业和生态用户，引黄水、地表水、地下水和其他水源用于供给生活、工业、农业和生态用水。由于地表水可供水量直接受降水影响，根据国家有关供水量预测技术规范要求，引黄水和地表水可供水量按照特枯水年、枯水年、平水年和丰水年四种情况进行分析；引江水、地下水和其他水源的可供水量受当地降水直接影响较小，供水量基本稳定，不再按照特枯水年、枯水年、平水年和丰水年四种情况进行分析。

2.3.3.1　2017 年可供水量

对于南水北调东线山东段，供水水源包括引江水、引黄水、地表水、地下水和其他水源。2017 年南水北调引江水量，按照东线一期工程山东省 2016—2017 年水量调度计划 5.69 亿 m^3 考虑，引黄水可供水量为 58.47 亿～62.95 亿 m^3，地表水可供水量为 29.91 亿～35.74 亿 m^3，地下水可供水量分别为枣庄 4.15 亿 m^3、菏泽 11.04 亿 m^3、济宁 8.4 亿 m^3、聊城 8.32 亿 m^3、德州 6.90 亿 m^3、济南 6.42 亿 m^3、滨州 1.86 亿 m^3、淄博 5.60 亿 m^3、东营 0.58 亿 m^3、潍坊 8.45 亿 m^3、青岛 3.56 亿 m^3、烟台 4.00 亿 m^3 和威海 0.72 亿 m^3，其他水源可供水量 5.31 亿 m^3。

2.3.3.2　2020 水平年可供水量

2020 水平年南水北调引江水量，按照东线一期工程设计的调水指标 14.67 亿 m^3 考虑，地下水可供水量分别为枣庄 3.97 亿 m^3、菏泽 11.23 亿 m^3、济宁 9.27 亿 m^3、聊城 8.06 亿 m^3、德州 6.97 亿 m^3、济南 6.58 亿 m^3、滨州 1.85 亿 m^3、淄博 6.15 亿 m^3、东营 0.74 亿 m^3、潍坊 8.36 亿 m^3、青岛 4.05 亿 m^3、烟台 4.11 亿 m^3 和威海 1.11 亿 m^3，其他水源可供水量为 10.19 亿 m^3。

考虑引黄水和地表水水量的丰枯遭遇，结合水资源开发利用现状，表 2.3 提供了各受水区引黄水和地表水的可供水量及其离散概率，各受水区的水量水平被划分为低、低-中、中、高四种情况，依据《水文情报预报规范》（GB/T 22482—2008），设定各水平年的四种情况出现的概率分别为 5%、20%、50% 和 25%，分别对应特枯水年、枯水年、平水年及丰水年。

表 2.3　　　　　　　各受水区各水源可供水量变化及概率分布　　　　　单位：亿 m^3

可供水量水平（概率）			低水平（特枯）5%	低-中水平（枯）20%	中水平（平）50%	高水平（丰）25%
引黄水			48.01～49.63	49.80～52.17	54.11～61.46	61.63～67.10
地表水	鲁南区	枣庄	1.18～1.29	1.30～1.49	1.51～1.80	1.80～1.89
		菏泽	1.26～1.31	1.32～1.48	1.50～2.07	2.19～2.23
		济宁	5.88～6.03	6.11～6.91	7.01～9.26	9.87～10.38
	鲁北区	聊城	1.39～1.63	1.68～1.89	1.91～2.29	2.34～3.80
		德州	1.61～1.79	1.82～2.29	2.91～3.40	3.40～4.18

续表

可供水量水平 （概率）			低水平 （特枯） 5%	低-中水平 （枯） 20%	中水平 （平） 50%	高水平 （丰） 25%
地表水	胶东区	济南	1.75～2.08	2.10～2.57	2.82～3.84	3.99～4.29
		滨州	1.91～2.11	2.15～2.55	2.67～3.79	3.87～4.34
		淄博	0.22～0.34	0.38～0.47	0.52～0.78	0.80～0.92
		东营	0.67～0.92	1.05～1.26	1.32～2.03	2.05～2.39
		潍坊	2.88～3.55	3.88～4.30	4.42～6.67	7.01～7.17
		青岛	3.46～3.77	3.88～4.40	4.48～6.01	6.09～6.32
		烟台	2.92～3.36	3.46～3.83	4.01～5.54	5.69～5.99
		威海	1.84～2.08	2.15～2.43	2.44～3.10	3.26～3.59

2.3.4　供水成本系数

表 2.4 给出了预先决策中不同水源向各受水区调配水量的经济数据［数据来源为《南水北调东线第一期工程可行性研究总报告》（2005 年）］。以引江水为例，向鲁南区供水的单位水量供水成本系数为枣庄 0.35～0.44 元/m³、菏泽 0.36～0.48 元/m³、济宁 0.44～0.50 元/m³；向鲁北区供水的单位水量供水成本系数为聊城 0.90～1.03 元/m³、德州 1.32～1.34 元/m³；向胶东区供水的单位水量供水成本系数为济南 0.68～0.78 元/m³、滨州 1.11～1.22 元/m³、淄博 1.11～1.22 元/m³、东营 1.11～1.22 元/m³、潍坊 1.31～1.33 元/m³、青岛 1.31～1.33 元/m³、烟台 1.31～1.33 元/m³ 和威海 1.31～1.33 元/m³。引江水的供水成本系数由低到高排序为鲁南区、鲁北区和胶东区，由于引江水供水距离由近及远依次为鲁南区、鲁北区和胶东区，因此供水距离越远，供水成本越高，体现出了引江水在南水北调东线山东段的空间调蓄。引黄水、地表水、地下水和其他水源也有相似的规律。

受水区目标调配水量是根据各地级市各用户的实际需水量，并综合考虑近年来经济发展形势估计获得。东线第一期工程的供水目标是优先解决城市缺水问题，兼顾一部分生态用水。不同用户单位水量的供水成本系数为生活 0.16～0.20 元/m³、工业 0.21～0.26 元/m³、农业 0.13～0.16 元/m³ 和生态 0.11～0.13 元/m³［数据来源为《南水北调东线第一期工程可行性研究总报告》（2005 年）］。在确定不同用户的供水成本系数时考虑了制水成本和输水成本。就制水成本来看，工业用户和生活用户对水质要求较农业用户和生态用户高，制水成本高，因此工业用户和生活用户的供水成本系数较农业用户和生态用户高；就

表 2.4　　　　　　预先决策中不同水源向各受水区调配水量的经济数据

受水区			引江水	引黄水	地表水	地下水	其他水源
单位水量 供水成本系数 /(元/m³)	鲁南区	枣庄	0.35～0.44	0	0.21～0.23	0.23～0.26	0.30～0.32
		菏泽	0.36～0.48	0.28～0.31	0.24～0.26	0.27～0.29	0.30～0.32
		济宁	0.44～0.50	0.31～0.33	0.24～0.26	0.27～0.29	0.30～0.32
	鲁北区	聊城	0.90～1.03	0.55～0.58	0.25～0.27	0.35～0.37	0.60～0.62
		德州	1.32～1.34	0.76～0.80	0.25～0.27	0.35～0.37	0.60～0.62
	胶东区	济南	0.68～0.78	0.69～0.78	0.45～0.47	0.58～0.60	0.60～0.62
		滨州	1.11～1.22	0.73～0.82	0.45～0.47	0.35～0.37	0.60～0.62
		淄博	1.11～1.22	0.73～0.82	0.45～0.47	0.35～0.37	0.60～0.62
		东营	1.11～1.22	0.73～0.82	0.45～0.47	0.35～0.37	0.50～0.52
		潍坊	1.31～1.33	0.73～0.82	0.45～0.47	0.35～0.37	0.50～0.52
		青岛	1.31～1.33	0.73～0.82	0.45～0.47	0.60～0.62	0.60～0.62
		烟台	1.31～1.33	0.73～0.82	0.45～0.47	0.50～0.52	0.54～0.56
		威海	1.31～1.33	0.73～0.82	0.45～0.47	0.50～0.52	0.54～0.56
单位水量 惩罚系数 /(元/m³)	鲁南区	枣庄	0.59～0.75	0	0.35～0.39	0.39～0.44	0.50～0.54
		菏泽	0.60～0.80	0.47～0.52	0.40～0.44	0.45～0.49	0.50～0.54
		济宁	0.74～0.84	0.52～0.55	0.40～0.44	0.45～0.49	0.50～0.54
	鲁北区	聊城	1.51～1.73	0.92～0.97	0.42～0.45	0.59～0.62	1.01～1.04
		德州	2.22～2.25	1.28～1.35	0.42～0.45	0.59～0.62	1.01～1.04
	胶东区	济南	1.14～1.30	1.15～1.30	0.76～0.79	0.97～1.01	1.01～1.04
		滨州	1.86～2.05	1.22～1.38	0.76～0.79	0.59～0.62	1.01～1.04
		淄博	1.86～2.05	1.22～1.38	0.76～0.79	0.59～0.62	1.01～1.04
		东营	1.86～2.05	1.22～1.38	0.76～0.79	0.59～0.62	0.84～0.87
		潍坊	2.20～2.23	1.22～1.38	0.76～0.79	0.59～0.62	0.84～0.87
		青岛	2.20～2.23	1.22～1.38	0.76～0.79	1.01～1.04	1.01～1.04
		烟台	2.20～2.23	1.22～1.38	0.76～0.79	0.84～0.87	0.91～0.94
		威海	2.20～2.23	1.22～1.38	0.76～0.79	0.84～0.87	0.91～0.94

输水成本来看，工业用户和农业用户一般位于距离城区较远的位置，生活用户和生态用户一般位于市区，因此工业用户较生活用户输水距离长，农业用户较生态用户输水距离长。综合以上两个的原因，不同用户的供水成本系数由高到低排序为工业、生活、农业、生态。

2.3.5　需水量

南水北调东线山东段受水区用户包括生活、工业、农业和生态等。下面对 2017 年和 2020 水平年各用户需水量予以介绍。

2.3.5.1　2017 年需水量

根据《山东省水资源综合利用中长期规划》（2016 年），山东省各市 2017 年生活、工业、生态等用户的需水量列于表 2.5。2017 年山东省 13 个受水区各用户的总需水量分别为生活 30.98 亿 m^3、工业 27.68 亿 m^3、农业 148.11 亿 m^3 和生态 5.98 亿 m^3。

表 2.5　　　　　　　　　　2017 年各市用户需水量　　　　　　　　　单位：亿 m^3

受水区	生活用户	工业用户	农业用户	生态用户
枣庄	2.30	1.62	4.62	0.27
菏泽	2.75	1.66	19.81	0.39
济宁	2.87	2.58	20.97	0.39
聊城	1.93	2.28	17.24	0.25
德州	1.69	1.68	18.61	0.12
济南	4.00	2.63	10.67	0.91
滨州	1.29	1.26	13.75	0.40
淄博	1.70	2.65	6.66	0.80
东营	1.44	2.33	6.76	0.57
潍坊	3.03	4.02	12.94	0.70
青岛	4.57	2.54	6.02	1.01
烟台	2.31	1.55	7.81	0.13
威海	1.10	0.88	2.27	0.05
总计	30.98	27.68	148.11	5.98

2.3.5.2　2020 水平年需水量

根据《山东省水资源综合利用中长期规划》（2016 年），山东省各市 2020 水平年生活、工业、生态等用户的需水量列于表 2.6。2020 水平年山东省 13 个受水区各用户的总需水量分别为生活 34.72 亿 m^3、工业 29.21 亿 m^3、农业 152.08 亿 m^3 和生态 6.30 亿 m^3。

表 2.6　　　　　　　　　2020 水平年各市用户需水量　　　　　　　　单位：亿 m^3

受水区	生活用户	工业用户	农业用户	生态用户
枣庄	2.43	1.71	4.88	0.28
菏泽	2.76	1.66	19.89	0.39

受水区	生活用户	工业用户	农业用户	生态用户
济宁	2.88	2.59	21.04	0.39
聊城	1.95	2.30	17.39	0.25
德州	1.71	1.69	18.78	0.12
济南	4.11	2.70	10.96	0.92
滨州	1.28	1.26	13.67	0.40
淄博	1.80	2.69	7.05	0.96
东营	1.50	2.42	7.00	0.59
潍坊	3.96	4.16	13.36	0.73
青岛	6.30	3.13	6.32	1.06
烟台	2.57	1.72	8.67	0.14
威海	1.49	1.19	3.06	0.07
总计	34.72	29.21	152.08	6.30

2.4　水资源多维均衡调配技术应用及成果

针对多水源优化配置中的不确定性和复杂性，将提出的河渠湖库连通水资源多维均衡调配技术应用于南水北调东线山东段。首先，利用区间两阶段随机规划模型和区间不确定性模型形成受水区水量调配初步方案；其次，采用单因素敏感性分析方法确定敏感水源，基于此从初步方案中选定受水区水量调配备选方案；最后，利用加速遗传算法-投影寻踪模型对备选方案进行评价优选，得到受水区水量调配最优方案。

将南水北调东线山东段进行分区，并确定水平年。南水北调东线一期工程主要向山东的枣庄、菏泽、济宁、聊城、德州、济南、滨州、淄博、东营、潍坊、青岛、烟台和威海 13 座地级以上城市（13 个受水区）供水。根据调水工程特点，将南水北调东线山东段的供水范围以东平湖为节点分为鲁南区、鲁北区和胶东区。鲁南区包括枣庄、菏泽和济宁 3 个受水区，鲁北区包括聊城和德州 2 个受水区，胶东区包括济南、滨州、淄博、东营、潍坊、青岛、烟台和威海 8 个受水区。13 个受水区对应的输水干线分水口如图 2.2 所示。

国民经济的发展是有阶段性的，每一阶段都反映了一定的国民经济水平，同时也反映了一定的水资源供需条件和开发利用水平。表示不同时期的水平年要尽可能与国家或地区中长期发展计划分期相一致，一般划分为现状、近期和远景三类规划水平年。现状水平年又称基准年，是指现状情况，以某一年为基准。根据《山东省水资源综合利用中长期规划》（2016 年），这里将基准年选定为 2014 年，近期水平年为 2017—2020 年，分别开展 2017 年（当时 2017 年）和 2020 水平年的水资源多维均衡调配研究。同时，将 2017 年的计算结果与实际情况进行对比，验证求解结果的合理性。

对于南水北调东线山东段河渠湖库连通水网，多水源包括引江水、引黄水、地表水、地下水和其他水源，多用户包括生活、工业、农业和生态用水。按地级以上城市划分为 13 个受水区。利用河渠湖库连通水资源多维均衡调配技术，得到 13 个受水区水量调配最优方案，即明确调配给受水区的各类水源水量，明确调配给生活、工业、农业和生态等用户的各类水源水量。

2.4.1 受水区水量调配初步方案

利用区间两阶段随机规划模型和区间不确定性模型，将各类水源在不同受水区和不同用户进行调配，形成受水区水量调配初步方案，各水源的调配水量以区间形式表示。

2.4.1.1 区间两阶段随机规划模型求解

根据南水北调东线山东段河渠湖库连通水网的多水源、多用户条件，代入区间两阶段随机规划模型 ［式 （2.1）～式 （2.7）］，并求解 ［式 （2.8）～式 （2.20）］。

不同受水区引江水、引黄水、地表水、地下水和其他水源的目标调配水量最优值可由 $W_{ijopt}^{\pm} = W_{ij}^{-} + \Delta W_{ij} z_{ijopt}$ 得到；不同情景下的缺水量根据子模型的计算结果得到，进而求得各类水源的调配水量 $OPT_{ij}^{\pm} = W_{ijQopt}^{+} - S_{ijQopt}^{+}$，$\forall i, j$。

在此以受水区济南市为例，给出由区间两阶段随机规划模型计算得到的 2020 水平年济南市不同丰枯组合的各类水源调配水量（表 2.7）。例如，引黄水和地表水水量丰枯遭遇均为特枯水年时，济南市调配水量为 14.97 亿～15.44 亿 m³，由于需水量为 18.70 亿 m³，可知此时的缺水量为 3.26 亿～3.73 亿 m³，因此缺水率为 17.42%～19.95%。当引黄水丰枯保持不变时，例如引黄水为特枯水年，地表水由特枯水年到丰水年对应的缺水率依次降低。另外，当地表水丰枯保持不变时，例如地表水为特枯水年，引黄水由特枯水年到丰水年对应的缺水率也有类似规律，符合实际情况。

2.4.1.2 区间不确定性模型求解

根据南水北调东线山东段河渠湖库连通水网的条件，代入区间不确定性模型 ［式 （2.21）～式 （2.25）］。其中，由式 （2.22）得到各受水区生活、工业、农业和生态的供水次序系数依次为 0.4、0.3、0.2 和 0.1。

表 2.7　　　2020 水平年济南市不同丰枯组合的各类水源调配水量

丰枯组合		水源水量/亿 m³					调配水量 /亿 m³	缺水量 /亿 m³	缺水率 /%
引黄水	地表水	引江水	引黄水	地表水	地下水	其他水源			
特枯	特枯	1.00	4.39~4.54	1.75~2.08	6.58	1.25	14.97~15.44	3.26~3.73	17.42~19.95
	枯	1.00	4.39~4.54	2.10~2.57	6.58	1.25	15.32~15.94	2.76~3.38	14.78~18.09
	平	1.00	4.39~4.54	2.81~3.83	6.58	1.25	16.03~17.20	1.50~2.67	8.02~14.26
	丰	1.00	4.39~4.54	3.99~4.24	6.58	1.25	17.21~17.60	1.10~1.49	5.86~7.99
枯	特枯	1.00	4.55~4.77	1.75~2.08	6.58	1.25	15.13~15.67	3.03~3.57	16.19~19.08
	枯	1.00	4.55~4.77	2.10~2.57	6.58	1.25	15.48~16.17	2.53~3.22	13.55~17.22
	平	1.00	4.55~4.77	2.81~3.83	6.58	1.25	16.19~17.43	1.27~2.51	6.79~13.4
	丰	1.00	4.55~4.77	3.99~4.24	6.58	1.25	17.37~17.83	0.87~1.33	4.63~7.12
平	特枯	1.00	4.95~5.57	1.75~2.08	6.58	1.25	15.52~16.48	2.22~3.18	11.88~16.98
	枯	1.00	4.95~5.57	2.10~2.57	6.58	1.25	15.87~16.97	1.73~2.83	9.24~15.12
	平	1.00	4.95~5.57	2.81~3.83	6.58	1.25	16.59~18.24	0.46~2.11	2.48~11.3
	丰	1.00	4.95~5.57	3.99~4.24	6.58	1.25	17.76~18.64	0.06~0.94	0.33~5.03
丰	特枯	1.00	5.59~5.64	1.75~2.08	6.58	1.25	16.17~16.54	2.16~2.53	11.56~13.55
	枯	1.00	5.59~5.64	2.10~2.57	6.58	1.25	16.51~17.03	1.67~2.19	8.92~11.69
	平	1.00	5.59~5.64	2.81~3.83	6.58	1.25	17.23~18.30	0.40~1.47	2.16~7.86
	丰	1.00	5.59~5.64	3.99~4.24	6.58	1.25	18.40~18.70	0~0.30	0~1.59

　　以区间两阶段随机规划模型求解到的目标调配水量最优值下的各受水区各类水源调配水量作为区间不确定性模型的输入数据，计算各水平年的引江水、引黄水、地表水、地下水和其他水源在不同用户的调配水量。

　　这里仍以受水区济南市为例，给出各受水区不同用户的各类水源调配水量计算结果，即受水区水量调配初步方案（表 2.8）。例如，2020 水平年，生活用水由引江水、引黄水、地表水、地下水和其他水源五种水源组成，这五种水源的调配水量区间解为引江水 0.65 亿~0.65 亿 m³、引黄水 1.14 亿~1.14 亿 m³、地表水 0.29 亿~0.29 亿 m³、地下水 1.83 亿~1.83 亿 m³ 和其他水源 0.21 亿~0.21 亿 m³。

　　表 2.8 表明，在各受水区不同用户的各类水源调配水量中，农业用户调配水量均为最多，其次为生活、工业和生态用户的调配水量。在优先保证生活用水的前提下，缺水量从大到小依次为农业、工业和生态，生态用水与现状基准年相比有了明显的改善。各受水区引江水均用于生活、工业和生态用水，不供给农业用水，达到高效利用引江水的目的，并最小化供水成本。

表2.8　2020水平年济南市不同丰枯组合的各用户调配水量

单位：亿 m³

丰枯组合 引黄水	地表水	生活用户 引江水	引黄水	地表水	地下水	其他水源	工业用户 引江水	引黄水	地表水	地下水	其他水源
特枯	特枯	0.65~0.65	1.14~1.14	0.29~0.29	1.83~1.83	0.21~0.21	0.25~0.25	0.48~0.49	0.20~0.27	0.93~0.93	0.16~0.16
	枯	0.63~0.63	1.11~1.11	0.37~0.37	1.80~1.80	0.21~0.21	0.26~0.26	0.48~0.50	0.23~0.32	0.94~0.94	0.17~0.17
	平	0.59~0.59	1.05~1.05	0.54~0.54	1.74~1.74	0.21~0.21	0.29~0.29	0.49~0.52	0.29~0.48	0.96~0.96	0.18~0.18
	丰	0.52~0.52	0.94~0.94	0.82~0.82	1.62~1.62	0.21~0.21	0.34~0.34	0.50~0.51	0.41~0.46	0.99~0.99	0.19~0.19
枯	特枯	0.64~0.64	1.17~1.17	0.28~0.28	1.81~1.81	0.21~0.21	0.25~0.25	0.50~0.54	0.20~0.27	0.92~0.92	0.16~0.16
	枯	0.62~0.62	1.15~1.15	0.36~0.36	1.78~1.78	0.21~0.21	0.27~0.27	0.51~0.53	0.23~0.34	0.93~0.93	0.17~0.17
	平	0.58~0.58	1.09~1.09	0.52~0.52	1.72~1.72	0.21~0.21	0.29~0.29	0.52~0.55	0.30~0.49	0.95~0.95	0.18~0.18
	丰	0.52~0.52	0.98~0.98	0.80~0.80	1.61~1.61	0.21~0.21	0.34~0.34	0.53~0.56	0.41~0.46	0.99~0.99	0.20~0.20
平	特枯	0.62~0.62	1.25~1.25	0.26~0.26	1.77~1.77	0.21~0.21	0.27~0.27	0.57~0.71	0.21~0.24	0.90~0.90	0.17~0.17
	枯	0.60~0.60	1.23~1.23	0.33~0.33	1.74~1.74	0.21~0.21	0.28~0.28	0.57~0.70	0.24~0.32	0.91~0.91	0.17~0.17
	平	0.56~0.56	1.17~1.17	0.49~0.49	1.68~1.68	0.21~0.21	0.30~0.30	0.58~0.67	0.31~0.53	0.93~0.93	0.18~0.18
	丰	0.50~0.50	1.07~1.07	0.77~0.77	1.57~1.57	0.21~0.21	0.35~0.35	0.60~0.71	0.42~0.47	0.96~0.96	0.20~0.20
丰	特枯	0.59~0.59	1.37~1.37	0.27~0.27	1.68~1.68	0.21~0.21	0.29~0.29	0.68~0.69	0.22~0.27	0.88~0.88	0.18~0.18
	枯	0.57~0.57	1.97~1.97	0.34~0.34	1.03~1.03	0.21~0.21	0.30~0.30	0.63~0.64	0.26~0.34	0.92~0.92	0.19~0.19
	平	0.54~0.54	1.31~1.31	0.44~0.44	1.62~1.62	0.21~0.21	0.32~0.32	0.69~0.71	0.32~0.51	0.90~0.90	0.19~0.19
	丰	0.48~0.48	1.21~1.21	0.71~0.71	1.51~1.51	0.21~0.21	0.36~0.36	0.71~0.72	0.43~0.48	0.93~0.93	0.21~0.21

续表

| 丰枯组合 | | 农业用户 | | | | | 生态用户 | | | | |
引黄水	地表水	引江水	引黄水	地表水	地下水	其他水源	引江水	引黄水	地表水	地下水	其他水源
特枯	特枯	0	2.67~2.80	1.14~1.37	3.58~3.58	0.76~0.76	0.11~0.11	0.11~0.11	0.12~0.14	0.24~0.24	0.12~0.12
	枯	0	2.69~2.81	1.38~1.73	3.60~3.60	0.75~0.75	0.11~0.11	0.11~0.12	0.12~0.15	0.24~0.24	0.12~0.12
	平	0	2.73~2.83	1.86~2.64	3.64~3.64	0.73~0.73	0.12~0.12	0.12~0.15	0.13~0.18	0.24~0.24	0.14~0.14
	丰	0	2.80~2.93	2.61~2.79	3.73~3.73	0.70~0.70	0.14~0.14	0.15~0.15	0.15~0.17	0.24~0.24	0.16~0.16
枯	特枯	0	2.76~2.94	1.15~1.38	3.61~3.61	0.76~0.76	0.11~0.11	0.11~0.12	0.12~0.14	0.24~0.24	0.12~0.12
	枯	0	2.79~2.97	1.38~1.71	3.62~3.62	0.75~0.75	0.11~0.11	0.13~0.13	0.12~0.16	0.24~0.24	0.13~0.13
	平	0	2.83~2.97	1.86~2.64	3.67~3.67	0.73~0.73	0.13~0.13	0.13~0.16	0.13~0.18	0.24~0.24	0.14~0.14
	丰	0	2.90~3.07	2.62~2.80	3.75~3.75	0.69~0.69	0.14~0.14	0.15~0.16	0.15~0.17	0.23~0.23	0.16~0.16
平	特枯	0	2.99~3.43	1.16~1.44	3.68~3.68	0.75~0.75	0.11~0.11	0.13~0.18	0.12~0.14	0.23~0.23	0.13~0.13
	枯	0	3.01~3.45	1.40~1.78	3.69~3.69	0.74~0.74	0.12~0.12	0.13~0.19	0.13~0.14	0.23~0.23	0.13~0.13
	平	0	3.05~3.59	1.88~2.58	3.73~3.73	0.72~0.72	0.13~0.13	0.13~0.15	0.14~0.23	0.24~0.24	0.14~0.14
	丰	0	3.12~3.60	2.64~2.82	3.81~3.81	0.68~0.68	0.15~0.15	0.16~0.19	0.16~0.18	0.23~0.23	0.16~0.16
丰	特枯	0	3.38~3.40	1.14~1.40	3.81~3.81	0.73~0.73	0.12~0.12	0.16~0.17	0.13~0.15	0.22~0.22	0.13~0.13
	枯	0	2.83~2.86	1.37~1.73	4.40~4.40	0.72~0.72	0.13~0.13	0.16~0.17	0.13~0.16	0.22~0.22	0.14~0.14
	平	0	3.42~3.45	1.90~2.68	3.83~3.83	0.70~0.70	0.14~0.14	0.16~0.17	0.15~0.21	0.23~0.23	0.15~0.15
	丰	0	3.49~3.53	2.67~2.86	3.90~3.90	0.67~0.67	0.16~0.16	0.17~0.18	0.18~0.19	0.23~0.23	0.17~0.17

2.4.2　受水区水量调配备选方案

上文得到的受水区水量调配初步方案，反映了各受水区各类水源在生活、工业、农业和生态等用户间的调配情况。鉴于其结果中受水区不同用户的各类水源调配水量以区间形式表示，为对其进行评价优选，选定受水区水量调配备选方案。针对受水区水量调配初步方案，首先，采用单因素敏感性分析方法，分析不同用户中各类水源调配水量变化对水资源调配效果的影响程度，确定敏感水源；其次，将不同敏感水源和对应的不同调配水量水平进行组合，构成受水区水量调配备选方案。这里仍以济南市2020水平年为例进行详细说明。

济南市水资源调配效果受生活、工业、农业和生态等用户各类水源调配水量的影响，因此需确定各类水源调配水量的影响程度，找出影响水资源调配效果的敏感性水源。首先根据受水区水量调配初步方案（表2.8）确定各类水源调配水量变化的平均水平（表2.9）。这里以引黄水-地表水遭遇为特枯-特枯的情况为例进行说明，在这种丰枯遭遇组合下，生活用户中引江水、引黄水、地表水、地下水和其他水源调配水量变化的平均水平均为0，这是由于受水区水量调配初步方案中这五类水源调配水量的区间上限值和下限值相同，因此各类水源调配水量没有变化；工业用户各类水源调配水量变化的平均水平分别为引江水0、引黄水2.61%、地表水37.86%、地下水0和其他水源0；同理，农业用户各类水源调配水量变化的平均水平分别为引江水0、引黄水4.77%、地表水19.91%、地下水0和其他水源0；生态用户各类水源调配水量变化的平均水平分别为引江水0、引黄水7.05%、地表水19.28%、地下水0和其他水源0。

对平均水平按-10%、-5%、5%和10%进行缩放，得到不同的缩放比例下的生活、工业、生态等用户的调配水量。由于篇幅限制，这里只给出引黄水-地表水遭遇为特枯-特枯情况的结果（表2.10）。据此，研究各类水源调配水量的敏感性，给出不同用户各类水源调配水量在不同的缩放比例下水资源调配效果的变化率及平均变化率（表2.11）。由表2.11知，不同用户引黄水变化影响水资源调配效果的平均变化率分别为生活0、工业0.02%、农业0和生态0.05%，不同用户地表水变化影响水资源调配效果的平均变化率分别为生活0、工业0.03%、农业0.13%和生态0.03%。受水区水量调配初步方案生活用户中五类水源调配水量的区间上限值和下限值相同。上述结果表明，生活用户中各水源调配水量的变化不会影响水资源调配效果，工业和农业用户中地表水调配水量的变化将影响水资源调配效果，生态用户中引黄水量调配水量的变化将影响水资源调配效果。因此，工业用户中的敏感水源是地表水，农业用户中的敏感水源也是地表水，生态用户中的敏感水源是引黄水，这些敏感水源的小幅变化将导致济南市水资源调配效果的变化。

表 2.9　　　　　　　济南市各类水源调配水量的平均变化率　　　　　　　%

水源	生活用户	工业用户	农业用户	生态用户	生活用户	工业用户	农业用户	生态用户
引黄水	特枯							
地表水	特枯				枯			
引江水	0	0	0	0	0	0	0	0
引黄水	0	2.61	4.77	7.05	0	4.68	4.25	9.56
地表水	0	37.86	19.91	19.28	0	40.27	25.398	23.688
地下水	0	0	0	0	0	0	0	0
其他水源	0	0	0	0	0	0	0	0
地表水	平				丰			
引江水	0	0	0	0	0	0	0	0
引黄水	0	6.16	3.46	18.39	0	3.65	4.39	4.18
地表水	0	63.60	42.19	38.95	0	13.67	6.73	12.71
地下水	0	0	0	0	0	0	0	0
其他水源	0	0	0	0	0	0	0	0
引黄水	枯							
地表水	特枯				枯			
引江水	0	0	0	0	0	0	0	0
引黄水	0	6.03	6.44	6.46	0	3.56	6.71	9.46
地表水	0	34.59	19.90	22.74	0	47.01	23.77	26.45
地下水	0	0	0	0	0	0	0	0
其他水源	0	0	0	0	0	0	0	0
地表水	平				丰			
引江水	0	0	0	0	0	0	0	0
引黄水	0	7.46	5.25	22.75	0	7.09	5.83	6.34
地表水	0	64.17	41.91	36.72	0	11.98	6.93	13.01
地下水	0	0	0	0	0	0	0	0
其他水源	0	0	0	0	0	0	0	0
引黄水	平							
地表水	特枯				枯			
引江水	0	0	0	0	0	0	0	0
引黄水	0	25.09	14.63	36.67	0	22.38	14.67	44.34
地表水	0	16.11	24.10	9.90	0	31.23	27.53	8.57

续表

水源	生活用户	工业用户	农业用户	生态用户	生活用户	工业用户	农业用户	生态用户
地下水	0	0	0	0	0	0	0	0
其他水源	0	0	0	0	0	0	0	0
地表水	平				丰			
引江水	0	0	0	0	0	0	0	0
引黄水	0	14.26	17.42	9.90	0	18.75	15.43	21.85
地表水	0	72.63	37.65	64.25	0	12.14	6.77	12.81
地下水	0	0	0	0	0	0	0	0
其他水源	0	0	0	0	0	0	0	0
引黄水	丰							
地表水	特枯				枯			
引江水	0	0	0	0	0	0	0	0
引黄水	0	2.52	0.55	6.83	0	2.02	0.83	6.46
地表水	0	23.81	22.95	9.56	0	32.58	26.75	16.71
地下水	0	0	0	0	0	0	0	0
其他水源	0	0	0	0	0	0	0	0
地表水	平				丰			
引江水	0	0	0	0	0	0	0	0
引黄水	0	1.63	0.83	4.12	0	1.19	0.98	2.32
地表水	0	58.15	40.60	40.30	0	10.73	7.08	8.39
地下水	0	0	0	0	0	0	0	0
其他水源	0	0	0	0	0	0	0	0

表 2.10　　　　不同的缩放比例下各用户的调配水量

水源	变化幅度/%	生活用户/亿 m³	工业用户/亿 m³	农业用户/亿 m³	生态用户/亿 m³
引黄水	降低 10	4.11	2.01	8.06	0.69
	降低 5	4.11	2.03	8.20	0.70
	增加 5	4.11	2.08	8.47	0.71
	增加 10	4.11	2.10	8.61	0.71
地表水	降低 10	4.11	2.03	8.21	0.69
	降低 5	4.11	2.04	8.27	0.70
	增加 5	4.11	2.07	8.40	0.71
	增加 10	4.11	2.08	8.46	0.71

表 2.11　　　　　　　　　　各类水源调配水量的敏感性分析结果

水源	变化幅度/%	用户/%				平均变化率/%			
		生活	工业	农业	生态	生活	工业	农业	生态
引黄水	降低 10	−0.46	0.03	0	−0.02	0	0.02	0	0.05
	降低 5	−0.94	0.04	0	−0.04				
	增加 5	1.47	−0.01	0	0.06				
	增加 10	2.02	−0.02	0	0.08				
地表水	降低 10	−3.13	0.03	0.15	−0.01	0	0.03	0.13	0.03
	降低 5	−6.55	0.04	0.22	−0.02				
	增加 5	10.47	−0.01	−0.04	0.03				
	增加 10	14.74	−0.02	−0.10	0.04				

　　针对工业、农业、生态用户中的敏感水源，设置高、中、低三种指标水平，将不同敏感水源和对应的不同调配水量水平进行组合，构成受水区水量调配备选方案，列于表 2.12。高指标水平表示调配水量取受水区水量调配初步方案区间上限值，中指标水平表示调配水量取受水区水量调配初步方案区间平均值，低指标水平表示调配水量取受水区水量调配初步方案区间下限值。例如，表2.12 中 GBGY 代表工业用户中地表水为高指标水平（区间上限值），GBNY 代表农业用户中地表水为高指标水平（区间上限值），GHST 代表生态用户中引黄水为高指标水平（区间上限值），即 1 号备选方案中工业、农业和生态用户中的敏感水源均为高指标水平。

表 2.12　　　　　　　　　　　　受水区水量调配备选方案

编号	方案设置	敏感水源水平		
		工业用户	农业用户	生态用户
1	GBGY，GBNY，GHST	高	高	高
2	ZBGY，ZBNY，ZHST	中	中	中
3	ZBGY，ZBNY，GHST	中	中	高
4	DBGY，DBNY，GHST	低	低	高
5	GBGY，GBNY，DHST	高	高	低
6	DBGY，DBNY，DHST	低	低	低

注　G 为高指标水平；Z 为中指标水平；D 为低指标水平；B 为地表水；H 为引黄水；GY 为工业用户；
　　NY 为农业用户；ST 为生态用户。

2.4.3　受水区水量调配最优方案确定过程

　　上文基于敏感性水源分析，得到了受水区水量调配备选方案。这里，基于构建的水资源调配效果评价指标体系，利用加速遗传算法-投影寻踪模型对备选方案进行评价优选，根据水资源调配效果，得到受水区水量调配最优方案。

2.4.3.1 水资源调配效果评价指标计算

针对构建的 13 项水资源调配效果评价指标体系（表 2.1），不同水平年的评价指标数据以 2000—2015 年的已有数据序列预测得到。

由《山东省水资源公报》（2000—2015 年）及《山东省统计年鉴》（2000—2015 年），查询得到山东省 2000—2015 年各受水区评价指标的原始数据序列，由于篇幅限制，在此仅给出 2000—2015 年各受水区人口自然增长率的原始数据序列（表 2.13）。据此采用灰色新陈代谢模型预测不同水平年各评价指标的数据，这里以 2020 水平年为例，给出各受水区评价指标的预测数据（表 2.14）。

2.4.3.2 受水区水量调配最优方案确定

基于上文计算的水资源调配效果评价指标（表 2.14），采用加速遗传算法-投影寻踪模型对受水区水量调配备选方案进行评价优选，以得到受水区水量调配最优方案。

这里仍以济南市受水区 2020 水平年为例，进行详细说明。

表 2.13　山东省 2000—2015 年各受水区人口自然增长率的原始数据　　　　　%

年份	枣庄	菏泽	济宁	聊城	德州	济南	滨州
2000	4.92	5.77	5.13	4.8	5.72	3.86	5.37
2001	4.8	6.71	4.84	5.95	6.82	3.84	4.68
2002	4.32	7.05	4.09	5.16	6.32	3.69	4.66
2003	4.32	7.98	3.98	3.87	4.12	2.08	3.61
2004	4.67	6.76	5.96	5.12	7.13	3.84	6.24
2005	5.62	7.5	6.35	7.56	7.18	5.18	6.48
2006	4.48	6.54	5.24	4.43	7.86	3.11	3.94
2007	4.56	5.08	3.5	6.92	4.93	3.08	3.28
2008	4.58	6.51	4.45	4.55	3.66	3.26	2.37
2009	8.07	12.99	8.78	6.59	7.1	2.61	3.43
2010	7.4	19.02	8.54	6.68	2.12	2.78	−0.21
2011	10.99	5.86	7.23	9.13	8.87	4.34	5.42
2012	10.93	7.47	6.24	5.76	3.92	3.67	0.49
2013	11.04	10.1	9.69	6.82	8.43	4.53	5.84
2014	1.23	0.74	0.72	0.59	0.65	0.91	0.51
2015	0.97	1.44	0.67	1.11	0.87	1.42	0.83

续表

年份	淄博	东营	潍坊	青岛	烟台	威海
2000	5.01	6.97	4.34	3.07	0.75	-0.5
2001	5.2	6.88	3.64	2.96	0.32	-0.98
2002	4.74	5.86	3.04	3.92	0.8	-0.65
2003	2.81	3.35	2.49	0.41	-1.07	-3.35
2004	4.45	6.82	4.1	4.15	1.42	-1.03
2005	6.6	7.52	5.69	5.36	1.3	-0.92
2006	2.89	4.13	3.86	2.47	1.06	-1.85
2007	3.14	3.55	3.03	3.83	0.44	-0.36
2008	2.35	2.89	2.58	1.73	-0.96	-0.8
2009	0.84	3.15	3.81	1.52	-0.58	-1.17
2010	1.05	1.82	2.84	0.69	-2.43	-1.3
2011	2.31	4.07	2.6	1.34	-0.15	-1.59
2012	0.72	1.81	1.85	1.57	-1.71	-1.36
2013	3.2	5.68	4.43	2.82	0.68	-0.98
2014	0.59	0.55	0.32	0.56	0.17	-0.14
2015	0.97	1.02	0.86	1.18	0.71	0.50

表 2.14　　　　　2020 水平年山东省各受水区评价指标预测值

指标	枣庄	菏泽	济宁	聊城	德州	济南	滨州
C1	25.34	13.98	13.90	9.07	6.13	4.43	2.21
C2	2655.85	2576.28	1799.61	2488.85	1538.93	2537.14	1219.26
C3	0.28	0.27	0.44	0.38	0.44	0.79	0.56
C4	74.31	79.29	75.44	87.34	73.00	72.08	194.80
C5	0.06	0.10	0.07	0.00	0.00	0.00	0.05
C6	2.43	2.76	2.88	1.95	1.71	4.11	1.28
C7	1.16	0.65	1.30	0.44	0.36	2.16	0.34
C8	119013.06	88848.44	96479.25	3981.95	10.34	4569.43	148511.24
C9	14.86	29.85	24.94	27.74	31.53	11.78	22.63
C10	84.10	392.29	143.28	179.55	286.13	129.21	259.24
C11	2.74	1.57	1.40	1.16	0.53	4.69	2.37
C12	0.65	4.33	4.73	3.81	0.91	0.62	1.19
C13	62.86	15.42	32.21	32.46	72.22	98.08	36.10

指标	淄博	东营	潍坊	青岛	烟台	威海	
C1	0.75	2.26	2.61	0.87	−0.74	−1.15	
C2	3011.20	451.98	885.39	1657.26	2433.21	2896.35	
C3	0.63	0.60	0.75	0.76	0.62	0.62	
C4	59.56	58.35	61.13	62.01	55.13	26.22	
C5	0.04	0.16	0.08	0.05	0.06	0.17	
C6	1.80	1.50	3.96	6.30	2.57	1.49	
C7	0.57	0.28	0.59	0.28	0.23	0.47	
C8	183018.40	345133.48	114551.52	204065.55	194254.75	169320.30	
C9	11.81	11.61	13.63	5.38	5.88	7.06	
C10	183.62	313.15	90.65	53.79	63.23	16.12	
C11	7.55	5.06	3.09	4.67	1.03	1.04	
C12	2.07	1.12	2.54	1.43	1.17	0.27	
C13	75.37	40.50	66.64	91.11	96.06	90.65	

注　C1 为人口自然增长率，%；C2 为人口密度，人/km^2；C3 为城市化率，%；C4 为耕地灌溉率，%；C5 为人均耕地面积，hm^2/人；C6 为生活用水量，亿 m^3；C7 为万元工业产值需水量，m^3；C8 为人均 GDP，元/人；C9 为万元 GDP 用水量，m^3；C10 为万元农业产值需水量，m^3；C11 为生态环境用水率，%；C12 为污径比；C13 为废污水处理率，%。

不同受水区水量调配备选方案水资源调配效果评价的投影值列于表 2.15，例如 1 号备选方案，即工业、农业、生态用户中的敏感水源均为高指标水平时，投影值为 2.35，与其他备选方案的投影值相比，位于第三。投影值最大、排序第一的是 4 号备选方案，即工业、农业、生态用户中的敏感水源分别取低、低、高指标水平时的方案为济南市水资源调配效果最优的方案，该方案即为 2020 水平年受水区水量调配最优方案。最差方案为 5 号备选方案，即工业、农业、生态用户中的敏感水源分别取高、高、低指标水平时的方案，这是由于工业、农业、生态用户调配水量的变化将分别引起万元工业产值需水量、万元农业产值需水量、生态环境用水率的变化，万元工业产值需水量和万元农业产值需水量为负向指标，生态环境用水率为正向指标，因此工业、农业用户调配水量的降低有助于优化水资源调配效果，而生态用户调配水量的增加有助于优化水资源调配效果，反之亦然。

表 2.15   受水区水量调配备选方案评价结果

方案编号	投影值	排序	方案编号	投影值	排序
1	2.35	3	4	2.63	1
2	2.55	2	5	1.57	6
3	2.32	4	6	1.99	5

2.4.4 2017 年受水区水量调配最优方案

依据 2017 年南水北调东线山东段河渠湖库连通水网各类水源可供水量和各受水区不同用户需水量等基础数据，利用水资源多维均衡调配技术，得到南水北调东线山东段 2017 年受水区水量调配最优方案，具体包括枣庄、菏泽、济宁、聊城、德州、济南、滨州、淄博、东营、潍坊、青岛、烟台和威海 13 个受水区的水量调配最优方案，即明确了调配给这 13 个受水区的各类水源水量以及调配给生活、工业、农业和生态等用户的各类水源水量，见表 2.16。

表 2.16   2017 年受水区水量调配最优方案   单位：亿 m³

用户	水源	枣庄	菏泽	济宁	聊城	德州	济南	滨州
生活	引江水	0.17	0	0.05	0.18	0.11	0.11	0.07
	引黄水	0	0.99	0.72	0.67	0.77	1.46	0.59
	地表水	0.57	0.34	0.98	0.24	0.25	0.47	0.29
	地下水	1.47	1.35	1.01	0.76	0.50	1.81	0.28
	其他水源	0.09	0.07	0.11	0.07	0.06	0.15	0.06
工业	引江水	0.14	0	0.04	0.15	0.08	0.08	0.06
	引黄水	0	0.58	0.57	0.73	0.70	0.81	0.49
	地表水	0.35	0.21	0.82	0.26	0.27	0.38	0.22
	地下水	0.84	0.79	0.84	0.78	0.46	1.01	0.21
	其他水源	0.00	0.04	0.13	0.11	0.17	0.16	0.13
农业	引江水	0	0	0	0	0	0	0
	引黄水	0	7.47	2.42	6.30	8.08	2.95	7.19
	地表水	0.98	0.66	6.66	0.93	1.04	1.38	1.86
	地下水	1.82	8.81	6.46	6.75	5.90	3.51	1.27
	其他水源	0.09	0.01	0.03	0.20	0.20	0.27	0.06
生态	引江水	0.03	0	0	0.01	0.01	0.02	0.00
	引黄水	0	0.13	0.17	0.05	0.02	0.27	0.13
	地表水	0.27	0.08	0.08	0.02	0.02	0.09	0.17
	地下水	0.19	0.08	0.11	0.04	0.01	0.09	0.13
	其他水源	0.21	0.16	0.18	0.08	0.02	0.27	0.16

续表

用户	水源	淄博	东营	潍坊	青岛	烟台	威海
生活	引江水	0.01	0	0.56	1.25	0.33	0.22
	引黄水	0.51	0.96	0.45	0.60	0.16	0
	地表水	0.19	0.26	0.77	1.04	0.91	0.65
	地下水	1.05	0.15	1.16	1.27	0.88	0.21
	其他水源	0.08	0.07	0.08	0.13	0.06	0.02
工业	引江水	0.01	0	0.51	0.89	0.24	0.16
	引黄水	0.64	1.54	0.59	0.18	0.16	0
	地表水	0.19	0.33	1.00	0.69	0.56	0.49
	地下水	1.89	0.14	1.42	0.29	0.53	0.15
	其他水源	0.11	0.09	0.05	0.13	0	0.04
农业	引江水	0	0	0	0	0	0
	引黄水	1.51	4.51	1.36	0.88	0.53	0.19
	地表水	0.76	0.56	4.20	2.53	3.23	1.14
	地下水	3.00	0.17	5.68	1.87	2.57	0.34
	其他水源	0.17	0.03	0.00	0.37	0.00	0.02
生态	引江水	0	0	0.05	0.16	0.04	0
	引黄水	0.06	0.08	0.17	0.21	0.04	0
	地表水	0.09	0.18	0.13	0.24	0.03	0.02
	地下水	0.03	0.12	0.19	0.21	0.03	0.02
	其他水源	0.10	0.18	0.16	0.30	0.08	0.02

　　济南市为山东省省会，是山东省的政治、文化和经济中心，属典型的城市受水区；潍坊市属于胶东区，上游济南—引黄济青段与引黄济青段连接，下游分两路输水至青岛市的棘洪滩水库和威海市的米山水库，河渠湖库连通水网复杂，是典型的具有复杂河渠湖库连通水网的受水区。因此，受水区水量调配最优方案主要以济南市受水区和潍坊市受水区为例进行展示。

2.4.4.1　济南市水量调配最优方案

　　2017 年，济南市不同用户的需水量分别为生活 4.00 亿 m^3、工业 2.63 亿 m^3、农业 10.67 亿 m^3 和生态 0.91 亿 m^3。利用水资源多维均衡调配技术将不同水源进行调配，得到 2017 年济南市的水量调配最优方案（表 2.17）。图 2.3 为济南市生活、工业、农业和生态等用户中各类水源的调配比例。

　　济南市生活需水量 4.00 亿 m^3，由五种水源的供水，其中引江水 0.11 亿 m^3、引黄水 1.46 亿 m^3、地表水 0.47 亿 m^3、地下水 1.81 亿 m^3 和其他水源 0.15 亿 m^3。

表 2.17　　　　　　　　　　济南市 2017 年水量调配最优方案　　　　　单位：亿 m³

水源	生活用户	工业用户	农业用户	生态用户
引江水	0.11	0.08	0	0.02
引黄水	1.46	0.81	2.95	0.27
地表水	0.47	0.38	1.38	0.27
地下水	1.81	1.01	3.51	0.09
其他水源	0.15	0.16	0.27	0.27

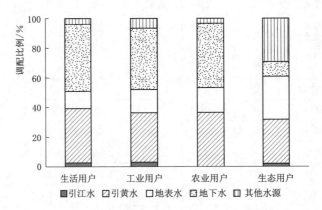

图 2.3　济南市 2017 年不同用户中各类水源的调配比例

生活用水量中各类水源的调配比例为引江水 2.79％、引黄水 36.56％、地表水 11.70％、地下水 45.27％和其他水源 3.68％。

工业需水量 2.63 亿 m³，由五种水源供水，其中引江水 0.08 亿 m³、引黄水 0.81 亿 m³、地表水 0.38 亿 m³、地下水 1.01 亿 m³ 和其他水源 0.16 亿 m³。工业用水量中各类水源的调配比例为引江水 3.20％、引黄水 33.28％、地表水 15.56％、地下水 41.44％和其他水源 6.52％。

农业需水量 10.67 亿 m³，由引黄水、地表水、地下水和其他水源供给，其中引黄水 2.95 亿 m³、地表水 1.38 亿 m³、地下水 3.51 亿 m³ 和其他水源 0.27 亿 m³。农业用水量中各类水源的调配比例为引黄水 36.33％、地表水 17.04％、地下水 43.30％和其他水源 3.33％。

生态需水量 0.91 亿 m³，由五种水源供水，其中引江水 0.02 亿 m³、引黄水 0.27 亿 m³、地表水 0.27 亿 m³、地下水 0.09 亿 m³ 和其他水源 0.27 亿 m³。生态用水量中各类水源的调配比例为引江水 1.96％、引黄水 29.19％、地表水 29.73％、地下水 9.40％和其他水源 29.73％。

农业用户中没有引江水供水，这是因为引江水的供水成本较高，供给农业用户效益率较低［《南水北调东线第一期工程可行性研究总报告》（2005 年）］。

2.4.4.2 潍坊市水量调配最优方案

2017 年，潍坊市不同用户的需水量分别为生活 3.03 亿 m³、工业 4.02 亿 m³、农业 12.94 亿 m³ 和生态 0.70 亿 m³。利用水资源多维均衡调配技术将不同水源进行调配，得到 2017 年潍坊市的水量调配最优方案，列于表 2.18。图 2.4 为潍坊市生活、工业、农业和生态等用户中各类水源的调配比例。

表 2.18 潍坊市 2017 年水量调配最优方案 单位：亿 m³

水源	生活用户	工业用户	农业用户	生态用户
引江水	0.56	0.51	0	0.05
引黄水	0.45	0.59	1.36	0.17
地表水	0.77	1.00	4.20	0.13
地下水	1.16	1.42	5.68	0.19
其他水源	0.08	0.05	0	0.16

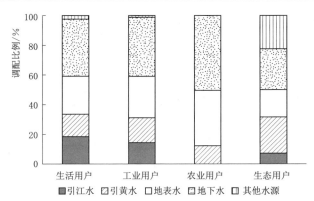

图 2.4 潍坊市 2017 年不同用户中各类水源的调配比例

潍坊市生活需水量 3.03 亿 m³，由五种水源供水，其中引江水 0.56 亿 m³、引黄水 0.45 亿 m³、地表水 0.77 亿 m³、地下水 1.16 亿 m³ 和其他水源 0.08 亿 m³。生活用水量中各类水源的调配比例为引江水 18.44%、引黄水 14.98%、地表水 25.49%、地下水 38.29% 和其他水源 2.80%。

工业需水量 4.02 亿 m³，由五种水源供水，其中引江水 0.51 亿 m³、引黄水 0.59 亿 m³、地表水 1.00 亿 m³、地下水 1.42 亿 m³ 和其他水源 0.05 亿 m³。工业用水量中各类水源的调配比例为引江水 14.27%、引黄水 16.57%、地表水 27.99%、地下水 39.85% 和其他水源 1.32%。

农业需水量 12.74 亿 m³，由引黄水、地表水、地下水和其他水源供给，其中引黄水 1.36 亿 m³、地表水 4.20 亿 m³、地下水 5.68 亿 m³ 和其他水源 39.77 万 m³。农业用水量中各类水源的调配比例为：引黄水 12.09%、地表水 37.36%、地下水 50.51% 和其他水源 0.04%。

生态需水量 0.70 亿 m³，由五种水源供水，其中引江水 0.05 亿 m³、引黄水 0.17 亿 m³、地表水 0.13 亿 m³、地下水 0.19 亿 m³ 和其他水源 0.16 亿 m³。生态用水量中各类水源的调配比例为：引江水 7.14%、引黄水 24.22%、地表水 18.75%、地下水 26.55% 和其他水源 23.34%。

农业用户中没有引江水供水，这是因为引江水的供水成本较高，供给农业用户效益率较低［《南水北调东线第一期工程可行性研究总报告》（2005 年）］。

基于 2017 年山东省的基础资料，利用水资源多维均衡调配技术求解得到了山东省 2017 年的受水区水量调配最优方案，将各受水区不同用户的调配水量与其实际用水量对比，进行水资源多维均衡调配技术结果的验证。由于 2017 年实际用水量数据尚未统计（当时 2017 年），考虑到 2017 年实际用水量与 2016 年实际用水量没有大的变化，故在此与 2016 年实际用水量进行比较，如图 2.5 所示。

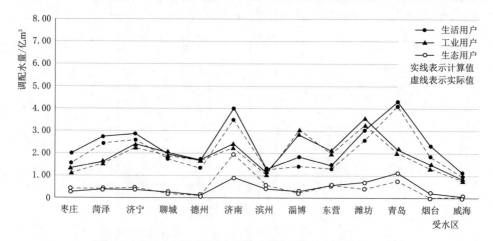

图 2.5　各受水区不同用户调配水量与实际用水量调配比较

从图 2.5 中可以看出，2017 年各受水区生活、工业和生态等用户的调配水量与 2016 年实际用水量的趋势相同。首先，各受水区生活用户的调配水量与 2016 年的实际用水量相差不大，说明 2017 年生活用水仍优先得到保障；其次，2017 年工业用户的调配水量总体较 2016 年的实际用水量有所增加，这是由于工业需水量呈上升趋势；最后，计算的 2017 年各受水区生态用户的调配水量与 2016 年的实际用水量总体相差不大。总体而言，计算的 2017 年各市生活、工业和生态用户的调配水量与 2016 年实际用水量相差不大，但济南市生态用户 2017 年调配水量明显少于 2016 年实际用水量，这是由于济南市各类水源的可供水量较少，因此优先保障生活和工业用水需求。由此可见，利用本章提出的水资源多维均衡调配技术得到的 2017 年各用户不同水源的调配水量是合理的。

山东省 2017 年引江水在各用户中的调配比例列于表 2.19。由表 2.19 知，引江水在各用户中的调配比例为生活 53%、工业 43%、生态 4%，引江水在生活用户的调配比例均为最高，说明大部分引江水用于满足生活的用水需求。引江水相比引黄水、地表水、地下水和其他水源水质相对较好，将水质好的水调配给生活用户，提高了引江水的效益；由可供水量的基础数据可知引江水可供水量为 5.69 亿 m³，2017 年山东省 13 个受水区的引江水调配水量为 5.69 亿 m³，引江水利用率为 100%。上述分析表明，本章得到的受水区水量调配最优方案，在水质和利用率方面体现了引江水的充分利用，达到了高效利用引江水的目的。

表 2.19　　　　　　　　　　2017 年引江水在各用户中的调配比例　　　　　　　　　　%

受水区	生活用户	工业用户	农业用户	生态用户
枣庄	50	42	0	8
济宁	50	50	0	0
聊城	53	43	0	4
德州	56	41	0	3
济南	54	38	0	9
滨州	50	46	0	4
淄博	48	52	0	0
潍坊	50	45	0	4
青岛	54	39	0	7
烟台	55	39	0	6
威海	57	42	0	1
均值	53	43	0	4

2.4.5　2020 水平年受水区水量调配最优方案

依据 2020 水平年各受水区不同用户需水量和各类水源可供水量等基础数据，利用水资源多维均衡调配技术，得到南水北调东线山东段 2020 水平年受水区水量调配最优方案，具体包括枣庄、菏泽、济宁、聊城、德州、济南、滨州、淄博、东营、潍坊、青岛、烟台和威海 13 个受水区的水量调配最优方案。

下面仍以济南市受水区和潍坊市受水区为例进行介绍。

2.4.5.1　济南市水量调配最优方案

2020 水平年济南市不同用户的需水量分别为生活 4.11 亿 m³、工业 2.70 亿 m³、农业 10.96 亿 m³ 和生态 0.92 亿 m³。利用水资源多维均衡调配技术将不同水源进行调配，得到 2020 水平年济南市的水量调配最优方案，列于表 2.20。图 2.6 为济南市生活、工业、农业和生态等用户中各类水源的调配比例。

这里以引黄水和地表水水量丰枯遭遇均为特枯水年为例，对济南市水量调配最优方案的结果进行说明。

表 2.20　　　　　2020 水平年不同丰枯组合的济南市水量调配最优方案　　　　单位：亿 m³

丰枯组合		生活用户					工业用户				
引黄水	地表水	引江水	引黄水	地表水	地下水	其他水源	引江水	引黄水	地表水	地下水	其他水源
特枯	特枯	0.65	1.14	0.29	1.83	0.21	0.25	0.48	0.20	0.93	0.16
	枯	0.63	1.11	0.37	1.80	0.21	0.26	0.48	0.27	0.94	0.17
	平	0.59	1.05	0.54	1.74	0.21	0.29	0.50	0.39	0.96	0.18
	丰	0.52	0.94	0.82	1.62	0.21	0.34	0.50	0.43	0.99	0.19
枯	特枯	0.64	1.17	0.28	1.81	0.21	0.25	0.50	0.24	0.92	0.16
	枯	0.62	1.15	0.36	1.78	0.21	0.27	0.51	0.29	0.93	0.17
	平	0.58	1.09	0.52	1.72	0.21	0.29	0.52	0.31	0.95	0.18
	丰	0.52	0.98	0.80	1.61	0.21	0.34	0.53	0.43	0.99	0.20
平	特枯	0.62	1.25	0.26	1.77	0.21	0.27	0.64	0.21	0.90	0.17
	枯	0.60	1.23	0.33	1.74	0.21	0.28	0.64	0.24	0.91	0.17
	平	0.56	1.17	0.49	1.68	0.21	0.30	0.63	0.31	0.93	0.18
	丰	0.50	1.07	0.77	1.57	0.21	0.35	0.65	0.42	0.96	0.20
丰	特枯	0.59	1.37	0.27	1.68	0.21	0.29	0.69	0.20	0.88	0.18
	枯	0.57	1.97	0.34	1.03	0.21	0.30	0.63	0.30	0.92	0.19
	平	0.54	1.31	0.44	1.62	0.21	0.32	0.70	0.32	0.90	0.19
	丰	0.48	1.21	0.71	1.51	0.21	0.36	0.72	0.43	0.93	0.21

丰枯组合		农业用户					生态用户				
引黄水	地表水	引江水	引黄水	地表水	地下水	其他水源	引江水	引黄水	地表水	地下水	其他水源
特枯	特枯	0	2.73	1.14	3.58	0.76	0.11	0.11	0.13	0.24	0.12
	枯	0	2.75	1.38	3.60	0.75	0.11	0.11	0.15	0.24	0.12
	平	0	2.73	2.25	3.64	0.73	0.12	0.14	0.18	0.24	0.14
	丰	0	2.80	2.70	3.73	0.70	0.14	0.15	0.17	0.24	0.16
枯	特枯	0	2.85	1.15	3.61	0.76	0.11	0.12	0.14	0.24	0.12
	枯	0	2.88	1.38	3.62	0.75	0.11	0.12	0.16	0.24	0.13
	平	0	2.73	2.25	3.64	0.73	0.12	0.14	0.18	0.24	0.14
	丰	0	2.80	2.70	3.73	0.70	0.14	0.15	0.17	0.24	0.16
平	特枯	0	3.21	1.16	3.68	0.75	0.11	0.16	0.14	0.23	0.13
	枯	0	3.23	1.40	3.69	0.74	0.12	0.19	0.13	0.23	0.13
	平	0	3.32	1.88	3.73	0.72	0.13	0.14	0.23	0.24	0.14
	丰	0	3.36	2.64	3.81	0.68	0.15	0.19	0.17	0.23	0.16
丰	特枯	0	3.39	1.14	3.81	0.73	0.12	0.16	0.15	0.22	0.13
	枯	0	2.84	1.37	4.40	0.72	0.13	0.17	0.16	0.22	0.14
	平	0	3.43	1.90	3.83	0.70	0.14	0.17	0.21	0.23	0.15
	丰	0	3.51	2.67	3.90	0.67	0.16	0.18	0.23	0.23	0.17

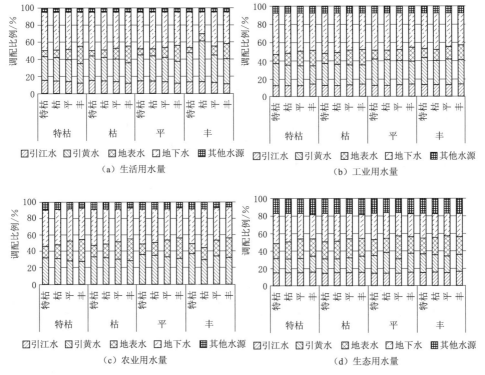

图 2.6 2020 水平年不同丰枯组合的济南市不同用户中各类水源的调配比例

济南市生活需水量 4.11 亿 m³，由五种水源供水，其中引江水 0.65 亿 m³、引黄水 1.14 亿 m³、地表水 0.29 亿 m³、地下水 1.83 亿 m³ 和其他水源 0.21 亿 m³。生活用水量中各类水源的调配比例为引江水 15.70%、引黄水 27.64%、地表水 7.17%、地下水 44.48% 和其他水源 5.00%。

工业需水量 2.70 亿 m³，由五种水源供水，其中引江水 0.25 亿 m³、引黄水 0.48 亿 m³、地表水 0.20 亿 m³、地下水 0.93 亿 m³ 和其他水源 0.16 亿 m³。工业用水量中各类水源的调配比例为引江水 12.29%、引黄水 23.98%、地表水 9.82%、地下水 45.94% 和其他水源 7.97%。

农业需水量 10.96 亿 m³，由引黄水、地表水、地下水和其他水源供给，其中引黄水 2.73 亿 m³、地表水 1.14 亿 m³、地下水 3.58 亿 m³ 和其他水源 0.76 亿 m³。农业用水量中各类水源的调配比例为引黄水 33.25%、地表水 13.90%、地下水 43.55% 和其他水源 9.30%。

生态需水量 0.92 亿 m³，由五种水源供水，其中引江水 0.11 亿 m³、引黄水 0.11 亿 m³、地表水 0.13 亿 m³、地下水 0.24 亿 m³ 和其他水源 0.12 亿 m³。生态用水量中各类水源的调配比例为引江水 15.03%、引黄水 16.23%、地表水

18.01%、地下水 33.92% 和其他水源 16.81%。

农业用户中没有引江水供水量，这是因为引江水的供水成本较高，供给农业用户效益率较低[《南水北调东线第一期工程可行性研究总报告》(2005 年)]。

2.4.5.2　潍坊市水量调配最优方案

2020 水平年潍坊市不同用户的需水量分别为生活 3.96 亿 m^3、工业 4.16 亿 m^3、农业 13.36 亿 m^3 和生态 0.73 亿 m^3。利用水资源多维均衡调配技术将不同水源进行调配，得到 2020 水平年潍坊市的水量调配最优方案，列于表 2.21。图 2.7 为潍坊市生活、工业、农业和生态等用户中各类水源的调配比例。

这里以引黄水和地表水水量丰枯遭遇均为特枯水年为例，对潍坊市水量调配最优方案的结果进行说明。潍坊市生活需水量 3.96 亿 m^3，由五种水源供水，其中引江水 0.59 亿 m^3、引黄水 0.30 亿 m^3、地表水 0.57 亿 m^3、地下水 2.30 亿 m^3 和其他水源 0.20 亿 m^3。生活用水量中各类水源的调配比例为引江水 15.00%、引黄水 7.53%、地表水 14.43%、地下水 58.04% 和其他水源 5.00%。

工业需水量 4.16 亿 m^3，由五种水源供水，其中引江水 0.34 亿 m^3、引黄水 0.26 亿 m^3、地表水 0.33 亿 m^3、地下水 1.46 亿 m^3 和其他水源 0.18 亿 m^3。工

表 2.21　　2020 水平年不同丰枯组合的潍坊市受水区水量调配最优方案　单位：亿 m^3

丰枯组合		生 活 用 户					工 业 用 户				
引黄水	地表水	引江水	引黄水	地表水	地下水	其他水源	引江水	引黄水	地表水	地下水	其他水源
特枯	特枯	0.59	0.30	0.57	2.30	0.20	0.34	0.26	0.33	1.46	0.18
	枯	0.54	0.30	0.78	2.14	0.20	0.38	0.28	0.47	1.48	0.19
	平	0.52	0.31	0.88	2.06	0.20	0.40	0.30	0.57	1.47	0.20
	丰	0.48	0.32	1.29	1.66	0.20	0.43	0.32	1.11	1.43	0.23
枯	特枯	0.59	0.32	0.56	2.29	0.20	0.34	0.27	0.38	1.47	0.18
	枯	0.54	0.33	0.77	2.13	0.20	0.39	0.30	0.47	1.49	0.19
	平	0.51	0.33	0.87	2.05	0.20	0.40	0.32	0.57	1.47	0.20
	丰	0.48	0.35	1.28	1.65	0.20	0.43	0.32	1.13	1.43	0.23
平	特枯	0.57	0.39	0.54	2.27	0.20	0.36	0.38	0.35	1.48	0.18
	枯	0.52	0.39	0.75	2.10	0.20	0.34	0.34	0.47	1.50	0.20
	平	0.50	0.40	0.84	2.02	0.20	0.41	0.41	0.85	1.45	0.20
	丰	0.48	0.41	1.26	1.62	0.20	0.43	0.38	1.14	1.45	0.23
丰	特枯	0.54	0.52	0.49	2.21	0.20	0.38	0.39	0.38	1.48	0.18
	枯	0.50	0.50	0.70	2.06	0.20	0.41	0.43	0.49	1.53	0.20
	平	0.49	0.50	0.80	1.97	0.20	0.42	0.44	0.59	1.53	0.21
	丰	0.47	0.50	1.21	1.57	0.20	0.44	0.47	1.15	1.48	0.24

丰枯组合		农 业 用 户					生 态 用 户				
引黄水	地表水	引江水	引黄水	地表水	地下水	其他水源	引江水	引黄水	地表水	地下水	其他水源
特枯	特枯	0	1.19	1.91	4.51	0.64	0.07	0.12	0.08	0.08	0.12
	枯	0	1.16	2.57	4.65	0.62	0.08	0.12	0.08	0.09	0.13
	平	0	1.11	2.90	4.74	0.61	0.08	0.14	0.13	0.10	0.13
	丰	0	1.07	4.51	5.14	0.56	0.09	0.14	0.11	0.13	0.15
枯	特枯	0	1.26	2.19	4.52	0.63	0.07	0.12	0.08	0.08	0.12
	枯	0	1.30	2.58	4.65	0.61	0.08	0.12	0.09	0.09	0.13
	平	0	1.25	2.91	4.74	0.60	0.08	0.14	0.09	0.10	0.14
	丰	0	1.13	4.58	5.14	0.56	0.09	0.15	0.10	0.14	0.15
平	特枯	0	1.77	1.92	4.52	0.62	0.08	0.12	0.09	0.09	0.13
	枯	0	1.68	2.59	4.65	0.60	0.08	0.15	0.08	0.10	0.14
	平	0	1.71	2.92	4.74	0.59	0.09	0.18	0.09	0.14	0.14
	丰	0	1.41	4.59	5.15	0.55	0.09	0.18	0.11	0.14	0.15
丰	特枯	0	2.00	1.92	4.55	0.61	0.08	0.09	0.08	0.09	0.14
	枯	0	1.97	2.61	4.66	0.58	0.09	0.11	0.10	0.11	0.15
	平	0	1.94	2.94	4.75	0.57	0.09	0.13	0.16	0.11	0.15
	丰	0	1.88	4.54	5.17	0.54	0.09	0.16	0.12	0.14	0.16

业用水量中各类水源的调配比例为引江水 13.09%、引黄水 10.26%、地表水 12.67%、地下水 57.05%和其他水源 6.93%。

农业需水量 13.36 亿 m³，由引黄水、地表水、地下水和其他水源供给，其中引黄水 1.19 亿 m³、地表水 1.91 亿 m³、地下水 4.51 亿 m³ 和其他水源 0.64 亿 m³。农业用水量中各类水源的调配比例为引黄水 14.39%、地表水 23.17%、地下水 54.70%和其他水源 7.74%。

生态需水量 0.73 亿 m³，由五种水源供水，其中引江水 0.07 亿 m³、引黄水 0.12 亿 m³、地表水 0.08 亿 m³、地下水 0.08 亿 m³ 和其他水源 0.12 亿 m³。生态用水量中各类水源的调配比例为引江水 14.92%、引黄水 25.40%、地表水 16.87%、地下水 17.44%和其他水源 25.37%。

农业用户中没有引江水供水，这是因为引江水的供水成本较高，供给农业用户效益率较低[《南水北调东线第一期工程可行性研究总报告》（2005 年）]。

山东省 2020 水平年引江水在各用户中的调配比例列于表 2.22。由表 2.22 知，引江水在各用户中的调配比例为生活用户为 65%、工业用户为 40%、生态用户为 6%，引江水在生活中的调配比例为最高，因此大部分引江水用于满足生

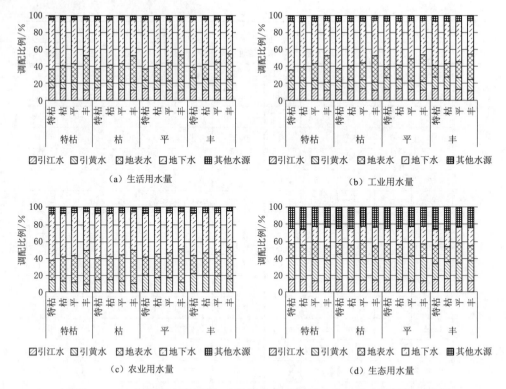

图 2.7　2020 水平年不同丰枯组合的潍坊市不同用户中各类水源的调配比例

活的用水需求。一方面，引江水相比引黄水、地表水、地下水和其他水源水质相对较好，将水质好的水供给最需要满足的生活用户，可增加引江水的效益率；另一方面，2020 水平年山东省 13 个受水区的引江水调配水量为 14.67 亿 m³，引江水的可供水量为 14.67 亿 m³，引江水利用率为 100%。上述分析表明，本章得到的受水区水量调配最优方案充分利用了引江水，在水质和水量两方面均达到了高效利用引江水的目的。

表 2.22　　　　山东省 2020 水平年各用户中引江水供水量调配比例　　　　　%

受水区	生活用户	工业用户	农业用户	生态用户
枣庄	70	25	0	5
济宁	24	76	0	0
聊城	47	50	0	3
德州	51	47	0	2
济南	58	30	0	12
滨州	49	47	0	4

续表

受水区	生活用户	工业用户	农业用户	生态用户
淄博	38	43	0	19
潍坊	52	40	0	8
青岛	80	13	0	7
烟台	64	32	0	4
威海	68	30	0	2
均值	54	40	0	6

2017 年和 2020 水平年的受水区水量调配最优方案给出了南水北调东线山东段多种水源（引江水、引黄水、地表水、地下水和其他水源）在不同用户（生活、工业、农业和生态等）间的调配结果，即将各类水源在不同用户进行调配，空间上覆盖了南水北调东线山东段 13 个受水区，体现出多维均衡调配的效果。同时，引江水在各用户中的调配比例表明，引江水在生活中的调配比例均为最高，体现了引江水的高效利用。

2.5 小　　结

针对具有多水源、多用户特点的复杂河渠湖库连通水网，提出了河渠湖库连通水资源多维均衡调配技术。该技术不仅充分考虑到不确定性因素对水资源均衡调配的影响，还在传统的水资源多维均衡调配技术基础上增加了受水区水量调配初步方案评价优选过程，提升了水资源调配效果。

南水北调东线山东段河渠湖库连通水网，多水源包括引江水、引黄水、地表水、地下水和其他水源，多用户包括生活、工业、农业、生态用水，按地级以上城市划分为 13 个受水区。将河渠湖库连通水资源多维均衡调配技术应用于南水北调东线山东段，对 2017 年，利用水资源多维均衡调配技术得到 13 个受水区的受水区水量调配最优方案，将各受水区的生活、工业、农业和生态等用户的调配水量与实际用水量进行对比，验证了水资源多维均衡调配技术的合理性。对 2020 水平年，考虑引黄水和地表水的丰枯遭遇，将其划分为特枯水年、枯水年、平水年及丰水年四种情况，根据各受水区各类水源的可供水量和不同用户的需水量，利用所提出的水资源多维均衡调配技术，得到不同丰枯组合的各受水区生活、工业、农业和生态等不同用户的各类水源调配水量和调配比例，形成了 2020 水平年不同丰枯组合的受水区水量调配最优方案。

第 3 章

河渠湖库连通水量多目标优化调配技术

调水工程通水后形成的河渠湖库连通水网，调水沿线分水口众多，沿线水量分配和调节复杂。为满足受水区内受水单元及用户的用水需求，应充分发挥调蓄工程的调蓄能力，实时调整沿线水量分配和调节，将水量在空间和时间上进行调配，实现水量多目标优化调配。本章提出适合区域水网的河渠湖库连通水量多目标优化调配技术。

对于具体的区域水网，具有多水源多用户的特点，通常区域水网尺度大范围广，承担着向多座地级以上城市（受水区）和其辖内的数个市县（受水单元）调配水量的任务。在调配给受水区的各水源水量（在第 2 章得到的受水区水量调配方案）确定之后，需进一步调配至受水区内的各受水单元及各用户。利用河渠湖库连通水量多目标优化调配技术，可实现各类水源水量在区域水网内的空间和时间上的调配，进一步调配至受水区的各受水单元及各用户，形成受水单元水量调配最优方案，即明确受水区内各受水单元及用户的调配水量，同时明确逐旬调配水量，为实现适时、适量、精细化供水提供依据。

3.1 引　　言

河渠湖库连通水量多目标优化调配技术是针对复杂区域水网输水干线分水口众多、河渠湖库具有调蓄能力的特点，实现精细化的受水单元水量调配，其核心部分涉及多目标优化等内容。

河渠湖库连通水网的水量优化调配是一个多水源、多用户、多阶段和多目标的水资源调配问题，涉及空间和时间两个维度，需要借助数学优化方法来解决这一问题。优化调配模型的求解一般采用优化算法，通过确定决策变量的取值，使目标函数在特定约束条件下搜寻到最优解。近年来，调配目标从单一目标转向多目标，在优化算法方面形成了一些比较成熟的方法，如动态规划方法、大系统分解协调法和启发式算法等。

1. 动态规划方法

动态规划（Dynamic Programming）产生于 20 世纪 50 年代，是解决多阶段决策过程最优化问题的一种有效数学方法。动态规划对于连续的或离散的、线性或非线性的、确定性的或随机性的问题，只要能构成多阶段决策过程，便可用来求解。但随着决策阶段数的增加会出现"维数灾"问题，极大地限制了动态规划的应用，即使应用现代高速大容量电子计算机也难以胜任。对此，国内外学者提出了较多改进算法，主要有逐次优化方法（POA）、微分动态规划法（DDP）、离散微分动态规划（DDDP）、逐次渐进动态规划（DPSA）、线性-动态规划算法（LP - DP）、随机动态规划（SDP）和模糊动态规划法（FDP）等。Little（1955）提出基于随机径流的水库优化调度数学模型。董增川等（2009）针对太湖流域水量水质模拟与调度的耦合模型，在优化模型部分运用动态规划进行求解；黄草等（2014）提出了扩展型逐步优化算法（E - POA）对长江上游 15 座大型水库长系列联合多目标调度进行了研究；Banihabib 等（2017）和 Anvari 等（2017）分别采用动态规划法和基于随机动态规划的优化方法对灌区优化调度问题进行求解。

2. 大系统分解协调法

大系统（Large - Scale System）分解概念最早由 Dantzing 和 Wolfe（1960）在处理大型线性规划问题时提出。随后，20 世纪 70 年代初，Mesarovic 提出了大系统递阶控制理论，其基本思路是将复杂系统分解为若干个简单的子系统，以实现子系统局部最优化，再根据大系统的总任务和总目标，使各子系统相互协调配合，实现全局最优化。该理论为处理复杂的大系统问题开辟了广阔前景，应用该理论可以把复杂的水资源系统在空间、时间上进行分解，建立分解协调结构，从而简化计算。李安强等（2013）基于大系统分解协调原理对三峡水库的防洪调度方式深入优化，提出分配方案；张伟（2016）针对区域水量水质统筹优化配置模型的大系统、多目标和非线性等的特点，运用大系统分解协调理论进行求解。

3. 启发式算法

基于生物学、物理学和人工智能的具有全局优化性能、稳健性强、通用性强且适于并行处理的启发式算法（Heuristic Algorithm），得到了发展。它比较接近于人类的思维方式。易于理解，用这类算法求解组合优化问题，在得到最优解的同时也可以得到一些次优解，便于规划人员研究比较。在水量优化调配方面，近年来关于启发式算法的研究主要包括遗传算法、粒子群优化算法和蚁群优化算法等。

（1）遗传算法。遗传算法（Genetic Algorithm，GA）于 1975 年由美国学者 John Holland 提出，是模仿自然界生物进化过程中自然选择和自然遗传机制而发展起来的一种全局优化方法，为演算算法的重要分支。与传统的优化算法不同，遗传算法是基于群体的算法，在种群中每一个个体都并行地演化，最终获得的解包含在最后一代个体中。在多目标优化方面，国内外学者做了大量研究，提出了 MOGA、NSGA、NSGA-Ⅱ、CGA、AGA 和 MOIGA 等改进算法，并应用于水资源调配。Huang 等（2002）将随机动态规划与遗传算法相结合求解了两个并联水库的优化调度问题；郑姣等（2013）提出一种收敛性全面改善的改进自适应遗传算法，并应用到水库群优化调度；Niayifar 等（2017）比较 NSGA-Ⅱ 和 Borg MOEA 两种算法的 Pareto 前沿和计算效率；Alizadeh 等（2017）基于 NSGA-Ⅱ、地下水模拟模型、M5P 模型树等提出一种新的优化算法来解决地下水的优化分配。

（2）粒子群优化算法。粒子群优化（Particle Swarm Optimization，PSO）算法是 1995 年由 Kennedy 和 Eberhart 提出的群智能优化算法，采用"群体"与"进化"的概念，模拟鸟群飞行觅食的行为，通过个体之间的集体协作和竞争来实现全局搜索。PSO 算法通过粒子记忆、追随当前最优粒子，并不断更新自己的位置和速度来寻找问题的最优解，近年来一些改进的 PSO 算法（如 PSO 算法与萤火虫混合优化算法等）能以较快的速度收敛到全局最优解。罗军刚等（2013）提出一种用于求解水库防洪调配问题的量子多目标粒子群优化算法，获得了一组质量高、多样性好的洪水调配方案；Davijani 等（2016）分别建立了基于农业和工业就业率最大化的水资源配置模型、社会经济效率最大化的干旱地区水资源配置模型，运用粒子群算法进行求解；牛文静等（2017）为求解梯级水电站群多目标优化调度模型，提出一种基于量子行为进化机制的多目标量子粒子群算法（MOQPSO）。

（3）蚁群优化算法。蚁群优化（Ant Colony Optimization，ACO）算法来源于蚂蚁在寻找食物过程中发现路径的行为，是一种用来在图中寻找优化路径的概率型算法。模拟蚂蚁群体觅食路径的搜索过程来寻找最优方案，把问题解抽象为蚂蚁路径，利用状态转移、信息素更新和邻域搜索以获取最优解。徐刚等（2005）提出将蚁群优化算法应用在单水库优化调度，得到了水库优化调度问题的最优解；Afshar 等（2009）提出非支配多目标蚁群优化算法解决了水库的多目标调度问题；刘珏珏等（2015）建立改进蚁群优化算法求解带罚函数的水库群供水优化调度数学模型，重点研究了蚁群优化算法的改进；Nguyen 等（2016）利用蚁群优化算法对农作物和灌溉水进行优化分配。

除以上介绍的方法，应用于水量优化调配的智能优化算法还有和声搜索算法、人工鱼群算法、混合蛙跳算法、改进布谷鸟算法和群居蜘蛛优化算法等。

3.2 水量多目标优化调配技术理论

河渠湖库连通水量多目标优化调配技术，简称水量多目标优化调配技术，其核心部分是针对复杂区域水网尺度大、范围广和沿线分水口众多的特点，建立包含空间调配和时间调配的时空三级水量多目标优化调配模型。在明确受水区水量调配最优方案的基础上对水量进行再分配，调配至各受水区内的不同受水单元。针对受水区内的受水单元，首先，进行空间上的水量调配，将水量逐级调配至各受水单元及用户，满足各用户用水需求；其次，进行时间上的水量调配，满足各用户不同时段的用水需求，形成受水单元水量调配方案群；最后，采用主成分分析法对方案群进行评估，得到受水单元水量调配最优方案，即明确各受水单元及用户的调配水量，同时明确逐旬调配水量。

3.2.1 水量多目标优化调配模型空间调配

水量多目标优化调配模型空间调配按两级调配进行，一级调配求解得到各受水单元调配水量；二级调配求解得到受水单元各用户调配水量。

3.2.1.1 一级调配

第2章得到的受水区水量调配最优方案（受水区调配水量）即向各受水区供水的可供水总量，在此基础上进一步调配至受水区内的受水单元。一级调配以各受水单元缺水量最小和供水成本最低为目标，以各受水单元的需水量以及各种水源的可供水量为约束条件，考虑经济社会效益，降低供水成本，减少调水又弃水的不合理情况。一级调配的决策变量为各受水单元调配水量。具体目标函数和约束条件如下所述。

1. 目标函数

各受水单元缺水总量最小，即

$$\min f_1 = \sum_{j=1}^{J} W_j - \sum_{i=1}^{I} \sum_{j=1}^{J} S_{ij} \tag{3.1}$$

调水成本最低，即

$$\min f_2 = \sum_{i=1}^{I} \sum_{j=1}^{J} K_{ij} S_{ij} \tag{3.2}$$

式中：f_1 为受水单元的缺水总量，m^3；f_2 为受水单元调水总成本，元；i 为不同的水源（$i=1,2,3,\cdots,I$）；j 为不同的受水单元（$j=1,2,3,\cdots,J$）；W_j 为不同受水单元的需水量，m^3；S_{ij} 为受水单元水源的供水量，m^3；K_{ij} 为受水单元水源的供水成本系数，元$/m^3$。

2. 约束条件

（1）需水量约束，为受水单元供水量应大于该受水单元的需水量下限小于需水量上限，即

$$W_{j\min} \leqslant \sum_{i=1}^{I} S_{ij} \leqslant W_{j\max} \tag{3.3}$$

（2）水源最大可供水量约束，为受水单元某种水源的供水量应小于该种水源的可供水量，即

$$\sum_{j=1}^{J} S_{ij} \leqslant W_{i\max} \tag{3.4}$$

（3）过流能力约束，为各分水口的分水量应小于其分水闸的过流能力，即

$$Q_j \leqslant Q_{j\max} \quad (j=1,2,3,\cdots,J) \tag{3.5}$$

（4）变量非负约束为

$$S_{ij} \geqslant 0 \tag{3.6}$$

以上式中：$W_{j\min}$ 为第 j 个受水单元的需水量下限，m^3；$W_{j\max}$ 为第 j 个受水单元的需水量上限，m^3；$W_{i\max}$ 为第 i 种水源可供水量，m^3。

3.2.1.2　二级调配

二级调配以受水单元各用户的需水量以及用户各种水源可供水量为约束条件，考虑社会-经济-生态等多种效益，以受水单元各用户缺水量最小和供水成本最低为目标。二级调配的决策变量为不同保证率下受水单元各用户调配水量。具体目标函数和约束条件如下所述。

1. 目标函数

缺水总量最小，即

$$\min f_1 = \sum_{k=1}^{K} W_k - \sum_{i=1}^{I} \sum_{k=1}^{K} S_{ik} \tag{3.7}$$

供水成本最低，即

$$\min f_2 = \sum_{i=1}^{I} \sum_{k=1}^{K} K_{ik} S_{ik} \tag{3.8}$$

式中：f_1 为受水单元各用户的缺水总量，m^3；f_2 为受水单元各用户供水总成本，元；i 为不同的水源（$i=1,2,3,\cdots,I$）；k 为不同用户（$k=1,2,3,\cdots,K$）；W_k 为不同用户的需水量，m^3；S_{ik} 为不同用户各种水源的调配水量，m^3；K_{ik} 为不同水源供给用户的供水成本系数，元/m^3。

2. 约束条件

（1）需水量约束，为每个用户调配水量应大于该用户的需水量下限小于需水量上限，即

$$W_{k\min} \leqslant \sum_{i=1}^{I} S_{ik} \leqslant W_{k\max} \tag{3.9}$$

（2）水源最大可供水量约束，为各用户某种水源的调配水量应小于该种水源的可供水量，即

$$\sum_{k=1}^{K} S_{ik} \leqslant W_{i\max} \tag{3.10}$$

（3）变量非负约束为

$$S_{ik} \geqslant 0 \tag{3.11}$$

以上式中：$W_{k\min}$ 为第 k 个用户的需水量下限，m^3；$W_{k\max}$ 为第 k 个用户的需水量上限，m^3；$W_{i\max}$ 为第 i 种水源可供水量，m^3。

3.2.2 水量多目标优化调配模型时间调配

考虑各用户用水时间差异，引入时间维度，将受水单元各用户水量在时间上调配。根据不同用户不同时段用水需求，将水量在时间上调配，然后将同种水源不同用户的水量过程进行叠加，得到受水单元水量调配方案。该时间调配也是继空间调配的一级调配和二级调配后的三级调配。

时间调配（三级调配）为

$$R_{in} = \sum_{k=1}^{K} S_{ik} l_{kn} \tag{3.12}$$

式中：i 为不同的水源（$i=1,2,3,\cdots,I$）；n 为时段（$n=1,2,3,\cdots,N$）；k 为不同的用户（$k=1,2,3,\cdots,K$）；R_{in} 为不同水源不同时段调配水量，m^3；S_{ik} 为不同用户各种水源的调配水量，m^3；l_{kn} 为不同用户不同时段的需水比例系数。

3.2.3 受水单元水量调配方案群评估

在河渠湖库连通水量多目标优化调配技术中，采用数学规划法求解，空间一级调配求解得到各受水单元调配水量，二级调配求解得到受水单元各用户调配水量，三级调配依据各用户不同时间段的用水需求，以旬为单位，得到受水单元水量调配方案。多目标函数通过动态权重系数进行处理，权重系数为 $[0,1]$，以集合形式表示，缺水量目标函数和对应供水成本目标函数的权重系数相加为 1。在求解中，根据实际需要确定目标函数权重系数集，二级调配目标函数的权重系数与一级调配目标函数的权重系数保持一致，不同目标函数权重系数求解得到不同的受水单元水量调配方案，形成受水单元水量调配方案群。

随后，针对具体的区域，从水资源供需关系、调水效益、水资源利用情况和调蓄工程调蓄效果等方面，建立受水单元水量调配方案评价体系；对得到的水量调配方案群进行主成分分析评估，形成受水单元水量调配最优方案。

3.2.3.1　受水单元水量调配方案评价体系

从水资源供需关系、调水效益、水资源利用情况和调蓄工程调蓄效果等方面，建立受水单元水量调配方案评价体系，力求从不同角度、不同方面客观反映水资源的供需关系以及利用情况，得到受水单元水量调配最优方案。

选取总缺水量（X1，亿 m³）、总供水成本（X2，亿元）、用水公平性（X3）、外调水损失水量（X4，亿 m³）、泵站利用率（X5,%）、调蓄工程 1 末期平均水位（X6，m）、调蓄工程 2 末期平均水位（X7，m）、调蓄工程 3 末期平均水位（X8，m）……调蓄工程 p 末期平均水位（Xn，m）等 n 个评价指标作为评价的基础数据，建立受水单元水量调配方案效果评价体系。这里，用水公平性指标为各受水区的区域用水公平性指标的平均值。外调水损失水量指在调水过程中外调水蒸发、渗漏等损失水量。区域用水公平性指标 E_k，主要考虑受水区用水效率因素，即

$$E_k = \frac{\mathrm{GDP}_k/\mathrm{WO}_k}{\sum\limits_{k=1}^{K}\mathrm{GDP}_k/\mathrm{WO}_k} \cdot \frac{\mathrm{GDP}_k}{\sum\limits_{k=1}^{K}\mathrm{GDP}_k} \cdot \frac{\sum\limits_{k=1}^{K}\mathrm{WR}_k}{\mathrm{WR}_k} \tag{3.13}$$

式中：k 为区域编号（$k=1,2,3,\cdots,K$）；GDP_k 为 k 区域的年 GDP 值；WO_k 为 k 区域现状经济社会用水量（不包含基本生活和生态用水）；WR_k 为 k 区域所分配的经济社会用水量（不包括基本生活和生态用水）。

3.2.3.2　受水单元水量调配方案评价方法

利用主成分分析法对水量调配方案群进行评估，形成受水单元水量调配最优方案。主成分分析法主要思想是将多指标转化为少数几个综合指标。在实际问题研究中，为了用较少的变量去解释原来资料中大部分变量，将资料中许多相关性很高的变量转化成彼此相互独立或不相关的变量，通常选出比原始变量个数少，能解释大部分资料中变异的几个新变量，即所谓的主成分，用以解释资料的综合性指标。

（1）建立原始变量矩阵 X，由 m 个样本的 n 个因子组成，x_{ij} 为断面 i 指标 j 的监测数据（$i=1,2,\cdots,m$；$j=1,2,\cdots,n$）。

$$X = \begin{bmatrix} x_{11} & x_{12} & \cdots & x_{1m} \\ x_{21} & x_{22} & \cdots & x_{2m} \\ \vdots & \vdots & \vdots & \vdots \\ x_{m1} & x_{m2} & \cdots & x_{mn} \end{bmatrix} \tag{3.14}$$

（2）为消除不同指标之间因量纲不同产生的差异性，将数据进行标准化处理，即

$$y_{ij} = \frac{x_{ij} - \overline{x}_j}{\sigma_j} \tag{3.15}$$

式中：y_{ij} 为断面 i 指标 j 的标准化值；$\overline{x}_j$ 指标 j 的均值；σ_j 为标准差，$\sigma_j = \sqrt{\dfrac{1}{m-1}\sum\limits_{i=1}^{m}(x_{ij} - \overline{x}_j)^2}$ 。

（3）在标准化矩阵基础上计算原始指标相关系数矩阵 R 为

$$R = (r_{ij})_{nn} \quad (i,j=1,2,\cdots,n) \tag{3.16}$$

$$r_{ij} = \frac{1}{m-1}\sum_{i=1}^{n}(y_{ki}y_{kj}) \quad (i,j=1,2,\cdots,n) \tag{3.17}$$

（4）计算相关系数矩阵 R 的特征根 λ，载荷矩阵 B，各个主成分的方差贡献率 c 和累计方差贡献率。

（5）主成分个数的确定，根据累计方差贡献率来确定，一般取特征值大于 1、累计贡献率达 85% 的特征值，p 为主成分个数，按特征值 λ 大小分别为第一、第二、…、第 p 主成分。

（6）根据确定的主成分个数，利用公式 $A_j = B_j/\text{SQRT}(\lambda_j)$ 求得特征向量矩阵 A，再由特征向量矩阵得到各主成分的表达式 F_i 为

$$F_i = a_1 y_1 + a_2 y_2 + \cdots + a_j y_j \tag{3.18}$$

（7）根据各个主成分表达式求得每个断面的得分值 F 为

$$F = (\lambda_1 F_1 + \lambda_2 F_2 + \cdots + \lambda_p F_p)/(\lambda_1 + \lambda_2 + \cdots + \lambda_p) \tag{3.19}$$

3.2.4 水量多目标优化调配技术简介

针对具有众多分水口的河渠湖库连通水网，基于水源时空分布不均、用户需水的时序性，结合各类调蓄工程群的水量联动关系，考虑供水、防洪、灌溉、生态环境等多种约束条件，以满足沿线水量供需调节和分配为目标，提出河渠湖库连通水量多目标优化调配技术。该技术分为空间调配和时间调配，实现多水源在区域内空间和时间上的逐级调配。空间上进行一级调配和二级调配，调配水量至不同受水单元和用户；时间上进行第三级调配，考虑用户用水旬际变化，将水源水量在时间上分解，得到受水单元水量调配最优方案。该技术是在第 2 章得到的各受水区水量调配最优方案基础上，将水量进一步调配至各受水区内的不同受水单元及用户，并明确逐旬调配水量。

1. 河渠湖库连通水量多目标优化调配技术特点

（1）区域水网水量联动。调蓄工程可包括河流、渠道、天然湖泊和平原水库等，调蓄工程群之间水量联动、相互影响。

（2）多水源，多目标，多约束。以高效利用多种水源为前提，以满足沿线

水量供需调节和分配为目标，优化供水成本，考虑供水、防洪、灌溉和生态环境等多种约束条件，建立水量多目标优化调配模型。

（3）同时考虑空间和时间上的水量调配。充分发挥河渠湖库的调蓄能力，针对不同受水区的不同受水单元，考虑不同用户水量差异及用水时间差异，实现水量空间和时间的调配。

2. 河渠湖库连通水量多目标优化调配技术适用对象

该技术适用于区域尺度大范围广和沿线分水口众多的河渠湖库连通水网，区域水网内多水源且时空分布不均，用户各时段需水不同。此类河渠湖库连通水网，需结合调蓄工程群的水量联动关系和用户需水的时序性，考虑供水、防洪、灌溉和生态环境等多种约束条件，以满足沿线水量供需调节和分配为目标，优化供水成本，对各类水源水量进行空间和时间调配。

3. 河渠湖库连通水量多目标优化调配技术应用所需资料

（1）区域受水区及受水单元划分。

（2）沿线分水口、各类水利设施等布置，以及相应的分水或过流能力。

（3）区域受水区水量调配最优方案（第 2 章得到的成果）。

（4）不同受水单元、不同用户的需水量。

（5）各类水源向各受水单元及用户供水的单位水量供水成本。

4. 河渠湖库连通水量多目标优化调配技术应用步骤

（1）建立水量多目标优化调配模型进行空间调配，一级调配求解得到各受水单元调配水量，二级调配求解得到受水单元各用户调配水量，实现水量在空间上的逐级调配。

（2）建立水量多目标优化调配模型进行时间调配，将水源水量在时间上分解，三级调配求解得到受水单元水量调配方案，实现水量在时间上的调配。

（3）设置多目标函数求解动态权重系数，以集合形式表示缺水量目标函数和对应供水成本目标函数的权重系数，二级调配目标函数与一级调配目标函数的权重系数保持一致，求解不同目标函数权重系数下的受水单元水量调配方案，形成受水单元水量调配方案群。

（4）建立受水单元水量调配方案评价体系，利用主成分分析法对受水单元水量调配方案群进行评估，得到受水单元水量调配最优方案。

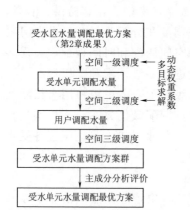

图 3.1　河渠湖库连通水量多目标优化调配技术应用步骤

河渠湖库连通水量多目标优化调配技术应用步骤如图 3.1 所示。

3.3 水量多目标优化调配研究实例概况

这里以南水北调东线山东段河渠湖库连通水网为例。南水北调东线山东段调水工程通水后，输水干线与原有众多河流、渠道、湖泊和水库形成复杂的河渠湖库连通水网。该区域水网具有较强的调蓄能力，分水口众多，输水干线沿线共设 41 个分水口。该区域水网需向枣庄、菏泽、济宁、聊城、德州、济南、滨州、淄博、东营、潍坊、青岛、烟台和威海 13 座城市（13 个受水区）辖内的 37 个县（市、区）（即 37 个受水单元）供水。

为适应不同受水单元不同用户不同时段需水量的变化，应随时调整沿线各分水口分水量，将水量在空间和时间上进行调配，实现适时、适量、精细化供水的目标。在第 2 章利用河渠湖库连通水资源多维均衡调配技术得到的 13 个受水区水量调配最优方案（受水区的各类水源水量）的基础上，本章将各类水源进一步调配至 37 个受水单元，进而调配至受水单元内的不同用户，即利用水量多目标优化调配技术，得到受水单元水量调配最优方案。

3.3.1 受水单元及对应的分水口

根据南水北调东线可行性研究报告和水资源合理配置的需求，南水北调东线山东段供水范围以东平湖为界划分为鲁南区、鲁北区和胶东区，其辖内共 13 个受水区（地级市）的 37 个受水单元（县级市），输水干线沿线共设 41 个分水口向其供水。南水北调东线山东段受水单元对应的分水口如图 3.2 所示。受水区内各受水单元及其分水口列于表 3.1。其中鲁南区包含枣庄、济宁和菏泽 3 个受水区，3 个受水区在南水北调东线干线上共设有 4 个分水口，均位于南四湖下级湖到梁济运河长沟泵站之间。鲁北区包含聊城和德州 2 个受水区，2 个受水区在输水干线上共设有 12 个分水口，均位于穿黄隧洞出口到大屯水库之间。胶东区包含济南、滨州、淄博、东营、潍坊、青岛、烟台和威海 8 个受水区，共设有 25 个分水口。

表 3.1 受水区内各受水单元及其分水口

供水范围	受水区	受水单元	分 水 口
鲁南	枣庄	市区	下级湖潘庄一级站
		滕州市	上级湖城郭河甘桥泵站
	济宁	高新区	上级湖济宁提水泵站
		邹城市	
		兖州曲阜市	
	菏泽	巨野县	上级湖洙水河港口提水泵站

供水范围	受水区	受水单元	分　水　口
鲁北	聊城	东阿县	东阿分水口
		莘县	莘县分水口（与阳谷共用）
		阳谷县	阳谷分水口（与莘县共用）
		东昌府区	东昌府区分水口
		茌平区	茌平区分水口
		高唐县	高唐县分水口
		冠县	冠县分水口
		临清市	临清市分水口
	德州	夏津县	六五河分水口
		旧城河	六五河与堤上旧城河交叉口
		德州市区	大屯水库市区分水口
		武城县	大屯水库武城分水口
胶东	济南	市区	贾庄分水闸
			新五分水闸
		章丘区	东湖水库济南分水闸
			东湖水库章丘分水闸
	滨州	邹平市	胡楼分水闸
			腰庄分水闸（辛集洼水库）
		博兴县	锦秋水库分水闸
			博兴水库分水闸
	淄博	淄博市	引黄济淄分水闸
	东营	中心城区	东营北分水口
		广饶县	东营南分水口
	潍坊	寿光市	双王城水库
		滨海开发区	引黄济青干渠的西分干分水闸
		昌邑市	潍河倒虹吸出口西小章分水闸
	青岛	平度市	双友分水闸
		青岛市区	棘洪滩水库
	烟台	市区	辛安桥分水口
			门楼水库分水口
		莱州市	王河分水口
		招远市	招远分水口

供水范围	受水区	受水单元	分　水　口
胶东	烟台	龙口市	南栾河分水口
			泳汶河分水口
		蓬莱区	温石汤泵站出口
		栖霞市	丰粟水库
	威海	威海市区	米山水库

图 3.2　南水北调东线山东段受水单元对应的分水口（2016 年）

这里需要指出，本书的研究工作是 2016 年进行的，因此 2019 年 1 月莱芜区划归济南市后的莱芜区和济南市钢城区未计入本书的济南市行政区。

3.3.2　水源及成本系数

南水北调东线山东段有引江水、引黄水、地表水、地下水和其他水源等多种水源，考虑引黄水、地表水的丰枯遭遇，其中，引黄水水量依据丰枯遭遇划分为平水年、丰水年，地表水水量依据丰枯遭遇划分为特枯水年、枯水年、平水年及丰水年。

为了实现多水源在时间和空间上的调配，将外调水调配至 37 个受水单元，由 41 个分水口向其供水；进而调配至受水单元内生活、工业和生态等不同用户，实现水量在空间上的逐级调配。在时间调配上，考虑用户用水时间差异，以旬为单位将水量在时间上调配。查阅相关文献得知，山东省第一季度用水量最小，约为全年月平均用水量的 93.8%；生活、工业、生态用户全年供水，水量按平均流量供给；农业用水不使用引江水。

根据各水源供水成本系数（表 2.4），考虑受水单元与各分水口之间的距离因素等，得到各受水单元单位水量供水成本系数（表 3.2）。受水单元不同行业单位水量供水成本系数取成本系数区间平均值（参见第 2 章受水区不同行业供水成本系数），生活用水为 0.18 元/m³，工业用水为 0.235 元/m³，农业用水为 0.145 元/m³，生态用水为 0.12 元/m³。

表 3.2　　　　　　　　各受水单元单位水量供水成本系数　　　　　　单位：元/m³

供水范围	受水区	受水单元	引江水	引黄水	地表水	地下水	其他水源
鲁南	枣庄	市区	0.35	0	0.21	0.23	0.30
		滕州市	0.44	0	0.23	0.26	0.32
	济宁	高新区	0.44	0.31	0.24	0.27	0.30
		邹城市	0.47	0.32	0.25	0.28	0.31
		兖州曲阜市	0.50	0.33	0.26	0.29	0.32
	菏泽	巨野县	0.42	0.30	0.25	0.28	0.31
鲁北	聊城	东阿县	0.90	0.55	0.27	0.35	0.60
		莘县	0.93	0.56	0.27	0.35	0.60
		阳谷县	0.93	0.56	0.25	0.35	0.60
		东昌府区	0.93	0.56	0.25	0.35	0.60
		茌平区	1.00	0.57	0.25	0.37	0.62
		高唐县	1.02	0.58	0.25	0.37	0.62
		冠县	1.02	0.58	0.25	0.37	0.62
		临清市	1.03	0.58	0.25	0.37	0.62
	德州	夏津县	1.32	0.76	0.25	0.35	0.60
		旧城河	1.34	0.80	0.27	0.37	0.62
		德州市区	1.32	0.77	0.25	0.35	0.60
		武城县	1.32	0.77	0.25	0.35	0.60
胶东	济南	济南市区	0.72	0.73	0.46	0.59	0.61
		章丘区	0.73	0.73	0.46	0.59	0.61
	滨州	邹平市	1.15	0.76	0.46	0.36	0.61
		博兴县	1.22	0.82	0.47	0.37	0.62
	淄博	淄博市	1.17	0.78	0.46	0.36	0.61

续表

供水范围	受水区	受水单元	引江水	引黄水	地表水	地下水	其他水源
胶东	东营	中心城区	1.17	0.78	0.46	0.36	0.51
		广饶县	1.17	0.78	0.46	0.36	0.51
	潍坊	双王城水库	1.31	0.73	0.45	0.35	0.50
		潍北平原水库	1.32	0.77	0.46	0.36	0.51
		峡山水库	1.33	0.82	0.47	0.37	0.52
	青岛	市区	1.33	0.82	0.47	0.62	0.62
		平度市	1.31	0.73	0.45	0.60	0.60
	烟台	莱州市	1.31	0.74	0.45	0.60	0.60
		招远市	1.32	0.76	0.46	0.61	0.61
		龙口市	1.32	0.77	0.46	0.61	0.61
		蓬莱区	1.32	0.78	0.46	0.61	0.61
		栖霞市	1.32	0.79	0.46	0.61	0.61
		市区	1.33	0.80	0.47	0.62	0.62
	威海	威海市区	1.32	0.78	0.46	0.51	0.55

3.4　水量多目标优化调配技术应用及成果

　　如前所述，南水北调东线山东段河渠湖库连通水网，其调蓄能力强，输水干线沿线共设 41 个分水口，需将不同水源调配至 13 座城市（13 个受水区）内的 37 个县（市、区）（37 个受水单元），进而调配至受水单元内不同用户。在第 2 章利用水资源多维均衡调配技术已经将不同水源调配至 13 个受水区，得到了受水区水量调配最优方案。本章在受水区水量调配最优方案的基础上，将受水区水量再调配至其内的受水单元。

　　针对上述介绍的南水北调东线山东段河渠湖库连通水网，在第 2 章得到的受水区水量调配最优方案基础上，利用水量多目标优化调配技术，将各类水源水量在空间和时间上进行调配，进一步调配至 13 个受水区内的 37 个受水单元，得到受水单元水量调配最优方案。

　　同第 2 章河渠湖库连通水资源多维均衡调配技术应用一致，将基准年选定为 2014 年，近期水平年为 2017—2020 年，分别开展 2017 年和 2020 水平年的水量多目标优化调配研究。

　　多目标函数通过动态权重系数进行处理，以形成受水单元水量调配方案群。经过不同权重系数试算，以 0.2 为间隔，拟定 5 组目标函数权重系数，分别为

107

0.9～0.1、0.7～0.3、0.5～0.5、0.3～0.7 和 0.1～0.9，即缺水量目标函数权重系数为 0.9、0.7、0.5、0.3 和 0.1，对应供水成本目标函数权重系数为 0.1、0.3、0.5、0.7 和 0.9。例如 0.9～0.1 表示目标函数缺水量权重系数为 0.9、供水成本权重系数为 0.1。二级调配目标函数权重系数与一级调配目标函数权重系数保持一致。

3.4.1　水量多目标优化调配模型空间调配求解

潍坊市处于胶东区济南—引黄济青段与引黄济青段交界处，沿线有双王城水库进行调蓄，之后输水分两路，一路输水至青岛市棘洪滩水库，另一路输水至威海市米山水库，是典型的复杂河渠湖库连通水网的受水区。这里，目标函数权重系数按照 0.7～0.3 进行时空三级水量多目标优化调配求解，以 2017 年典型受水区潍坊市为例进行详细说明。

受水区潍坊市分为寿光市、滨海开发区和昌邑市 3 个受水单元，双王城水库寿光分水口、引黄济青干渠的西分干分水口、胶东调水工程潍河倒虹吸出口西小章分水口 3 个分水口分别向寿光市、滨海开发区和昌邑市 3 个受水单元供水。水量多目标优化调配模型空间调配求解，一级调配得到各受水单元调配水量，二级调配得到受水单元各用户调配水量。

3.4.1.1　受水单元调配水量

将第 2 章求得的潍坊市 2017 年水量调配最优方案（表 3.3）作为向潍坊市供水的可供水总量，即潍坊市引江水可供水量约为 1.12 亿 m^3，引黄水可供水量约为 2.57 亿 m^3，地表水可供水量约为 6.10 亿 m^3，地下水可供水量约为 8.45 亿 m^3，其他水源可供水量约为 0.29 亿 m^3。

表 3.3　　　　　　　　潍坊市 2017 年受水区水量调配最优方案　　　　　　单位：亿 m^3

水　源	生活用户	工业用户	农业用户	生态用户
引江水	0.56	0.51	0	0.05
引黄水	0.45	0.59	1.36	0.17
地表水	0.77	1.00	4.20	0.13
地下水	1.16	1.42	5.68	0.19
其他水源	0.08	0.05	0	0.16

根据潍坊市需水量，参考《山东省水资源综合利用中长期规划》（2016 年），结合潍坊市各受水单元近五年用水量，得到 2017 年受水单元需水量：寿光市 2017 年需水量为 10.75 亿 m^3，滨海开发区需水量为 8.60 亿 m^3，昌邑市需水量为 2.15 亿 m^3。利用水量多目标优化调配模型一级调配，求解得到 2017 年寿光市、滨海开发区和昌邑市 3 个受水单元的调配水量，列于表 3.4。例如，2017 年

寿光市水量调配结果中，引江水调配水量为 4986.64 万 m³，引黄水调配水量为 13804.18 万 m³，地表水调配水量为 34921.51 万 m³，地下水调配水量为 42592.21 万 m³，其他水源调配水量为 925.82 万 m³。

表 3.4　　　　　　　　　2017 年潍坊市受水单元调配水量　　　　　单位：万 m³

受水单元	引江水	引黄水	地表水	地下水	其他水源
寿光市	4986.64	13804.18	34921.51	42952.21	925.82
滨海开发区	4468.96	11043.35	28082.79	33822.44	654.76
昌邑市	1716.79	2760.83	5895.70	7725.36	1419.39

3.4.1.2　受水单元各用户调配水量

将上述一级调配结果作为潍坊市各受水单元的引江水、引黄水、地表水、地下水和其他水源等可供水量，根据潍坊市用户需水量（第 2 章表 2.5），结合潍坊市受水单元近五年各用户用水量，得到受水单元生活、工业、农业和生态等不同用户的需水量。根据用户需水量和水源可供水量求得潍坊市受水单元各用户调配水量，分别列于表 3.5～表 3.7。

表 3.5　　　　　　　　　2017 年寿光市各用户调配水量　　　　　　单位：万 m³

水源	生活用户	工业用户	农业用户	生态用户
引江水	2400.71	2203.59	0	382.35
引黄水	2489.56	2270.73	8610.35	433.54
地表水	3761.14	3313.69	27439.31	407.37
地下水	4107.77	3607.15	34830.41	406.88
其他水源	240.82	241.64	283.24	160.13

表 3.6　　　　　　　　　2017 年滨海开发区各用户调配水量　　　　单位：万 m³

水源	生活用户	工业用户	农业用户	生态用户
引江水	2173.20	1967.84	0	327.92
引黄水	1966.68	1789.80	6942.60	344.27
地表水	2939.16	2599.12	22220.20	324.31
地下水	3153.00	2784.04	27565.28	320.12
其他水源	167.97	168.63	202.56	115.60

表 3.7　　　　　　　　　2017 年昌邑市各用户调配水量　　　　　　单位：万 m³

水源	生活用户	工业用户	农业用户	生态用户
引江水	856.64	739.56	0	120.59
引黄水	356.28	328.09	2012.00	64.46

续表

水源	生活用户	工业用户	农业用户	生态用户
地表水	549.54	497.92	4781.33	66.90
地下水	619.59	557.94	6490.52	57.31
其他水源	217.95	203.85	948.81	48.79

以寿光市为例，寿光市引江水调配水量 4986.65 万 m^3，引黄水调配水量为 13804.18 万 m^3，地表水调配水量为 34921.51 万 m^3，地下水调配水量为 42592.21 万 m^3，其他水源调配水量为 925.83 万 m^3；同时，寿光市生活需水量为 12837.64 万 m^3，工业需水量为 12586.55 万 m^3，农业需水量为 75399.07 万 m^3，生态需水量为 1856.99 万 m^3。利用二级调配求解得到 2017 年寿光市各用户调配水量（表 3.5），寿光市生活用水由引江水、引黄水、地表水、地下水和其他水源组成，引江水水量为 2400.71 万 m^3，引黄水水量为 2489.56 万 m^3，地表水水量为 3761.14 万 m^3，地下水水量为 4107.77 万 m^3，其他水源水量为 240.82 万 m^3。由结果可以看出，引江水主要用于生活和工业，生态占比较小，均不供给农业；引黄水、地表水、地下水和其他水源主要用于农业，引黄水、地表水、地下水中农业用水的占比相对较大。

其他受水区求解方法类似，求得 2017 年 13 个受水区的 37 个受水单元及其用户的调配水量。表 3.8 列出了各受水区相应的目标函数值，即受水区的缺水量和供水成本。

表 3.8　　　　　　　　　　　山东省各受水区缺水量和供水成本

区域	受水区	缺水量/亿 m^3	供水成本/亿元
鲁南	枣庄	1.75	1.79
	济宁	4.73	6.14
	菏泽	2.61	6.31
鲁北	聊城	2.94	8.58
	德州	3.02	10.88
胶东	济南	2.23	9.89
	滨州	3.04	9.10
	淄博	0.50	6.00
	东营	1.38	6.76
	潍坊	1.98	9.86
	青岛	1.57	9.81
	烟台	0.82	6.42
	威海	0.12	2.41

3.4.2 水量多目标优化调配模型时间调配求解

基于 2017 年各受水单元各用户调配水量，进行时间三级调配。同样以受水区潍坊市为例进行详细说明。

首先，根据潍坊市各用户用水时间差异，将生活、工业、农业和生态等用户用水量逐旬调配。然后，将同种水源不同用户的水量过程叠加，即引江水、引黄水、地表水、地下水和其他水源调配至四个用户的水量分别按照时间序列进行叠加，最终得到潍坊市受水单元水量调配方案。

根据《南水北调东线第一期工程可行性研究总报告》，受水单元对应不同的分水口，其中，2017 年潍坊市分水口共 3 个，即双王城水库寿光分水口、引黄济青干渠的西分干分水口、胶东调水工程潍河倒虹吸出口西小章分水口，分别向寿光市、滨海开发区和昌邑市 3 个受水单元供水。

2017 年潍坊市各受水单元水量调配方案，如图 3.3 所示。例如，2017 年寿光市地下水调配给生活用水的水量为 4107.77 万 m³、工业用水的水量为

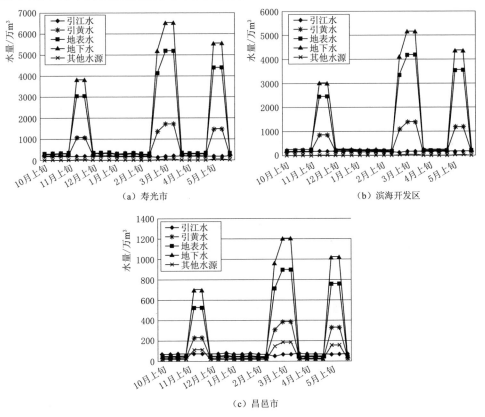

图 3.3 2017 年潍坊市各受水单元水量调配方案

3607.15 万 m³、农业用水的水量为 34830.41 万 m³、生态用水的水量为 406.88 万 m³。然后，根据寿光市各用户不同时间段用水需求，以旬为最小单位进行时间调配，将生活、工业、生态等用户的同一水源水量过程按时间序列叠加，得到某种水源逐旬调配水量，其他种类水源求解过程类似，得到受水单元逐旬调配水量，形成受水区各受水单元水量调配方案。

如上所述，受水区潍坊市辖内的寿光市、滨海开发区和昌邑市 3 个受水单元，分别由双王城水库寿光分水口、引黄济青干渠的西分干分水口、胶东调水工程潍河倒虹吸出口西小章分水口供水。在求解上述各受水单元水量调配方案的同时，得到了 2017 年潍坊市各分水口的逐旬供水方案（图 3.4），为实现输水沿线水量调配提供了量化依据。

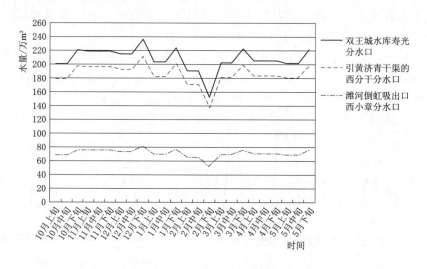

图 3.4 2017 年潍坊市各分水口的逐旬供水方案

采用上述同样的方法，对 13 个受水区内的 37 个受水单元的不同用户进行水量空间和时间调配求解，得到各受水单元水量调配方案，形成南水北调东线山东段 2017 年受水单元水量调配方案，限于篇幅这里不再赘述。

3.4.3 受水单元水量调配最优方案求解

上述目标函数权重系数为 0.7～0.3，即缺水量目标函数权重系数为 0.7、供水成本目标函数权重系数为 0.3 的水量调配方案。其他组权重系数求解过程相同，下面分别计算 0.9～0.1、0.7～0.3、0.5～0.5、0.3～0.7、0.1～0.9 等 5 组权重系数，形成受水单元水量调配方案群。采用主成分分析法对受水单元水量调配方案群进行评价，得到受水单元水量调配最优方案。

3.4.3.1 山东段受水单元水量调配方案评价体系

参照《山东省水资源综合利用中长期规划》(2016 年)水资源评价的指标体系及标准,从水资源供需关系、调水效益、水资源利用情况和调蓄工程调蓄效果等方面建立受水单元水量调配方案评价体系,力求从不同角度、不同方面客观反映水资源的供需关系以及利用情况,得到受水单元水量调配最优方案。

选取山东段总缺水量(X1,亿 m^3)、山东省总供水成本(X2,亿元)、用水公平性(X3)、引江水损失水量(X4,亿 m^3)、泵站利用率(X5,%)、南四湖下级湖末期平均水位(X6,m)、南四湖上级湖末期平均水位(X7,m)和东平湖末期平均水位(X8,m)共 8 个评价指标作为评价的基础数据,建立山东段受水单元水量调配方案效果评价体系。

3.4.3.2 受水单元水量调配最优方案

利用主成分分析法对南水北调东线山东段 2017 年受水单元水量调配方案群进行评估,形成受水单元水量调配最优方案,各评价指标结果列于表 3.9。每种方案分别代表一组目标函数权重系数,例如方案 1 目标函数权重系数为 0.9～0.1,代表缺水量目标函数权重系数为 0.9,供水成本目标函数权重系数为 0.1;方案 2 目标函数权重系数为 0.7～0.3,代表缺水量目标函数权重系数为 0.7,供水成本目标函数权重系数为 0.3。

表 3.9　　　　　　　　　　　　　评 价 指 标 结 果

方案编号	目标函数权重系数	X1	X2	X3	X4	X5	X6	X7	X8
1	0.9～0.1	26.76	94.02	0.69	3.2	64.02	4.5	4.33	5.4
2	0.7～0.3	26.69	93.94	0.69	3.18	63.69	4.51	4.34	5.42
3	0.5～0.5	26.58	93.68	0.71	3.2	63.76	4.52	4.33	5.41
4	0.3～0.7	26.44	93.35	0.7	3.15	63.69	4.51	4.33	5.41
5	0.1～0.9	26.3	93.35	0.7	3.18	63.7	4.51	4.34	5.42

对受水单元水量调配方案群的评价指标进行主成分分析,得出评价指标的相关系数矩阵,主成分特征值、贡献率及累计贡献率分别列于表 3.10 和表 3.11。

表 3.10　　　　　　　　　　　　评价指标相关系数矩阵

相关系数	X1	X2	X3	X4	X5	X6	X7	X8
X1	1.00							
X2	0.96	1.00						
X3	−0.51	−0.58	1.00					
X4	0.53	0.65	0.03	1.00				

相关系数	X1	X2	X3	X4	X5	X6	X7	X8
X5	0.64	0.63	−0.38	0.62	1.00			
X6	−0.34	−0.38	0.85	0.00	−0.65	1.00		
X7	−0.29	−0.07	−0.33	−0.09	−0.50	0.00	1.00	
X8	−0.52	−0.38	0.07	−0.32	−0.85	0.42	0.87	1.00

表 3.11 主成分特征值、贡献率及累计贡献率

成　分	1	2	3	4	5	6	7	8
特征值	4.15	1.96	1.32	0.57	0	0	0	0
贡献率/%	51.89	24.51	16.49	7.12	0	0	0	0
累计贡献率/%	51.89	76.39	92.88	100.00	100.00	100.00	100.00	100.00

　　一般选取累计贡献率达到 90% 以上的作为主成分，表 3.11 中前 3 个变量的累计贡献率为 92.88%，因此选取前 3 个变量作为主成分进行分析评价。根据式（3.17）计算受水单元水量调配方案主成分单因子得分，然后根据单因子的得分与其特征值、贡献率来确定主成分的综合得分，以此来分析受水单元水量调配方案的效果，列于表 3.12，表中 F1、F2、F3 代表选定的主成分因子。

表 3.12 主成分因子得分

方案	F1	F2	F3	综合得分	排序
1	−3.375	−0.023	−0.513	−3.911	5
2	−0.049	1.840	0.857	2.648	1
3	0.298	−1.898	1.322	−0.278	3
4	1.219	−0.612	−1.589	−0.983	4
5	1.907	0.693	−0.076	2.524	2

　　基于水资源供需关系（总缺水量）、调水效益（总供水成本）、水资源利用情况（用水公平性、引江水损失水量）和调蓄工程调蓄效果（泵站利用率、南四湖下级湖末期平均水位、南四湖上级湖末期平均水位和东平湖末期平均水位）等方面的综合评价效果，各受水单元水量调配方案综合得分排序为方案 2＞方案 5＞方案 3＞方案 4＞方案 1。方案 2（缺水量与供水成本权重系数分别为 0.7 和 0.3）排名第一，其水量调配效果最优，因此选取方案 2 作为南水北调东线山东段 2017 年受水单元水量调配最优方案。

3.4.4　2017 年受水单元水量调配最优方案

　　利用河渠湖库连通水量多目标优化调配技术，对上述山东段河渠湖库连通

水网进行研究，计算 13 个受水区 37 个受水单元的水量调配方案，形成 2017 年受水单元水量调配最优方案。限于篇幅这里仅给出济南市和潍坊市辖区内的受水单元水量调配方案的结果。

济南市处于胶东区，由东平湖沿济平干渠、济南-引黄济青向胶东分水，受水区济南市在济平干渠段、济南-引黄济青段均设有分水口，并有大型水库东湖水库进行调蓄，且由于济南市为省会城市，其水量调配方案具有重要意义。

潍坊市处于胶东区济南-引黄济青段与引黄济青段交界处，沿线有双王城水库进行调蓄，之后输水分两路，一路输水至青岛市棘洪滩水库，另一路输水至威海市米山水库，是典型的复杂河渠湖库连通水网的受水区。

这里，以省会城市受水区济南市和复杂水网典型代表受水区潍坊市为例，对其辖区内的受水单元水量调配最优方案进行展示。

3.4.4.1 济南市受水单元水量调配最优方案

济南市包括济南市区和章丘区 2 个受水单元。2017 年济南受水单元水量调配最优方案，即济南市区和章丘区水量调配方案列于表 3.13 和表 3.14，并绘于图 3.5。在济南市区调配方案中引江水供水量最大出现在 12 月下旬，为 95.42 万 m³，最小出现在 2 月下旬，为 63.12 万 m³；其他四种水源供水量最大出现在 3 月上旬和中旬，最小水量出现在 2 月上中旬。这是因为农业用水时间集中，3 月中下旬处于农业第二用水阶段，用水量最大。引江水不供给农业用水，因而其逐旬水量变化不明显，水量稳定在 80 万～100 万 m³。

表 3.13 　　　　　　　　　　2017 年济南市区逐旬调配水量 　　　　　　单位：万 m³

调水时段	引江水	引黄水	地表水	地下水	其他水源
10 月上旬	82.04	693.46	442.13	777.55	150.48
10 月中旬	82.04	693.46	442.13	777.55	150.48
10 月下旬	90.24	762.81	486.34	855.30	165.52
11 月上旬	88.10	775.20	486.71	870.77	161.68
11 月中旬	88.10	3752.34	1718.00	4393.81	364.94
11 月下旬	88.10	3752.34	1718.00	4393.81	364.94
12 月上旬	86.74	756.87	476.71	849.86	159.17
12 月中旬	86.74	756.87	476.71	849.86	159.17
12 月下旬	95.42	832.56	524.38	934.85	175.09
1 月上旬	83.10	707.77	449.93	793.87	152.44
1 月中旬	83.10	707.77	449.93	793.87	152.44
1 月下旬	91.41	778.55	494.93	873.25	167.68
2 月上旬	78.90	651.20	419.08	729.35	144.68

续表

调水时段	引江水	引黄水	地表水	地下水	其他水源
2 月中旬	78.90	651.20	419.08	729.35	144.68
2 月下旬	63.12	4774.01	2094.26	5616.39	406.11
3 月上旬	82.59	6017.25	2644.95	7077.22	514.46
3 月中旬	82.59	6017.25	2644.95	7077.22	514.46
3 月下旬	90.85	771.04	490.83	864.69	166.65
4 月上旬	83.59	714.46	453.58	801.49	153.35
4 月中旬	83.59	714.46	453.58	801.49	153.35
4 月下旬	83.59	714.46	453.58	801.49	153.35
5 月上旬	82.30	5162.80	2291.05	6066.25	455.86
5 月中旬	82.30	5162.80	2291.05	6066.25	455.86
5 月下旬	90.54	766.81	488.52	859.86	166.07

表 3.14　　　　　　　　2017 年济南市章丘区逐旬调配水量　　　　　单位：万 m³

调水时段	引江水	引黄水	地表水	地下水	其他水源
10 月上旬	1.85	138.37	88.90	137.16	58.29
10 月中旬	1.85	138.37	88.90	137.16	58.29
10 月下旬	2.03	152.20	97.79	150.87	64.12
11 月上旬	1.92	154.90	97.92	153.53	63.42
11 月中旬	1.92	773.71	365.73	765.38	190.15
11 月下旬	1.92	773.71	365.73	765.38	190.15
12 月上旬	1.90	151.20	95.90	149.86	62.27
12 月中旬	1.90	151.20	95.90	149.86	62.27
12 月下旬	2.09	166.32	105.49	164.84	68.50
1 月上旬	1.86	141.26	90.48	140.02	59.19
1 月中旬	1.86	141.26	90.48	140.02	59.19
1 月下旬	2.05	155.39	99.53	154.02	65.11
2 月上旬	1.81	129.82	84.23	128.69	55.64
2 月中旬	1.81	129.82	84.23	128.69	55.64
2 月下旬	1.45	987.86	449.96	977.03	225.55
3 月上旬	1.86	1244.89	567.94	1231.25	285.05
3 月中旬	1.86	1244.89	567.94	1231.25	285.05
3 月下旬	2.04	153.87	98.70	152.52	64.64
4 月上旬	1.87	142.61	91.22	141.36	59.61

调水时段	引江水	引黄水	地表水	地下水	其他水源
4 月中旬	1.87	142.61	91.22	141.36	59.61
4 月下旬	1.87	142.61	91.22	141.36	59.61
5 月上旬	1.85	1067.31	491.00	1055.66	248.61
5 月中旬	1.85	1067.31	491.00	1055.66	248.61
5 月下旬	2.04	153.01	98.23	151.67	64.37

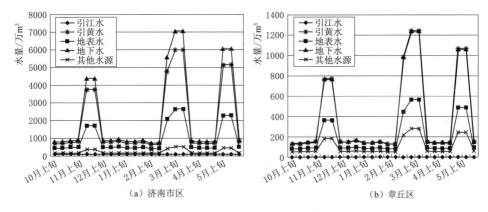

图 3.5　2017 年济南市各受水单元水量调配方案

如上所述，受水区济南市辖内的济南市区和章丘区 2 个受水单元，分别由新五分水口和东湖水库章丘分水口供水。在求解上述各受水单元水量调配方案的同时，得到了 2017 年受水区济南市各分水口的逐旬供水方案（列于表 3.15，并绘于图 3.6），为实现输水沿线水量调配提供了量化依据。由结果可以看出，不同的分水口引江水量不同，新五分水口水量较多，约 85 万 m³，东湖水库章丘分水口水量较少，约 1.9 万 m³；同一分水口不同时间分水量不同，以新五分水口为例，引江水量最大出现在 12 月下旬，为 95.42 万 m³，最小水量为 63.12 万 m³，出现在 2 月下旬。分水口供水量逐旬变化主要与生活、工业、生态用户的用水量有关。

表 3.15　　　　　　　　2017 年济南市各分水口逐旬供水方案　　　　　　单位：万 m³

调水时段	新五分水口	东湖水库章丘分水口
10 月上旬	82.04	1.85
10 月中旬	82.04	1.85
10 月下旬	90.24	2.03
11 月上旬	88.10	1.92

续表

调水时段	新五分水口	东湖水库章丘分水口
11 月中旬	88.10	1.92
11 月下旬	88.10	1.92
12 月上旬	86.74	1.90
12 月中旬	86.74	1.90
12 月下旬	95.42	2.09
1 月上旬	83.10	1.86
1 月中旬	83.10	1.86
1 月下旬	91.41	2.05
2 月上旬	78.90	1.81
2 月中旬	78.90	1.81
2 月下旬	63.12	1.45
3 月上旬	82.59	1.86
3 月中旬	82.59	1.86
3 月下旬	90.85	2.04
4 月上旬	83.59	1.87
4 月中旬	83.59	1.87
4 月下旬	83.59	1.87
5 月上旬	82.30	1.85
5 月中旬	82.30	1.85
5 月下旬	90.54	2.04

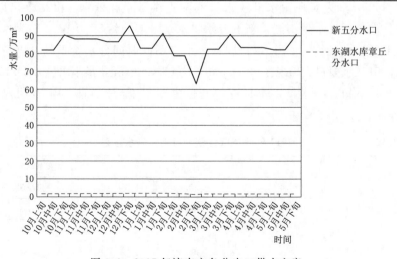

图 3.6　2017 年济南市各分水口供水方案

　　另外，受水单元水量调配方案还可明确各类水源在各受水单元生活、工业、农业和生态等用户中调配比例。图 3.7 为济南市区不同用户中各类水源的调配水量和调配比例。图 3.8 为章丘区不同用户中各类水源的调配水量和调配比例。从图中可以看出，各受水区不同用户的各类水源调配水量中，农业用户均最大，其次为生活、工业和生态用户。引江水主要用于生活和工业，生态占比较小，均不供给农业；引黄水、地表水、地下水和其他水源主要用于农业用水。

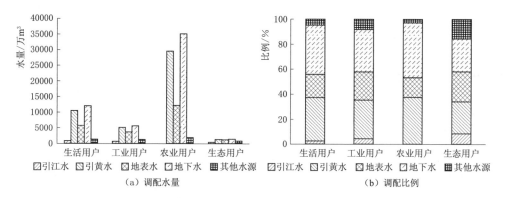

图 3.7　济南市区不同用户中各类水源的调配水量和调配比例

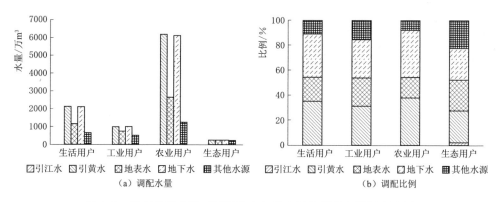

图 3.8　济南市章丘区不同用户中各类水源的调配水量调配比例

3.4.4.2　潍坊市受水单元水量调配最优方案

　　潍坊市包括寿光市、滨海开发区和昌邑市 3 个受水单元。2017 年潍坊市受水单元水量调配最优方案，即寿光市、滨海开发区和昌邑市水量调配方案列于表 3.16～表 3.18，并绘于图 3.9。在寿光市调配方案中引江水供水量最大出现在 12 月下旬，为 236.71 万 m³，最小水量出现在 2 月下旬，为 153.10 万 m³。其他四种水源供水量最大出现在 3 月上旬和中旬，最小水量出现在 2 月上旬和中旬。这是因为农业用水时间集中，3 月中旬和下旬处于农业第二用水阶段，用水量最大。引江水不供给农业用水，因而其逐旬水量变化不明显，水量稳定在 150 万～240 万 m³。

表 3.16　　　　　　　　　2017 年潍坊市寿光市逐旬调配水量　　　　单位：万 m³

调水时段	引江水	引黄水	地表水	地下水	其他水源
10 月上旬	200.90	209.26	301.15	326.85	26.01
10 月中旬	200.90	209.26	301.15	326.85	26.01
10 月下旬	220.99	230.19	331.26	359.53	28.61
11 月上旬	219.32	228.37	330.01	358.37	27.86
11 月中旬	219.32	1089.40	3073.94	3841.41	56.18
11 月下旬	219.32	1089.40	3073.94	3841.41	56.18
12 月上旬	215.19	224.08	323.54	351.30	27.44
12 月中旬	215.19	224.08	323.54	351.30	27.44
12 月下旬	236.71	246.49	355.89	386.43	30.19
1 月上旬	204.12	212.61	306.20	332.37	26.33
1 月中旬	204.12	212.61	306.20	332.37	26.33
1 月下旬	224.53	233.87	336.82	365.60	28.97
2 月上旬	191.37	199.38	286.23	310.55	25.06
2 月中旬	191.37	199.38	286.23	310.55	25.06
2 月下旬	153.10	1389.56	4148.88	5224.21	60.51
3 月上旬	202.58	1748.57	5203.67	6549.45	76.76
3 月中旬	202.58	1748.57	5203.67	6549.45	76.76
3 月下旬	222.84	232.11	334.17	362.70	28.80
4 月上旬	205.63	214.17	308.56	334.94	26.49
4 月中旬	205.63	214.17	308.56	334.94	26.49
4 月下旬	205.63	214.17	308.56	334.94	26.49
5 月上旬	201.72	1501.66	4418.33	5552.81	68.58
5 月中旬	201.72	1501.66	4418.33	5552.81	68.58
5 月下旬	221.89	231.12	332.67	361.07	28.70

表 3.17　　　　　　　　2017 年潍坊市滨海开发区逐旬调配水量　　　　单位：万 m³

调水时段	引江水	引黄水	地表水	地下水	其他水源
10 月上旬	180.00	165.22	235.98	251.83	18.31
10 月中旬	180.00	165.22	235.98	251.83	18.31
10 月下旬	198.00	181.74	259.57	277.01	20.14
11 月上旬	196.68	180.31	258.53	276.03	19.60
11 月中旬	196.68	874.57	2480.55	3032.55	39.85
11 月下旬	196.68	874.57	2480.55	3032.55	39.85
12 月上旬	192.94	176.93	253.47	270.60	19.31

续表

调水时段	引江水	引黄水	地表水	地下水	其他水源
12月中旬	192.94	176.93	253.47	270.60	19.31
12月下旬	212.23	194.62	278.82	297.66	21.24
1月上旬	182.92	167.86	239.92	256.06	18.53
1月中旬	182.92	167.86	239.92	256.06	18.53
1月下旬	201.21	184.65	263.92	281.67	20.39
2月上旬	171.38	157.42	224.31	239.32	17.64
2月中旬	171.38	157.42	224.31	239.32	17.64
2月下旬	137.10	1117.73	3353.77	4129.35	43.05
3月上旬	181.53	1406.35	4205.93	5176.41	54.60
3月中旬	181.53	1406.35	4205.93	5176.41	54.60
3月下旬	199.68	183.26	261.84	279.45	20.27
4月上旬	184.29	169.10	241.77	258.04	18.64
4月中旬	184.29	169.10	241.77	258.04	18.64
4月下旬	184.29	169.10	241.77	258.04	18.64
5月上旬	180.74	1207.28	3570.01	4387.70	48.75
5月中旬	180.74	1207.28	3570.01	4387.70	48.75
5月下旬	198.82	182.48	260.68	278.19	20.20

表 3.18　　　　　2017 年潍坊市昌邑市逐旬调配水量　　　　单位：万 m³

调水时段	引江水	引黄水	地表水	地下水	其他水源
10月上旬	69.11	30.18	44.87	49.70	18.97
10月中旬	69.11	30.18	44.87	49.70	18.97
10月下旬	76.02	33.19	49.36	54.67	20.87
11月上旬	75.68	32.91	49.09	54.46	20.65
11月中旬	75.68	234.11	527.22	703.51	115.53
11月下旬	75.68	234.11	527.22	703.51	115.53
12月上旬	74.21	32.30	48.14	53.39	20.27
12月中旬	74.21	32.30	48.14	53.39	20.27
12月下旬	81.63	35.53	52.96	58.73	22.30
1月上旬	70.26	30.65	45.61	50.53	19.27
1月中旬	70.26	30.65	45.61	50.53	19.27
1月下旬	77.29	33.72	50.17	55.59	21.19
2月上旬	65.71	28.76	42.69	47.24	18.11

续表

调水时段	引江水	引黄水	地表水	地下水	其他水源
2月中旬	65.71	28.76	42.69	47.24	18.11
2月下旬	52.57	310.44	717.20	965.01	150.03
3月上旬	69.71	389.71	899.07	1209.16	188.56
3月中旬	69.71	389.71	899.07	1209.16	188.56
3月下旬	76.68	33.47	49.78	55.15	21.04
4月上旬	70.80	30.88	45.95	50.92	19.40
4月中旬	70.80	30.88	45.95	50.92	19.40
4月下旬	70.80	30.88	45.95	50.92	19.40
5月上旬	69.40	332.10	762.26	1023.49	161.37
5月中旬	69.40	332.10	762.26	1023.49	161.37
5月下旬	76.34	33.33	49.56	54.91	20.95

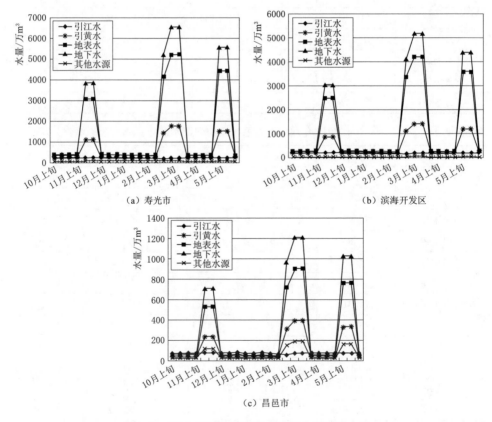

图 3.9 2017 年潍坊市各受水单元水量调配方案

如上所述，受水区潍坊市辖内的寿光市、滨海开发区和昌邑市 3 个受水单元，分别由双王城水库寿光分水口、引黄济青干渠的西分干分水口、胶东调水工程潍河倒虹吸出口西小章分水口供水。在求解上述各受水单元水量调配方案的同时，得到了 2017 年受水区潍坊市各分水口的逐旬供水方案（列于表 3.19，并绘于图 3.10），为实现输水沿线水量调配提供了量化依据。由结果可以看出，不同的分水口引江水量不同，双王城水库寿光分水口分水量最多，约为 210 万 m³，胶东调水工程潍河倒虹吸出口西小章分水口水量最少，约为 75 万 m³；同一分水口分水量随时间变化，以双王城水库寿光分水口为例，引江水量最大出现在 12 月下旬，为 236.71 万 m³，最小水量为 153.10 万 m³，出现在 2 月下旬。分水口供水量逐旬变化主要与生活、工业和生态用户用水量有关。

表 3.19　　　　　　　　　　2017 年潍坊市各分水口逐旬供水方案　　　　　　单位：万 m³

调水时段	双王城水库 寿光分水口	引黄济青干渠的 西分干分水口	潍河倒虹吸出口 西小章分水口
10 月上旬	200.90	180.00	69.11
10 月中旬	200.90	180.00	69.11
10 月下旬	220.99	198.00	76.02
11 月上旬	219.32	196.68	75.68
11 月中旬	219.32	196.68	75.68
11 月下旬	219.32	196.68	75.68
12 月上旬	215.19	192.94	74.21
12 月中旬	215.19	192.94	74.21
12 月下旬	236.71	212.23	81.63
1 月上旬	204.12	182.92	70.26
1 月中旬	204.12	182.92	70.26
1 月下旬	224.53	201.21	77.29
2 月上旬	191.37	171.38	65.71
2 月中旬	191.37	171.38	65.71
2 月下旬	153.10	137.10	52.57
3 月上旬	202.58	181.53	69.71
3 月中旬	202.58	181.53	69.71
3 月下旬	222.84	199.68	76.68
4 月上旬	205.63	184.29	70.80
4 月中旬	205.63	184.29	70.80
4 月下旬	205.63	184.29	70.80

续表

调水时段	双王城水库 寿光分水口	引黄济青干渠的 西分干分水口	潍河倒虹吸出口 西小章分水口
5月上旬	201.72	180.74	69.40
5月中旬	201.72	180.74	69.40
5月下旬	221.89	198.82	76.34

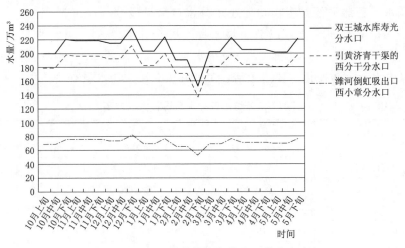

图 3.10　2017 年潍坊市各分水口供水方案

另外，受水单元水量调配方案还可明确各类水源在各受水单元生活、工业、农业和生态等用户中调配比例。潍坊市寿光市、滨海开发区和昌邑市不同用户中各类水源的调配水量和调配比例，如图 3.11～图 3.13 所示。从图中可以看出，各受水区不同用户的各类水源调配水量中，农业用户均最大，其次为生活、工业和生态用户。引江水主要用于生活和工业，生态占比较小，均不供给农业；引黄水、地表水、地下水和其他水源主要用于农业用水。

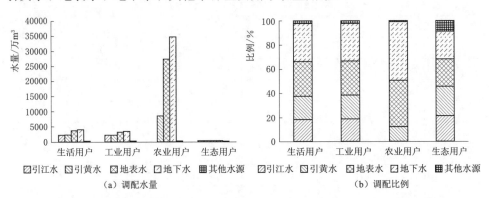

图 3.11　2017 年潍坊市寿光市不同用户中各类水源的调配水量和调配比例

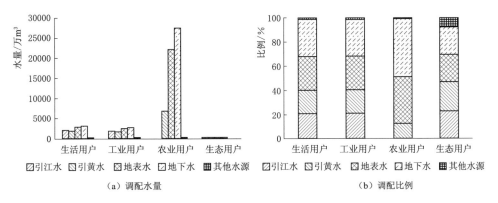

图 3.12　2017 年潍坊市滨海开发区不同用户中各类水源的调配水量和调配比例

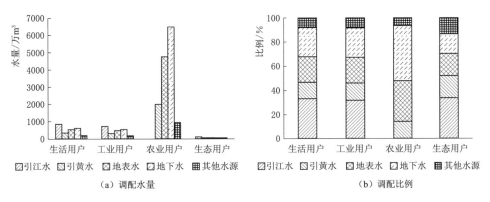

图 3.13　2017 年潍坊市昌邑市不同用户中各类水源的调配水量和调配比例

3.4.4.3　2017 年分水口供水方案与实际分水量比较

根据《南水北调东线第一期工程可行性研究总报告》，分水口向相应的受水单元供水，针对 2017 年调水，选取东线山东段部分分水口实际分水量与利用水量多目标优化调配技术得到的各分水口分水量进行对比，如图 3.14 所示。从图中可以看出，与实际分水水量比较，各分水口分水量变化趋势相同，绝大多数分水口分水量吻合较好，仅大屯水库德州分水口的分水量与实际分水量相差略大，相对误差为 16％。上述比较表明，利用本章水量多目标优化调配技术得到的分水口分水量和实际分水量基本吻合。

3.4.5　2020 水平年受水单元水量调配最优方案

2020 水平年，东线山东段有引江水、引黄水、地表水、地下水和其他水源等多种水源，考虑引黄水、地表水的丰枯遭遇，其中，引黄水水量依据丰枯遭遇划分为平水年、丰水年，地表水水量依据丰枯遭遇划分为特枯水年、枯水年、

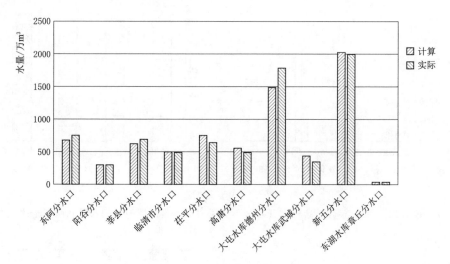

图 3.14　2017 年各分水口供水量对比

平水年及丰水年。

对于 2020 水平年，类似于 2017 年受水单元水量调配最优方案求解过程，进行东线山东段水量的空间调配和时间调配，计算 13 个受水区内 37 个受水单元的水量调配方案，形成 2020 水平年受水单元水量调配最优方案。同样，限于篇幅这里仅给出济南市和潍坊市辖区内的受水单元水量调配方案的结果。

3.4.5.1　济南市受水单元水量调配最优方案

济南市包括济南市区和章丘区 2 个受水单元。2020 水平年引黄水为平水年、地表水为特枯水年时济南市受水单元水量调配最优方案，即济南市区和章丘区水量调配方案，列于表 3.20 和表 3.21，并绘于图 3.15。在济南市区调配方案中，引江水供水量最大出现在 12 月下旬，为 391.52 万 m³，最小水量出现在 2 月下旬，为 253.90 万 m³；其他四种水源供水量最大出现在 3 月上旬和中旬，最小水量出现在 2 月上旬和中旬。这是因为农业用水时间集中，3 月中旬和下旬处于农业第二用水阶段，用水量最大。引江水不供给农业用水，因而其逐旬水量变化不明显，水量稳定在 315 万～375 万 m³。

表 3.20　　　　　　　　2020 水平年济南市区逐旬调配水量　　　　　　　　单位：万 m³

调水时段	引江水	引黄水	地表水	地下水	其他水源
10 月上旬	332.79	624.43	321.87	770.01	216.36
10 月中旬	332.79	624.43	321.87	770.01	216.36
10 月下旬	366.07	686.87	354.05	847.01	237.99
11 月上旬	362.61	692.78	350.62	856.72	234.07

续表

调水时段	引江水	引黄水	地表水	地下水	其他水源
11月中旬	362.61	3284.52	1169.98	4964.16	719.13
11月下旬	362.61	3284.52	1169.98	4964.16	719.13
12月上旬	355.92	677.46	344.17	837.28	230.10
12月中旬	355.92	677.46	344.17	837.28	230.10
12月下旬	391.52	745.20	378.59	921.01	253.11
1月上旬	338.01	636.39	326.90	785.19	219.46
1月中旬	338.01	636.39	326.90	785.19	219.46
1月下旬	371.81	700.03	359.59	863.71	241.40
2月上旬	317.38	589.09	307.00	725.17	207.19
2月中旬	317.38	589.09	307.00	725.17	207.19
2月下旬	253.90	4173.75	1416.11	6447.91	858.69
3月上旬	335.52	5258.78	1787.64	8112.66	1084.14
3月中旬	335.52	5258.78	1787.64	8112.66	1084.14
3月下旬	369.07	693.75	356.95	855.74	239.77
4月上旬	340.45	641.99	329.25	792.28	220.91
4月中旬	340.45	641.99	329.25	792.28	220.91
4月下旬	340.45	641.99	329.25	792.28	220.91
5月上旬	334.12	4515.07	1552.18	6935.02	944.72
5月中旬	334.12	4515.07	1552.18	6935.02	944.72
5月下旬	367.53	690.21	355.46	851.25	238.86

表 3.21　　　　　　2020 水平年济南市章丘区逐旬调配水量　　　　单位：万 m³

调水时段	引江水	引黄水	地表水	地下水	其他水源
10月上旬	68.16	127.89	65.92	157.71	44.31
10月中旬	68.16	127.89	65.92	157.71	44.31
10月下旬	74.98	140.68	72.52	173.48	48.75
11月上旬	74.27	141.90	71.81	175.47	47.94
11月中旬	74.27	672.73	239.63	1016.76	147.29
11月下旬	74.27	672.73	239.63	1016.76	147.29
12月上旬	72.90	138.76	70.49	171.49	47.13
12月中旬	72.90	138.76	70.49	171.49	47.13
12月下旬	80.19	152.63	77.54	188.64	51.84
1月上旬	69.23	130.35	66.96	160.82	44.95

续表

调水时段	引江水	引黄水	地表水	地下水	其他水源
1月中旬	69.23	130.35	66.96	160.82	44.95
1月下旬	76.15	143.38	73.65	176.90	49.44
2月上旬	65.00	120.66	62.88	148.53	42.44
2月中旬	65.00	120.66	62.88	148.53	42.44
2月下旬	52.00	854.86	290.05	1320.66	175.88
3月上旬	68.72	1077.10	366.14	1661.63	222.05
3月中旬	68.72	1077.10	366.14	1661.63	222.05
3月下旬	75.59	142.09	73.11	175.27	49.11
4月上旬	69.73	131.49	67.44	162.27	45.25
4月中旬	69.73	131.49	67.44	162.27	45.25
4月下旬	69.73	131.49	67.44	162.27	45.25
5月上旬	68.43	924.77	317.92	1420.43	193.50
5月中旬	68.43	924.77	317.92	1420.43	193.50
5月下旬	75.28	141.37	72.80	174.35	48.92

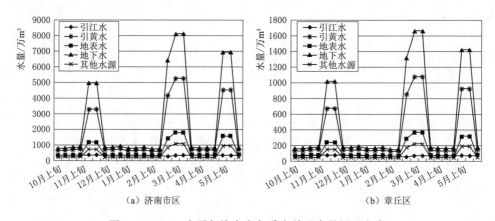

（a）济南市区　　　　　　　　　　　（b）章丘区

图 3.15　2020 水平年济南市各受水单元水量调配方案

受水区济南市辖内的济南市区和章丘区 2 个受水单元，济南市区由贾庄分水口、新五分水口和东湖水库济南分水口供水，章丘区由东湖水库章丘分水口供水。在求解上述各受水单元水量调配方案的同时，得到了 2020 水平年引黄水为平水年、地表水为特枯年份时受水区济南市各分水口的逐旬供水方案（列于表 3.22，并绘于图 3.16），为实现输水沿线水量调配提供了量化依据。由结果可以看出，不同的分水口引江水量不同，东湖水库济南分水口水量最多，约为 240 万 m³，贾庄分水口水量最少，约为 20 万 m³；且同一分水口不同时间分水量不同，以贾庄分水口为例，引江水量最大出现在 12 月下旬，为 23.51 万 m³，最小水量为 15.25 万 m³，出现在 2 月下旬。分水口供水量逐旬变化不大，主要是与生活、工业、生态等用户用水量稳定有关。

表 3.22   2020 水平年济南市各分水口逐旬供水方案   单位：万 m³

调水时段	贾庄分水口	新五分水口	东湖水库济南分水口	东湖水库章丘分水口
10 月上旬	19.99	101.94	229.86	51.31
10 月中旬	19.99	101.94	229.86	51.31
10 月下旬	21.99	112.13	252.85	56.44
11 月上旬	21.77	111.04	250.38	55.89
11 月中旬	21.77	111.04	250.38	55.89
11 月下旬	21.77	111.04	250.38	55.89
12 月上旬	21.37	109.00	245.78	54.86
12 月中旬	21.37	109.00	245.78	54.86
12 月下旬	23.51	119.90	270.36	60.35
1 月上旬	20.30	103.53	233.45	52.11
1 月中旬	20.30	103.53	233.45	52.11
1 月下旬	22.33	113.88	256.80	57.32
2 月上旬	19.07	97.23	219.25	48.94
2 月中旬	19.07	97.23	219.25	48.94
2 月下旬	15.25	77.79	175.40	39.15
3 月上旬	20.15	102.77	231.74	51.73
3 月中旬	20.15	102.77	231.74	51.73
3 月下旬	22.17	113.05	254.91	56.90
4 月上旬	20.45	104.28	235.13	52.48
4 月中旬	20.45	104.28	235.13	52.48
4 月下旬	20.45	104.28	235.13	52.48
5 月上旬	20.07	102.34	230.77	51.51
5 月中旬	20.07	102.34	230.77	51.51
5 月下旬	22.07	112.58	253.85	56.66

    另外，受水单元水量调配方案还可明确各类水源在各受水单元生活、工业、农业和生态等用户中调配比例。济南市区和章丘区不同用户中各类水源的调配水量和调配比例，如图 3.17 和图 3.18 所示。从图中可以看出，各受水区不同用户的各类水源调配水量中，农业用户均最大，其次生活、工业和生态用户。引

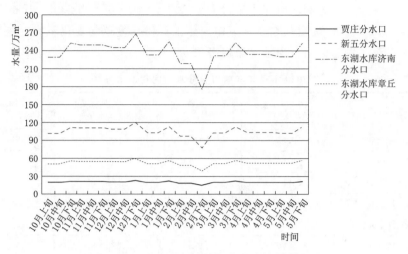

图 3.16　2020 水平年济南市各分水口供水方案

江水主要用于生活和工业，生态占比较小，均不供给农业；引黄水、地表水、地下水和其他水源主要用于农业用水。

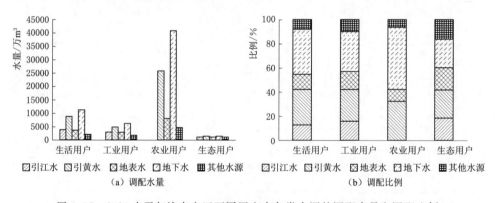

图 3.17　2020 水平年济南市区不同用户中各类水源的调配水量和调配比例

3.4.5.2　潍坊市受水单元水量调配最优方案

潍坊市包括寿光市、滨海开发区和昌邑市 3 个受水单元。2020 水平年引黄水为平水年、地表水为特枯水年时潍坊市受水单元水量调配最优方案，即寿光市、滨海开发区和昌邑市水量调配方案，列于表 3.23～表 3.25，并绘于图 3.19。在寿光市水量调配方案中，引江水供水量最大出现在 12 月下旬，为 241.53 万 m³，最小水量出现在 2 月下旬，为 157.67 万 m³。其他四种水源供水量最大出现在 3 月上旬和中旬，最小水量出现在 2 月上旬和中旬。这是因为农业用水时间集中，3 月中旬和下旬处于农业第二用水阶段，用水量最大。引江水不供给农业用水，因而其逐旬水量变化不明显，水量稳定在 160 万～240 万 m³。

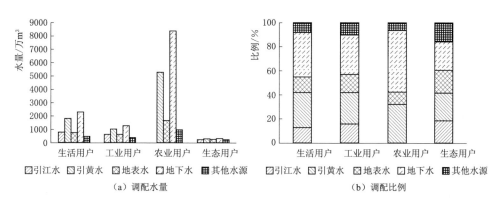

（a）调配水量　　　　　　　　　　　（b）调配比例

图 3.18　2020 水平年济南市章丘区不同用户中各类水源的调配水量和调配比例

表 3.23　　　　　　　　　　**2020 水平年潍坊市寿光市逐旬调配水量**　　　　　　单位：万 m³

调水时段	引江水	引黄水	地表水	地下水	其他水源
10 月上旬	206.15	252.04	279.15	524.17	115.18
10 月中旬	206.15	252.04	279.15	524.17	115.18
10 月下旬	226.76	277.25	307.07	576.58	126.70
11 月上旬	223.45	273.04	302.65	570.34	124.24
11 月中旬	223.45	1133.32	1385.94	3518.58	414.27
11 月下旬	223.45	1133.32	1385.94	3518.58	414.27
12 月上旬	219.57	268.33	297.38	559.98	122.21
12 月中旬	219.57	268.33	297.38	559.98	122.21
12 月下旬	241.53	295.17	327.11	615.98	134.43
1 月上旬	209.18	255.72	283.26	532.25	116.77
1 月中旬	209.18	255.72	283.26	532.25	116.77
1 月下旬	230.09	281.29	311.59	585.47	128.44
2 月上旬	197.20	241.18	267.00	500.29	110.49
2 月中旬	197.20	241.18	267.00	500.29	110.49
2 月下旬	157.76	1421.91	1761.16	4612.01	502.72
3 月上旬	207.73	1790.16	2215.75	5793.11	633.92
3 月中旬	207.73	1790.16	2215.75	5793.11	633.92
3 月下旬	228.50	279.36	309.43	581.23	127.61
4 月上旬	210.59	257.44	285.19	536.03	117.51
4 月中旬	210.59	257.44	285.19	536.03	117.51

续表

调水时段	引江水	引黄水	地表水	地下水	其他水源
4 月下旬	210.59	257.44	285.19	536.03	117.51
5 月上旬	206.92	1543.38	1905.13	4948.58	550.63
5 月中旬	206.92	1543.38	1905.13	4948.58	550.63
5 月下旬	227.61	278.27	308.21	578.84	127.14

表 3.24　　　　　　2020 水平年潍坊市滨海开发区逐旬调配水量　　　　单位：万 m³

调水时段	引江水	引黄水	地表水	地下水	其他水源
10 月上旬	164.92	201.63	223.32	419.33	92.14
10 月中旬	164.92	201.63	223.32	419.33	92.14
10 月下旬	181.41	221.80	245.65	461.27	101.36
11 月上旬	178.76	218.43	242.12	456.27	99.39
11 月中旬	178.76	906.65	1108.75	2814.86	331.42
11 月下旬	178.76	906.65	1108.75	2814.86	331.42
12 月上旬	175.66	214.67	237.90	447.99	97.77
12 月中旬	175.66	214.67	237.90	447.99	97.77
12 月下旬	193.22	236.13	261.69	492.78	107.55
1 月上旬	167.34	204.57	226.61	425.80	93.41
1 月中旬	167.34	204.57	226.61	425.80	93.41
1 月下旬	184.08	225.03	249.27	468.38	102.75
2 月上旬	157.76	192.95	213.60	400.24	88.39
2 月中旬	157.76	192.95	213.60	400.24	88.39
2 月下旬	126.21	1137.53	1408.93	3689.61	402.18
3 月上旬	166.18	1432.13	1772.60	4634.49	507.13
3 月中旬	166.18	1432.13	1772.60	4634.49	507.13
3 月下旬	182.80	223.49	247.54	464.98	102.09
4 月上旬	168.47	205.95	228.15	428.82	94.01
4 月中旬	168.47	205.95	228.15	428.82	94.01
4 月下旬	168.47	205.95	228.15	428.82	94.01
5 月上旬	165.53	1234.71	1524.11	3958.87	440.50
5 月中旬	165.53	1234.71	1524.11	3958.87	440.50
5 月下旬	182.09	222.62	246.57	463.07	101.71

表 3.25 　　　　　　　**2020 水平年潍坊市昌邑市逐旬调配水量** 　　　　　单位：万 m³

调水时段	引江水	引黄水	地表水	地下水	其他水源
10 月上旬	41.23	50.41	55.83	104.83	23.04
10 月中旬	41.23	50.41	55.83	104.83	23.04
10 月下旬	45.35	55.45	61.41	115.32	25.34
11 月上旬	44.69	54.61	60.53	114.07	24.85
11 月中旬	44.69	226.66	277.19	703.72	82.85
11 月下旬	44.69	226.66	277.19	703.72	82.85
12 月上旬	43.91	53.67	59.48	112.00	24.44
12 月中旬	43.91	53.67	59.48	112.00	24.44
12 月下旬	48.31	59.03	65.42	123.20	26.89
1 月上旬	41.84	51.14	56.65	106.45	23.35
1 月中旬	41.84	51.14	56.65	106.45	23.35
1 月下旬	46.02	56.26	62.32	117.09	25.69
2 月上旬	39.44	48.24	53.40	100.06	22.10
2 月中旬	39.44	48.24	53.40	100.06	22.10
2 月下旬	31.55	284.38	352.23	922.40	100.54
3 月上旬	41.55	358.03	443.15	1158.62	126.78
3 月中旬	41.55	358.03	443.15	1158.62	126.78
3 月下旬	45.70	55.87	61.89	116.25	25.52
4 月上旬	42.12	51.49	57.04	107.21	23.50
4 月中旬	42.12	51.49	57.04	107.21	23.50
4 月下旬	42.12	51.49	57.04	107.21	23.50
5 月上旬	41.38	308.68	381.03	989.72	110.13
5 月中旬	41.38	308.68	381.03	989.72	110.13
5 月下旬	45.52	55.65	61.64	115.77	25.43

　　如上所述，受水区潍坊市辖内的寿光市、滨海开发区和昌邑市 3 个受水单元，分别由双王城水库寿光分水口、引黄济青干渠的西分干分水口、胶东调水工程潍河倒虹吸出口西小章分水口供水。在求解上述各受水单元水量调配方案的同时，得到了 2020 水平年引黄水为平水年、地表水为特枯年份时受水区潍坊市各分水口的逐旬供水方案（列于表 3.26，并绘于图 3.20），为实现输水沿线水量调配提供了量化依据。由结果可以看出，不同的分水口引江水量不一样，双王城水库寿光分水口水量最多，约为 220 万 m³，胶东调水工程潍河倒虹吸出口西小章分水口水量最少，约为 40 万 m³；且同一分水口不同时间分水量不同，以

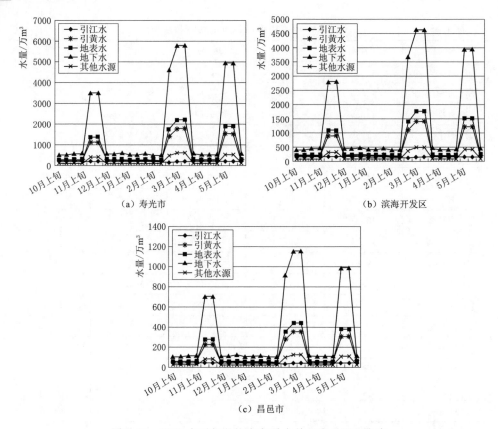

（a）寿光市 （b）滨海开发区

（c）昌邑市

图 3.19　2020 水平年潍坊市各受水单元水量调配方案

双王城水库寿光分水口为例，引江水量最大出现在 12 月下旬，为 241.53 万 m³，最小水量为 157.76 万 m³，出现在 2 月下旬。分水口水量逐旬变化不大，主要是与生活、工业、生态等用户用水量稳定有关。

表 3.26　　　　　　　　2020 水平年潍坊市各分水口逐旬供水方案　　　　　　单位：万 m³

调水时段	双王城水库 寿光分水口	引黄济青干渠的 西分干分水口	潍河倒虹吸出口 西小章分水口
10 月上旬	206.15	164.92	41.23
10 月中旬	206.15	164.92	41.23
10 月下旬	226.76	181.41	45.35
11 月上旬	223.45	178.76	44.69
11 月中旬	223.45	178.76	44.69
11 月下旬	223.45	178.76	44.69
12 月上旬	219.57	175.66	43.91
12 月中旬	219.57	175.66	43.91

续表

调水时段	双王城水库 寿光分水口	引黄济青干渠的 西分干分水口	潍河倒虹吸出口 西小章分水口
12 月下旬	241.53	193.22	48.31
1 月上旬	209.18	167.34	41.84
1 月中旬	209.18	167.34	41.84
1 月下旬	230.09	184.08	46.02
2 月上旬	197.20	157.76	39.44
2 月中旬	197.20	157.76	39.44
2 月下旬	157.76	126.21	31.55
3 月上旬	207.73	166.18	41.55
3 月中旬	207.73	166.18	41.55
3 月下旬	228.50	182.80	45.70
4 月上旬	210.59	168.47	42.12
4 月中旬	210.59	168.47	42.12
4 月下旬	210.59	168.47	42.12
5 月上旬	206.92	165.53	41.38
5 月中旬	206.92	165.53	41.38
5 月下旬	227.61	182.09	45.52

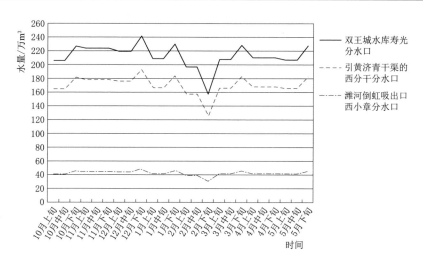

图 3.20 2020 水平年潍坊市各分水口供水方案

　　另外，受水单元水量方案还可明确各类水源在各受水单元生活、工业、农业和生态等用户中调配比例。潍坊市寿光市、滨海开发区和昌邑市不同用户中各类水源的调配水量和调配比例，如图 3.21～图 3.23 所示。从图中可以看出，各受水区不同用户的各类水源调配水量中，农业用户均最大，其次生活、工业和生态用户。引江水主要用于生活和工业，生态占比较小，均不供给农业；引黄水、地表水、地下水和其他水源主要用于农业用水。

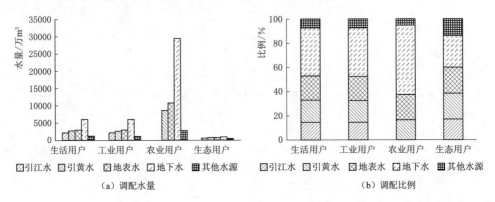

图 3.21　2020 水平年潍坊市寿光市不同用户中各类水源的调配水量和调配比例

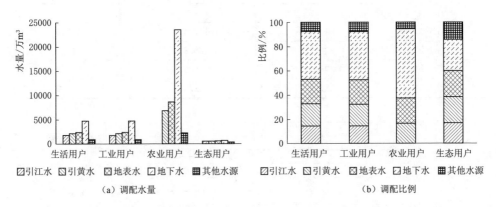

图 3.22　2020 水平年潍坊市滨海开发区不同用户中各类水源的调配水量和调配比例

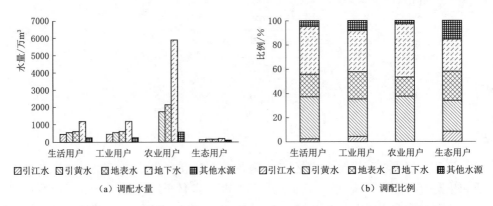

图 3.23　2020 水平年潍坊市昌邑市不同用户中各类水源的调配水量和调配比例

3.5 小　　结

　　针对分水口众多的复杂河渠湖库连通水网，提出了河渠湖库连通水量多目标优化调配技术，在第 2 章中利用水资源多维均衡调配技术得到的受水区水量调配最优方案的基础上，将水量进行再调配，调配至各受水区内的不同受水单元。该技术实现了多水源在区域内空间和时间上的逐级调配，应用动态权重系数的目标函数和主成分分析法，最终形成受水单元水量调配最优方案。

　　将河渠湖库连通水量多目标优化调配技术应用于南水北调东线山东段，在第 2 章得到的受水区水量调配最优方案基础上，结合该区域水网特点和沿线分水口分布情况，将水量进一步调配至 13 个受水区内的 37 个受水单元。选取 2017 年和 2020 水平年作为代表年份，对山东段多水源进行空间和时间上的逐级水量调配；根据目标函数动态权重系数，形成了不同水平年山东段连通水网受水单元水量调配方案群；通过主成分分析法评价各水量调配方案，最终得到 2017 年和 2020 水平年各受水单元水量调配最优方案。在求解各受水单元水量调配方案的同时，得到了各分水口的逐旬供水方案，为实现输水沿线水量调配提供了量化依据。同时，利用河渠湖库连通水量多目标优化调配技术得到的 2017 年典型分水口的分水量与实际调水量基本吻合，验证了该技术的合理性。

第4章

河渠湖库连通水量水质联合调配技术

对于复杂的河渠湖库连通水网，外调水与当地多水源并存，不同时段外调水水质不同，沿线各分水口水质亦随时空变化，水质指标随水量变化并非简单的线性函数。为保障供水水质，应研究整个区域水网的水质和水量变化规律，考虑水量-水质-调配之间的相互影响关系，制定水量水质联合调配方案。本章提出适用于区域水网的河渠湖库连通水量水质联合调配技术。

对于具体的区域水网，具有多水源多用户的特点，通常区域水网尺度大范围广，承担着向多座地级以上城市（受水区）和其辖内的数个县（市、区）（受水单元）调配水量的任务。在调配给受水区的各水源水量（第2章得到的受水区水量调配方案）确定之后，利用河渠湖库连通水量水质联合调配技术，依据外调水、分水口和关键控制断面水质指标实施分质供水，将各类水源水量进一步调配至受水区内的各受水单元及各用户，形成受水单元水量水质联合调配最优方案，即明确受水区内各受水单元及用户的调配水量。

本章的河渠湖库连通水量水质联合调配技术得到的是考虑区域水网水质变化的受水单元水量水质联合调配方案；而第3章的河渠湖库连通水量多目标优化调配技术得到的是不考虑水质变化的受水单元水量调配方案。显然，本章的河渠湖库连通水量水质联合调配技术比第3章的河渠湖库连通水量多目标优化调配技术多考虑了水质变化，实现了分质供水。

4.1 引　　言

河渠湖库连通水量水质联合调配技术是在原来单纯水量调配的基础上增加了水质，即在考虑水质时空变化的基础上对各类水源水量在区域水网内进行合理调配，其核心部分涉及水动力水质数值模拟和多目标优化模型等内容。

调水工程通水后，输水干线与原有众多河道、明渠、湖泊和水库形成复杂的河渠湖库连通水网，必然改变原有的水资源配置格局，同时输水干线的水质也将沿程发生变化。由于输水干线过长且与沿途河流、湖泊连通，受沿线环境不确定因素的影响，内源污染难以在短期内消除，进而影响输水干线沿程水质。例如，南水北调东线山东段为典型的河渠湖库连通水网，虽然沿线城市均制定了相应的水质保障政策措施，如禁止在明渠周围排污、在南四湖线主要入湖河道处设置人工湿地净化入湖河水、在渠道两侧还建立植物防护缓冲带等，但是来水的不确定性和连通水网的复杂性导致调水期内水质波动大，很难维持全线Ⅲ类水质标准。

区域水网水量与水质之间既相互联系又互相影响，水质指标对水量变化的反应并非一个简单的线性函数，正确认识水量对水质的影响是进行水量水质联合调配的基础。调配给受水区不同河段、不同时段的水体水质情况不一定相同，假设各时段的外调水在受水区按一定比例分配，如果该时段调配给受水区水质污染严重，那么优质的外调水将淹没在大量的劣质水中，不仅不能改善该受水区的水体水质，还会致使外调水水质受损，无法发挥应有的作用。相反，若将优质的外调水调入略微不达标的受水区而使得该受水区水质达标，则能更有效地发挥外调水的作用，缓解受水区供需水矛盾。因此，需要根据实际水量需求和水质需求，运用模拟模型与优化模型相结合的方法将外调水在受水区进行合理配置，使外调水得到高效利用，达到水量水质联合调配的目的。

水量水质联合调配研究内容主要包含了联合调配模型的构建、耦合、模拟和求解。Paredes-Arquiola等（2010）针对 Jucar 河流域复杂水资源系统建立了水量水质模型，采用 AQUATOOL 决策系统［包含 SIMGES（水量）和 GES-CAL（水质）模型］进行研究；Davidsen 等（2015）研究了下游水质约束对水库优化调度的影响，提出遗传算法与线性规划相结合的优化算法进行求解。董增川等（2009）建立了引江济太水量水质模拟与调度耦合模型，针对数值模拟的格式算法、优化调度的目标函数及约束条件、模拟与优化模型的协调衔接等关键环节，提出了合理可行的处理方法；赵璧奎等（2012）从原水系统水质水量联合调度出发，构建了集水量优化调度、水质仿真模拟和水质调度策略分析于一体的水质水量控制耦合模型；张守平等（2014）构建了供需平衡、耗水平衡和基于水资源优化配置的水质模拟系统，提出基于水功能区纳污能力的污染物总量分配优化模型，分析分质供水的实现方式以及不同模块之间的耦合关系，基于改进"三次平衡"思想，提出水量水质联合配置方案设置、识别缺水类型和污染物总量控制分配的决策思路；彭少明等（2016）通过数据实时传递与反馈实现水量水质的同步耦合，建立了具有循环迭代、在线反馈和滚动修正功能的水量水质一体化调配模型。

水量水质联合调配是以水质模拟模型和水量优化调配模型为基础，以模拟模型和优化模型耦合技术为核心，以研究水量-水质-调配方式的相互影响规律、探究合理的水量调配方案为目的的研究。当前的水量水质耦合技术，存在耦合深度不足的局限性。第一，从建模方法来看，水量水质联合调配多通过水量模型和水质模型的联合模拟来实现，耦合技术普遍采用"松耦合"的方式，即水量、水质模型分离，依次进行水量模拟和水质模拟，忽略了水量和水质的关联、互相作用及水质模拟结果对水量调配方案的改进作用。第二，将水质目标简化为一种约束条件，水质水量的模拟存在机理上的分离，缺乏模型内部的过程协调，不能体现实时反馈、及时优化的需求。第三，基于数值模拟的水质水量联合调配模型在进行求解时存在一定的不足，针对每组优化方案都需要调用模拟模型来求解水质响应指标，模型求解缓慢，计算负荷大。因此，建立水量水质的实时动态耦合模型非常必要，尽可能考虑多种目标约束条件，为实现复杂连通水网受水区的水量水质联合调配提供技术支撑。

近年来，随着系统优化理论和数值分析手段的不断发展和改进，水量和水质的联合调配有了更为可靠的技术支撑。对于规模较大、非线性的水量水质联合调配问题来说，代理模型法是一种能够有效地将数值模拟模型与优化模型耦合的方法。代理模型的建立包括两个步骤：①采用某种抽样方法在输入变量可行域内采集样本输入数据，代入模拟模型得到输出数据；②根据样本输入输出数据集，通过代理模型建模方法建立相应的代理模型。通过对代理模型进行训练和检验，使其和数值模拟模型具有相似的功能，即对于相同输入，代理模型和模拟模型的输出结果十分逼近甚至相同。这样，对优化模型进行迭代求解时无须调用模拟模型，只需调用代理模型即可，与模拟模型相比，代理模型的计算负荷大大减少，使其效率提高。

目前，常用的代理模型有：响应面模型、径向基函数模型和克里格模型等。将模拟模型用代理模型替代，为模拟模型与优化模型的耦合连接提供了一种有效的解决方法，避免了优化模型在每一次的迭代求解过程中由于多次调用模拟模型而造成巨大的计算负荷。但是这些代理模型大多应用在航空、汽车和机械设计等领域的体型和参数的优化，在水资源管理中应用较少。Sreekanth等（2011）针对沿海含水层模型，比较评估了遗传算法和人工神经网络代理模型的优缺点，说明了代理模型的适用性；Hussain 等（2015）利用改进的多项式回归法建立含水层代理模型，使得优化模型的计算复杂度和计算时间大大减少；罗建男（2014）对比拉丁超立方抽样法和最优拉丁超立方抽样法对抽样空间覆盖程度的影响，通过建立多相流数值模拟模型的克里格代理模型，获得了 DNA-PLs 污染含水层修复方案的最佳决策；程卫国（2015）建立地下水模拟模型的代理模型，采用遗传算法求解优化模型，得到优化的地下水开采方案和地下水位埋深分布。由于不同类型的代理模型具有不同的特点，目前尚无完全通用的代理模型，因此，在实际应用时应根据具体优化问题的非线性特性和规模大小等进行选择，对于不同类型问题的实用性还需进一步研究。

4.2 水量水质联合调配技术理论

河渠湖库连通水量水质联合调配技术（简称水量水质联合调配技术），其核心部分是同时考虑水量和水质需求，充分发挥调蓄工程的作用，在保障受水区水量需求的同时兼顾水质要求，得到受水单元水量水质联合调配方案。首先，建立区域水网水动力水质数学模型（模拟模型），进行区域水网水量水质模拟，明晰水量水质联动变化规律；其次，利用代理模型替代模拟模型，明确水量水质的输入输出响应关系；最后，建立水量水质联合调配模型并求解，得到受水单元水量水质联合调配方案，即明确受水区内各受水单元及用户的调配水量。

4.2.1 水动力水质数学模型

水动力水质数学模型包括水动力模型和水质模型。对于区域水网，在水动力模型计算出水位、流量和流速等水力信息的基础上，水质模型计算出水体中各类水质指标随时间及空间的变化情况，实现区域水网的水动力及水质模拟，明晰区域水网的水质变化。

4.2.1.1 水动力模型

针对河渠湖库连通水网的分布特点及调蓄能力，建立水动力模型，实现河渠湖库连通水网水流运动模拟。

1. 控制方程

水动力模型的控制方程为一维非恒定流方程，包括连续性方程和运动方程，即圣-维南（Saint - Venant）方程组。

连续性方程：

$$\frac{\partial A}{\partial t} + \frac{\partial Q}{\partial x} - q = 0 \tag{4.1}$$

运动方程：

$$\frac{\partial Q}{\partial t} + \frac{\partial QU}{\partial x} + gA\left(\frac{\partial z}{\partial x} + S_f\right) = 0 \tag{4.2}$$

式中：A 为过水断面面积，m^2；Q 为过水断面流量，m^3/s；x 为沿河道距离（纵向坐标），m；t 为时间，s；q 为旁侧入流或出流，m^2/s；U 为过流断面平均流速，m/s；z 为水位，m；S_f 为摩阻比降，$S_f = \frac{Q|Q|}{K^2}$，K 为流量模数，m^3/s；g 为重力加速度，m/s^2。

初始条件，通常是河道在某一时刻的水流状态，如河道明渠沿程各断面的水位和流量。

$$z(x,t)\big|_{t=0}=z(x,0)$$
$$Q(x,t)\big|_{t=0}=Q(x,0)$$

(4.3)

边界条件，主要有三种形式：给定水位过程、给定流量过程和给定水位-流量关系。

$$z(x,t)\big|_{x=0}=z(0,t) \quad z(x,t)\big|_{x=K}=z(K,t)$$

或 $$Q(x,t)\big|_{x=0}=Q(0,t) \quad Q(x,t)\big|_{x=K}=Q(K,t)$$ (4.4)

或 $$Q(x,t)\big|_{x=0,K}=f[Z(x,t)]$$

2. 求解方法

一维非恒定流求解采用四点隐式有限差分法，在求解区域 x - t 平面内，离散网格，如图 4.1 所示，可以计算得到每一节点的流量和水位值。对于交汇汊点处的求解，先将未知水力要素集中到汊点上，待汊点未知量求出后，再回代求解各河段未知量。

在一条河中主槽涨水时，水会漫入滩地，随着水量的增加，滩地中的水沿着一个较短的路径向下游输送；当水量减少到一定程度时，水又会从滩地流回主槽。由于水流的主要方向是沿着主槽的，所以这种二维流动问题可以用一维模型很好地模拟。主槽和滩地水流的相互关系，如图 4.2 所示。

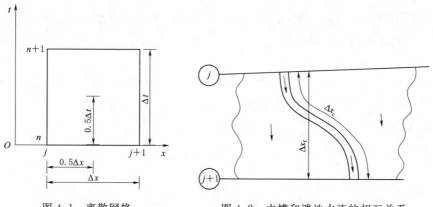

图 4.1　离散网格　　　　图 4.2　主槽和滩地水流的相互关系

这里根据 Fread（1976）和 Smith（1978）提出的方法对主槽和滩地进行处理，将主槽和滩地看成两条河道，然后分别列控制方程。主槽和滩地流量的分配与输水量有关，为

$$Q_c=\phi Q$$ (4.5)

式中：Q_c 为主槽里的流量，m^3/s；Q 为总流量，m^3/s；$\phi=K_c/(K_c+K_f)$，下标 c、f 分别代表主槽和滩地，K_c、K_f 分别为主槽和滩地的流量模数。根据这

样的假设，分别对主槽和滩地的连续性方程和运动方程各项进行离散，并分别将主槽与滩地两部分方程相加，式（4.1）和式（4.2）可写为

$$\frac{\partial A}{\partial t}+\frac{\partial(\phi Q)}{\partial x_c}+\frac{\partial[(1-\phi)Q]}{\partial x_f}-q_l=0 \tag{4.6}$$

$$\frac{\partial Q}{\partial t}+\frac{\partial(\phi^2 Q^2/A_c)}{\partial x_c}+\frac{\partial[(1-\phi^2)Q^2/A_f]}{\partial x_f}+gA_c\left(\frac{\partial z}{\partial x_c}+S_{fc}\right)+gA_f\left(\frac{\partial z}{\partial x_f}+S_{ff}\right)=0 \tag{4.7}$$

3. 水动力模型参数

水动力模型的待率定参数为河道糙率，糙率的精度直接影响着水动力模型的计算精度。天然河道的糙率与很多因素有关，如河床沙石粒径的大小和沙坡的形成或消失、河道弯曲程度、断面形状的不规则性、深槽中的潭坑、沙地上的草木、河槽的冲击以及整治河道。因此，河道糙率不仅沿河道的长度变化，而且在同一河道上也随水位的变化而不同。

4.2.1.2 水质模型

在上述河渠湖库连通水网水动力模型的基础上，建立水质模型，对该区域水网水质进行模拟。

1. 控制方程

水质模型的控制方程为一维对流扩散方程，即

$$\frac{\partial(AC)}{\partial t}+\frac{\partial(QC)}{\partial x}=\frac{\partial}{\partial x}\left(AD_x\frac{\partial C}{\partial x}\right)-F_cAC+S_c \tag{4.8}$$

式中：C 为水质指标浓度，mg/L；D_x 为纵向扩散系数，m²/s，一般取值为 $0.01\sim0.1$；F_c 为水质指标衰减系数，1/d；S_c 为水质指标源汇项，g/(m³·s)；其余符号意义同前。

初始条件：给定区域水网的初始时刻的水质指标浓度 C_0，即

$$C(x,t)|_{t=0}=C_0 \tag{4.9}$$

边界条件：给定调水水质指标浓度 C，即

$$C(x,t)|_{x=0}=C \tag{4.10}$$

2. 求解方法

水质模型的数值求解需要建立在水动力模型提供流场数据的基础上，两者的耦合实质上是通过建立水动力模型的断面与水质模型控制体之间的对应关系，利用全局变量调用技术将水动力模型[式（4.1）和式（4.2）]计算所得的每一时刻各断面的流速、流量等水力参数传递给水质模型，再求解式（4.8）水质浓度输运方程，从而得到浓度场。

定义一维河网水动力相邻断面间河段为水质模型的控制体，如图 4.3 所示，其中 $i-1$、i、$i+1$、…为水动力模型断面，$j-1$、j、$j+1$、…为水质模型的

控制体，每个水质模型控制体的交界面与水动力模型的断面相对应，水质计算点正好位于断面之间。相比以水动力模型断面为中心节点的控制体定义方式，这种以水动力模型断面为界面的控制体定义方式，具有如下优点：①水动力模型计算得到的流速、流量等水力参数可在控制体单元界面上直接定义，无须再进行二次空间插值，保证了水质模型使用的流场与水动力模型流场的一致性；②只需要对水质进行跨单元界面的空间插值，计算量大为减少。

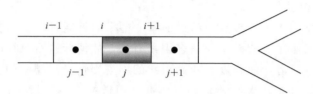

图 4.3　一维水质模型有限控制体与一维水动力模型断面的耦合

水质浓度输运方程对流项采用非均一网格的 ULTIMATE/QUICKEST 格式求解，扩散项采用隐式中心差分求解。运用显式、三阶精度的 QUICKEST 格式的同时应用 ULTIMATE 全局限制既消除了锋头边缘的虚假震荡，又能保持 QUICKEST 格式的高阶精度。ULTIMATE/QUICKEST 利用三点拉格朗日插值函数求出一附加的空间项，即网格交界面上的浓度，来计算对流通量，三个上游加权格子点的权重由网格长度和交界面处的速度决定。

3. 水质模型参数

水质模型参数的确定有单一估值法和同时估值法等方法。在没有条件逐项测定模型的各个参数时，一般采用多参数同时估值法。水质模型建立后，可根据实测资料率定出参数值。

根据实际需求选取水质指标，如化学需氧量、溶解氧、总氮、总磷和氨氮等。研究表明，河流的几何尺寸和水动力等特性与水体中污染物衰减过程紧密相关，河流流速越大水体中污染物衰减率越大。根据实测的水文、水质数据，率定各水质指标的衰减系数。

对于具体的区域水网，根据研究内容和已知资料设定模型的初始条件，主要包括初始水位、初始流量、初始水质指标浓度等；设定模型的边界条件，包括模型边界处的流量时序、水位时序、水质指标浓度时序、泵站提水流量、过闸流量和蒸发渗漏等。

4.2.2　基于代理模型的水量水质输入输出响应关系

上述建立水动力水质数学模型（模拟模型）的主要目的是明晰区域水网的

水质状态及变化，得到受水区分水口及关键控制断面水质指标浓度，进而得到这些断面水质指标浓度与流量的对应关系，用于下文 4.2.3 水量水质联合调配模型中的环境目标函数。由于水量水质联合调配模型优化迭代过程中产生的每一组调配方案，需要变化一次调配水量（对应分水口及关键断面的流量变化），进而调用一次水动力水质数学模型（模拟模型）进行计算，得到对应该调配水量的分水口及关键断面的水质指标浓度，该水动力水质数学模型（模拟模型）将被频繁反复调用，这将导致过大的计算负荷。

为了解决这个问题，引入代理模型替代水动力水质数学模型，得到水量水质的输入输出响应关系。通过对代理模型进行训练和检验，使其和水动力水质数学模型的结果足够逼近，即对于相同输入，代理模型和模拟模型的输出结果十分接近甚至相同，以此来替代模拟模型的输入输出关系。与模拟模型相比，代理模型的计算负荷则要小得多，因为在对优化模型进行迭代求解时，只需调用代理模型即可，无须调用模拟模型，可大大减少计算所需的时间。

代理模型（Surrogate Model），又称为响应面模型（Response Surface Model）、元模型（Meta Model）或近似模型（Approximation Model）。其基本原理是采用有限的试验样本点，通过数理统计的方法建立设计参数与目标函数之间的近似函数关系，进而预测未知点的输出响应，可大幅降低计算耗时，进而提高优化效率。

代理模型用下式来描述输入变量和输出响应之间的关系：

$$y(x) = \tilde{y}(x) + \varepsilon \tag{4.11}$$

式中：$y(x)$ 为响应实际值，是未知函数；$\tilde{y}(x)$ 为响应近似值，是一个已知的多项式；ε 为近似值与实际值之间的随机误差，通常服从 $(0, \sigma^2)$ 的标准正态分布。

建立代理模型的过程包括：①样本数据采集；②选择代理模型类型；③构建代理模型；④代理模型精度评估；⑤如果代理模型精度不够，则需更新模型（增加更多的样本数据或更改模型参数等），提高其精度，重复上述操作；⑥如果代理模型具有足够精度，则可用该代理模型替代模拟模型。

4.2.2.1 抽样

在代理模型构建之前，需要一组由设计参数以及相应的目标函数所构成的数据集，即在输入变量可行域内，选择有限的样本点以最大程度反映设计空间的信息（如目标函数等）。这里选择调水水质指标浓度、分水口流量和分水口水质指标初始浓度等作为输入变量，在输入变量可行域内进行抽样，得到输入变量数据集。

抽样基本要求是要保证所抽取的样本对全部样本具有充分的代表性。目前，常用的抽样方法有：正交列阵（Orthogonal Arrays，OA）、中心组合设计

（Central Composite Design，CCD）、Box – Behnken 设计、拉丁超立方设计（Latin Hypercube Design，LHD）和最优拉丁超立方设计（Optimal Latin hypercube design，Opt LHD）等。

1. 拉丁超立方设计

拉丁超立方设计（LHD）方法是应用于计算机仿真试验的一种多维分层抽样方法。LHD 避免了样本点在小范围内聚集，具有一定的"空间填充"特性，是现阶段比较流行的一种试验设计方法。LHD 基本原理是在 n 个随机变量中，将每一个参数的坐标区间 $[x_k^{\min}, x_k^{\max}]$，$k \in [1, n]$ 分为等概率的 m 个区间，每个小区间表示为 $[x_k^{i-1}, x_k^i]$，$i \in [1, m]$，被抽到的概率都是 $1/m$。随机抽取 m 个点，保证一个参数的每个水平只被抽取一次，即构成 n 维空间、样本数为 m 的拉丁超立方设计方法。图 4.4 为两个设计参数（x_1 和 x_2）、10 个样本点的 LHD 示意图。

LHD 与简单随机抽样相比，可将抽样区间以等概率分成不重叠的抽样子区间，在每个区间内分别抽样，能够将样本点更好地布满整个抽样空间。同时，拉丁超立方设计方法可以用同样的点数研究更多的组合，以拟合二阶或非线性的关系。但是，LHD 是采用随机组合的方式来生成设计矩阵，可能得到的结果有很多种，易存在样本点分布不够均匀的情况，随着随机变量的数量增加，丢失设计空间的一些区域的可能性将会增加。为了弥补样本点分布不均问题，需要对拉丁超立方设计方法进行改进，即最优拉丁超立方设计方法。

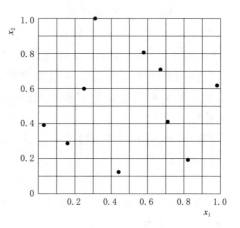

图 4.4　拉丁超立方设计方法

2. 最优拉丁超立方设计

最优拉丁超立方设计（Opt LHD）方法改进了拉丁超立方设计方法的均匀性，在其基础上增加了优化准则，用某种优化方法求得此准则下最优的拉丁超立方设计，再进行随机抽样，使因子和响应的拟合更加精确真实。拉丁超立方和最优拉丁超立方设计方法对比，如图 4.5 所示。

衡量拉丁超立方设计方法样本点好坏的重要准则是空间填充性。空间填充性能够使得样本点尽量散布于整个抽样空间，令样本点对抽样空间具有更高的代表性。常用的空间填充性度量准则有极大极小距离、ϕ_p 准则、熵和偏差等。

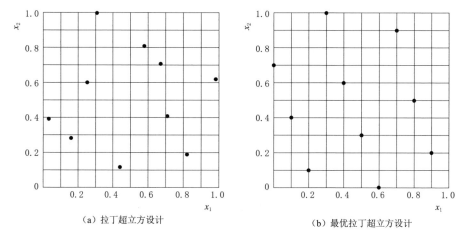

（a）拉丁超立方设计　　　　　　　　　　（b）最优拉丁超立方设计

图 4.5　拉丁超立方和最优拉丁超立方设计方法对比

4.2.2.2　代理模型

将输入变量数据集（调水水质指标浓度、分水口流量和分水口水质指标初始浓度等）代入所建立的水动力水质数学模型，求解得到相应的各分水口和关键控制断面的水质指标浓度，作为输出变量数据集；基于输入输出变量数据集，选用适当的代理模型替代水动力水质数学模型，对于所考虑的 k 种水质指标，建立 k 个代理模型，基于代理模型得到水量水质输入输出响应关系。

常用的代理模型建模方法有多项式回归法、径向基函数法和克里格法等。

1. 多项式回归法

多项式回归法（Polynomial Regression，POLY）是原理比较简单的代理模型建模方法，利用多项式函数对目标函数进行近似，在工程优化设计中应用最广泛。多项式回归法对非线性程度不高的模拟模型拟合效果较好。一阶多项式模型为线性模型，其精度较低，在实际应用中使用较少。常用的多项式模型一般不超过四阶，多项式模型阶数越高，其模型精度越高，但随之产生的计算量也逐步增加，同时会使代理模型算法稳定性变差。在实际应用中，考虑到模型精度与计算量之间的权衡，多采用二阶多项式模型，既能捕捉响应值的整体趋势，又能滤除数值噪声，容易构造、计算简单、工作量少。二阶多项式模型的数学表达式为

$$y = \beta_0 + \sum_{i=0}^{n} \beta_i x_i + \sum_{i=0}^{n} \beta_{ii} x_i^2 + \sum_{i=1}^{n-1} \sum_{j=i+1}^{n} \beta_{ij} x_i x_j \tag{4.12}$$

式中：x_i 为 n 维自变量；β_0、β_i、β_{ii} 和 β_{ij} 为多项式回归系数。二阶多项式模型中共有 $(n+1)(n+2)/2$ 个待定参数，因此用于构建代理模型的样本点数量至少需要 $(n+1)(n+2)/2$ 个样本。多项式系数由最小二乘法确定，其计算公

式为

$$\beta = [X^{\mathrm{T}}X]^{-1}X^{\mathrm{T}}Y \tag{4.13}$$

式中：β 为 β_0、β_i、β_{ii} 和 β_{ij} 组成的系数矩阵；X 为自变量组成的样本点矩阵；Y 为样本点的响应输出矩阵。

2. 径向基函数法

径向基函数法（Radial Basis Function，RBF）是以样本点与待测点之间的欧氏距离为自变量，以径向函数作为基函数，通过线性叠加这些基函数来构造代理模型。对于非线性问题，径向基模型具有结构简单、运算稳定、处理高阶非线性数学问题能力强等特点，是较为常用的代理模型。其表达式为

$$y(x) = \sum_{i=1}^{n} r_i \psi(\parallel x - x_i \parallel) \tag{4.14}$$

式中：n 为样本点数量；x_i 为第 i 个样本点；$\parallel x - x_i \parallel$ 为待测点 x 与样本点 x_i 的欧氏距离；ψ 为基函数；$r = [r_1, r_2, \cdots, r_q]^{\mathrm{T}}$ 为权系数，应满足如下插值条件：

$$y(x_i) = F_i \tag{4.15}$$

式中：F_i 为精确值；$y(x_i)$ 为预测值，于是得到

$$Ar = F \tag{4.16}$$

$$r = A^{-1}F \tag{4.17}$$

其中，$A = \begin{bmatrix} \psi(\parallel x_1 - x_1 \parallel) \cdots \psi(\parallel x_1 - x_n \parallel) \\ \vdots \qquad\qquad \vdots \\ \psi(\parallel x_n - x_1 \parallel) \cdots \psi(\parallel x_n - x_n \parallel) \end{bmatrix}$, $F = \begin{bmatrix} F(x_1) \\ \vdots \\ F(x_n) \end{bmatrix}$。

常用的径向函数有高斯函数、多二次函数和逆多二次函数。

高斯函数：
$$\psi(x) = \exp\left(-\frac{x^2}{c^2}\right) \tag{4.18}$$

多二次函数：
$$\psi(x) = \sqrt{x^2 + c^2} \tag{4.19}$$

逆多二次函数：
$$\psi(x) = \frac{1}{\sqrt{x^2 + c^2}} \tag{4.20}$$

式中：c 为非负常数。

3. 克里格法

克里格模型（Kriging）是一种基于随机过程的估计方差最小的无偏估计模型，对区域化变量进行线性无偏和最优估计。Kriging 法最早由南非学者 Danie Krige 于 1951 年提出，被应用于地质统计学中确定矿产储量分布。Sacks 等于 1989 年研究了基于 Kriging 模型的计算机试验分析和设计技术，将克里格方法应用于代理模型建模中，随后该方法被广泛应用于航天、航空和汽车等多个领域。

Kriging 模型基本的表达式为

$$y(x) = \sum_{i=1}^{k} \beta_i f_i(x) + Z(x) \tag{4.21}$$

式中：$f_i(x)$ 为确定的基函数，一般为零阶、一阶或二阶多项式函数；β_i 为对应的系数，$\sum_{i=1}^{k} \beta_i f_i(x)$ 为确定性的函数项，是全局的近似模拟；$Z(x)$ 为随机分布误差函数，是局部偏差的近似模拟，由均值为 0、方差为 σ^2 的协方差矩阵表示，其关系式为

$$\text{cov}[z(x_i), z(x_j)] = \sigma^2 R[R(x_i, x_j)] \tag{4.22}$$

式中：$R(x_i, x_j)$ 为任意两个样本点 x_i 和 x_j 之间的空间相关函数，只与 x_i 和 x_j 的距离有关，而与 x_i 和 x_j 的位置无关。相关函数种类很多，在实际应用中常用的有指数函数、线性函数、高斯函数和样条函数等。

指数函数： $$R(x_i, x_j) = \exp\left[-\sum_{k=1}^{n} \theta_k \mid x_i^k - x_j^k \mid\right] \tag{4.23}$$

线性函数： $$R(x_i, x_j) = \max\left\{0, 1 - \sum_{k=1}^{n} \theta_k \mid x_i^k - x_j^k \mid\right\} \tag{4.24}$$

高斯函数： $$R(x_i, x_j) = \exp\left[-\sum_{k=1}^{n} \theta_k \mid x_i^k - x_j^k \mid^2\right] \tag{4.25}$$

样条函数：

$$R(x_i, x_j) = \begin{cases} 1 - 15\xi_i^2 + 30\xi_i^3 & (0 \leqslant \xi_i \leqslant 0.2) \\ 1.25(1-\xi_i)^3 & (0.2 \leqslant \xi_i \leqslant 1, \ \xi_i = \theta_i \mid x_i^k - x_j^k \mid) \\ 0 & (\xi_i \geqslant 1) \end{cases} \tag{4.26}$$

以上式中：n 为变量的数量；x_i^k 为第 i 个采样点的 k 维坐标；$\theta = [\theta_1, \theta_2, \cdots, \theta_n]$ 为相关参数，一般由最大似然估计（Maximum Likelihood Estimation，MLE）方法来确定。

4.2.2.3 代理模型的精度检验

代理模型的优势在于可以用有限的样本表示输入输出响应关系，但是代理模型是建立在拟合、插值等技术之上，并不能够完整地体现研究目标的特性。因此，为了确保代理模型的准确性，需要对其进行精度的验证，以此来选择适用的代理模型。代理模型精度评估主要体现在两个方面：一方面是体现样本点的重现能力，通过评价样本点的精度来评估代理模型的精度；另一方面是体现非样本点的预测能力，通过其他的样本点，即测试样本点，对代理模型预测精度进行评估。为了全面地评估代理模型的预测精度，这里选用目前国内外常用的三种评估指标：确定性系数（R^2）、平均绝对误差（MAE）和平均相对误差（MRE）。

确定性系数（R^2）：

$$R^2 = 1 - \frac{\sum\limits_{i=1}^{n}(y_i - \hat{y}_i)^2}{\sum\limits_{i=1}^{n}(y_i - \overline{y}_i)^2} \tag{4.27}$$

平均绝对误差（Mean Absolute Error，MAE）：

$$\text{MAE} = \frac{\sum\limits_{i=1}^{n}|y_i - \hat{y}_i|}{n} \tag{4.28}$$

平均相对误差（Mean Relative Error，MRE）：

$$\text{MRE} = \frac{\sum\limits_{i=1}^{n}\dfrac{|y_i - \hat{y}_i|}{y_i}}{n} \tag{4.29}$$

以上式中：n 为样本的数量；y_i 为第 i 个样本点的模拟模型计算值；$\hat{y}_i$ 为第 i 个样本点的代理模型响应值；$\overline{y}_i$ 为第 i 个样本点的模拟模型计算值的均值。R^2 的值越接近于 1，MAE 和 MRE 的值越接近于 0，表示代理模型的拟合精度越高。

4.2.3　水量水质联合调配模型

对于复杂的河渠湖库连通水网来说，受水区可能对应一个或多个分水口，每个分水口又可能向一个或多个受水单元供水。供水水源一般包括外调水、地表水、地下水和其他水源，受水用户通常包括生活、工业、农业和生态用水，供水过程中同时考虑水量均衡调配及水质要求。因此，受水区水量水质的联合优化调配实质是将各类水源在河渠湖库连通水网中进行时间、空间、数量、质量以及用户间的合理分配，具有多水源、多用户、多目标的属性，该问题可以归结为多目标优化问题。

根据受水区水量水质的实际需求，建立水量水质联合调配模型。随着受水单元数量、用户数量和水质指标的增加，模型计算量急剧增加，会出现"维数灾"问题。为解决此问题，基于降维思想，将水量水质联合调配模型分解为两层递阶模型，实现多水源联合调配和多用户间的优化配置，两层模型既相互独立，又相互联系：第一层为受水单元间优化调配模型，考虑各分水口和关键控制断面水质指标浓度，将各类水源在不同受水区的受水单元之间进行调配；第二层为受水单元内优化调配模型，将各受水区受水单元的调配水量进行再分配，配置到不同的用户。确定各层模型目标函数及所需满足的约束条件，合理配置多种水源，制定受水单元水量水质联合调配方案。

4.2.3.1　受水单元间优化调配模型

1. 目标函数

受水单元间优化调配模型为水量和水质两个模块的动态耦合体。考虑多种水源，在水量方面，尽量提高供水保证率，最大限度满足受水区用水需求；在水质方面，使受水区的水质指标浓度达到最小，尽量达到具体区域所要求的水质等级标准。从受水区水量及水质联合调配的角度出发，考虑以下目标函数：

（1）社会目标。考虑各受水单元用户对水量的需求，以各受水单元总缺水量指标构造目标函数。

$$\min f_1 = \sum_{t=1}^{T} \sum_{i=1}^{I} \left(\frac{D_{it} - \sum_{j=1}^{J} W_{ijt}}{D_{it}} \right)^2 \qquad (4.30)$$

式中：i 为不同受水单元（$i=1,2,\cdots,I$）；j 为不同水源（$j=1,2,\cdots,J$）；t 为时段数（$t=1,2,\cdots,T$）；D_{it} 为第 t 时段受水单元 i 的需水量，万 m³；W_{ijt} 为第 t 时段水源 j 供给受水单元 i 的调配水量，万 m³。

（2）环境目标。控制各分水口和关键控制断面水质指标浓度最小。

$$\min f_2 = \sum_{i=1}^{I} \beta_n \left[\phi_k (W_{njt}) \right]^2 \qquad (j=1) \qquad (4.31)$$

式中：β_n 为分水口 n 的水质权重系数，根据分区的相对重要性和实际需求综合确定；$j=1$ 为水源为引江水；n 为不同分水口（$n=1,2,\cdots,N$）；$W_{njt}=\sum_{i=1}^{m_n} W_{ijt}(j=1)$ 为第 t 时段引江水供给分水口 n 的调配水量，万 m³；$\phi_k(W_{njt})$ 为第 t 时段分水口 n 调配水量 W_{njt} 条件下水质指标 k 的响应函数，通过该函数实现水量水质的输入输出响应。

（3）经济目标。各受水单元调水成本最小。

$$\min f_2 = \sum_{i=1}^{I} \sum_{j=1}^{J} C_{ij} \left(\sum_{t=1}^{T} W_{ijt} \right) \qquad (4.32)$$

式中：C_{ij} 为水源 j 向受水单元 i 供水的供水成本系数，元/m³。

2. 约束条件

（1）需水量约束：

$$W_{it\min} \leqslant \sum_{j=1}^{J} W_{ijt} \leqslant W_{it\max} \qquad (4.33)$$

式中：$W_{it\min}$、$W_{it\max}$ 为第 t 时段受水单元 i 需水量的下限和上限。

（2）供水量约束：

$$\sum_{t=1}^{T} \sum_{i=1}^{I} W_{ijt} \leqslant G_{j\max} \qquad (4.34)$$

式中：$G_{j\max}$ 为水源 j 的最大可供水量。

（3）关键控制断面水位约束：

$$Z_{l\min} \leqslant Z_{lt} \leqslant Z_{l\max} \tag{4.35}$$

式中：$Z_{l\min}$、$Z_{l\max}$ 为第 t 时段关键控制断面 l 的最低和最高控制水位。

（4）水质指标浓度约束：

$$C_{nt\min}^k \leqslant \phi_k(W_{njt}) \leqslant C_{nt\max}^k \quad (j=1) \tag{4.36}$$

式中：$C_{nt\min}^k$、$C_{nt\max}^k$ 为第 t 时段分水口 n 水质指标 k 浓度的下限和上限。

（5）非负约束：

$$W_{ijt} \geqslant 0 \tag{4.37}$$

4.2.3.2　受水单元内优化调配模型

第二层模型以各受水单元缺水量和成本最小为目标函数，以受水单元各用户的需水量以及各水源可供水量为约束条件，实现各类水源在各受水单元内不同用户间的调配。

1. 目标函数

（1）社会目标。各用户总缺水量最小。

$$\min f_i = \sum_{t=1}^T \sum_{p=1}^P \left(\frac{D_{pt} - \sum_{j=1}^J W_{jpt}}{D_{pt}} \right)^2 \tag{4.38}$$

式中：j 为不同水源（$j=1,2,\cdots,J$）；p 为不同用户（$p=1,2,\cdots,P$）；t 为时段数（$t=1,2,\cdots,T$）；W_{jpt} 为第 t 时段水源 j 供给用户 p 的调配水量，万 m^3；D_{pt} 为第 t 时段用户 p 的需水量，万 m^3。

（2）经济目标。各用户调水成本最小。

$$\min f_2 = \sum_{j=1}^J \sum_{p=1}^P C_{jp} \left(\sum_{t=1}^T W_{jpt} \right) \tag{4.39}$$

式中：C_{jp} 为水源 j 向用户 p 供水的供水成本系数，元/m^3。

2. 约束条件

（1）需水量约束：

$$W_{pt\min} \leqslant \sum_{j=1}^J W_{jpt} \leqslant W_{pt\max} \tag{4.40}$$

式中：$W_{pt\min}$、$W_{pt\max}$ 为第 t 时段用户 p 的需水量的下限和上限。

（2）供水量约束：

$$\sum_{t=1}^T \sum_{p=1}^4 W_{jpt} \leqslant G_{jt\max} \tag{4.41}$$

式中：$G_{jt\max}$ 为第 t 时段受水单元 i 中水源 j 的最大可供水量。

（3）非负约束：

$$W_{jpt} \geqslant 0 \qquad\qquad (4.42)$$

4.2.3.3 水量水质联合调配模型求解方法

水量水质联合调配模型为两层递阶模型：第一层为受水单元间优化调配模型，考虑各分水口和关键控制断面水质指标浓度，将各类水源分配到受水区的不同受水单元；第二层为受水单元内优化调配模型，将各受水区受水单元的调配水量分配到不同的用户。水量水质联合调配模型综合考虑供水条件、需水要求、防洪安全及水质指标限制，以目标函数和约束条件的形式来表达。其中，环境目标中 $\phi_k(W_{njt})$ 为第 t 时段分水口 n 调配水量 W_{njt} 条件下水质指标 k 的响应函数，通过该函数实现水量水质的输入与输出响应关系。对于每个时段的水量调配方案，直接调用基于代理模型得到的水质水量输入输出响应关系（详见4.2.2 节内容），大大提升了模型优化迭代效率。

水量水质联合调配模型是多目标优化问题，求解多目标优化问题常用的方法为启发式算法，其中根据遗传和进化理论而开发的遗传算法是较经典的智能算法。遗传算法具有适应性强和具有全局性等特点，可以求解非线性、多变量的优化问题。在遗传算法的基础上，引入快速非支配排序算法、拥挤距离和精英策略选择算子，形成非支配排序遗传算法（NSGA-Ⅱ），被公认为是最有效的多目标遗传算法之一。因此，这里采用 NSGA-Ⅱ算法对优化模型进行求解水量水质联合调配优化模型，结合实际条件，制定受水单元水量水质联合调配方案。

1. 遗传算法

遗传算法作为一种全局优化搜索算法，具有简单通用、鲁棒性强、适于并行处理以及应用范围广等显著特点。遗传算法的优化机理是：从随机生成的初始种群出发，采用基于优胜劣汰的选择策略选择优良个体作为父代；然后通过父代个体的复制、交叉和变异来繁衍进化的子代种群。经过多代的进化，种群的适应性会逐渐增强。针对一个具体的优化问题来说，优化过程结束时，具有最优适应值的个体所对应的设计变量值便是优化问题的最优解。

设种群规模为 N，进化代数为 G，遗传算法的操作流程如下：

（1）种群初始化。对种群中的 N 个个体进行初始化操作。根据问题要求的精度，染色体编码的方式可分为二进制编码、实数编码和符号编码等，以实现解空间到遗传算法搜索空间的映射。

（2）个体评价。根据优化的目标函数计算种群中个体的适应度。适应度用来评判解个体的优劣性，遗传操作根据适应度的大小决定个体繁殖的机会，适应度值大的个体得到繁殖的机会大于适应度值小的个体，从而使得新种群的平均适应度值高于旧群体的平均适应度值。

（3）遗传操作。群体的演化依靠选择、交叉和变异三种遗传算子作用于当前种群并产生新一代种群来实现。

第一，选择算子。设计合适的选择算子来对当前种群个体进行选择，被选择的个体将进入交配池中作为产生下一代种群的父代种群。不同的选择策略将导致不同的选择压力。较大的选择压力可有较高的概率选中最优个体，从而使得算法收敛速度较快，但也较容易出现过早收敛的现象；较小的选择压力能使种群保持足够的多样性，从而增大算法收敛到全局最优的概率，但算法收敛速度一般较慢。常用的选择操作有按比例选择、轮盘赌选择和锦标赛选择等。

第二，交叉算子。将两个父代个体的部分结构加以替换重组而生成新个体。交叉操作使得下一代获得新的优良个体，提高了算法的搜索能力，它直接影响着遗传系统的性能。交叉算子需要预先指定，交叉概率越高，群体中新结构的引入越快，已获得的优良基因结构的丢失速度也相应升高；而交叉概率太低则可能导致搜索阻滞。交叉算子的类型有单点交叉、多点交叉和均匀交叉等。

第三，变异算子。以一定概率选择某一基因值，通过改变该基因值来获取新的个体。变异操作是保持物种多样性的重要途径，防止种群陷入局部最优。变异算子需要预先指定，变异概率太小，可能使某些基因过早丢失的信息无法恢复；而变异概率过高，则遗传搜索将变成随机搜索。

（4）进行下一轮的迭代，直至迭代次数达到最大的迭代次数，遗传算法选优过程结束。

2. 非支配排序遗传算法

对于一个多目标优化问题而言，问题的最优解可能不止一个而是一组，这组最优解通常被称为相应多目标优化问题的一个非支配解集，即是 Pareto 解集，在目标函数空间中的像称为 Pareto 前沿。求解多目标优化问题的解法有很多，比如常见的目标规划方法、目标分解方法和目标化归一化方法等。

非支配排序遗传算法 NSGA－Ⅱ算法由 Kalyanmoy Deb（2000）提出，该算法是求解多目标最优解集（Pareto 解集）的有效方法，被公认为最有效的多目标遗传算法之一，并广泛应用于各个领域。对比第一代 NSGA 算法，NSGA－Ⅱ算法主要有三方面的改进：①提出了快速非支配排序算法，降低了计算复杂度，且保留了最为优秀的所有个体；②引进精英策略，保证优良种群个体在进化过程中不被丢弃，提高了优化精度；③引入了"拥挤距离"的概念，表征个体之间的聚集程度，对个体"拥挤距离进"行排序时，不会削除 Pareto 前沿的端头部分，保证了种群的多样性。

图 4.6 给出了 NSGA－Ⅱ原理图。设种群规模为 N，进化代数为 G，NSGA－Ⅱ的计算步骤如下：

（1）对于第 t 代种群 P_t，进行与遗传算法相同的"选择""交叉"和"变

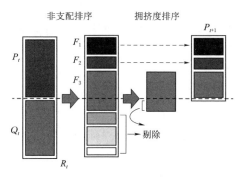

图 4.6 NSGA-Ⅱ原理图

异"操作，产生下一代种群规模为 N 的种群 Q_t。

（2）对 P_t 与 Q_t 两个群体合并，其规模为 $2N$。

（3）对合并后群体进行非支配排序，将其从优到劣分为若干等级。

（4）选择排序位于 $1\sim m$ 的个体，其中 m 是满足前 m 个等级个数总数 $N_m \geqslant N$ 的最小整数；当 $N_m = N$ 时，将 N_m 个个体直接作为第 $t+1$ 代种群 P_{t+1}，当 $N_m > N$ 时，将前 $m-1$ 等级的个体直接进入第 $t+1$ 代种群 P_{t+1}，将第 m 等级的个体进行拥挤距离排序，前 $N_m - N$ 个个体进入第 $t+1$ 代种群 P_{t+1}。

（5）进行下一轮的迭代，若 $t+1 < G$，跳转到（1），否则，终止，即 NSGA-Ⅱ选优过程结束。

优化算法产生的每代种群，都是优化问题中一个新的可行解集，其中每个个体都代表着一个可行解。在水量水质联合调配模型的求解过程中，对于每个个体都需要调用一次代理模型。每次调用时，代理模型会将优化问题中的一个可行解作为输入条件，从而求得对应的输出结果即水质指标浓度，为优化模型提供一个或一组状态变量值。随后，优化算法利用该输出结果来检验其所设定的约束条件，并计算目标函数值。非劣解的优选，利用 TOPSIS 法通过构造决策问题中各指标的最优解与最劣解，计算各方案与最优解的接近程度和最劣解的远离程度，对优化方案进行优劣排序以选择出最优的受水单元水量水质联合调配方案。

4.2.4 水质水量联合调配技术简介

针对同时考虑水量和水质需求的区域水网，基于水量与水质的相互影响关系，提出河渠湖库连通水量水质联合调配技术。该技术在利用水动力水质数学模型（模拟模型）获得区域水网水质状况的基础上，引入代理模型替代模拟模型，得到水量水质的输入输出响应关系；建立水量水质联合调配模型，将调配模型与水质信息相结合，根据输水干线和分水口流量和水质情况，确定合理的受水单元水量水质联合调配方案，达到水量水质联合调配的目的。该技术是在第 2 章得到的各受水区水量调配最优方案基础上，考虑水质变化实施分质供水，将水量再调配至各受水区内的不同受水单元及用户，同时明确逐旬调配水量。

1. 河渠湖库连通水量水质联合调配技术特点

（1）关注水质与水量的相互关系。建立的水量水质联合调配模型，目标函数、约束条件均包含了对水质的要求；关注水质与水量的相互关系，优化迭代过程中产生的每一组调配方案都需调用代理模型得到其对应的水质输出结果，以检验所设定的约束条件并计算环境目标函数值，反映了水量-水质-调配的相互影响。

（2）提出降维思想。针对多水源、多用户、多目标的特点，随着受水单元数量、用户数量和水质指标的增加，出现"维数灾"问题，提出降维思想，将模型分解为两层递阶模型，实现多水源联合调配和多用户间的优化配置。

（3）引入代理模型。针对水质响应函数传统求解方法计算量大的问题，引入代理模型替代水动力水质数学模型，得到水量水质的输入输出响应关系，相较传统求解时水量水质联合调配模型优化迭代过程中产生的每一组调配方案都需要调用模拟模型，计算负荷大大减少，提高模型计算效率。

2. 河渠湖库连通水量水质联合调配技术适用对象

该技术适用于水量水质时空分布不均的区域水网，即水量与水质相互影响，在保证水量调配的同时需关注输水干线的水质要求。此类区域水网范围广，具有多水源、多用户和多目标的特点，各类水源在时间、空间、数量和质量上进行合理分配，属于多目标优化问题，需利用降维思想和代理模型来缩短模型求解时间，提高模型求解速度，以明确沿线分水口调配水量和各用户用水量中各类水源调配比例，得到受水单元水量水质联合调配方案，实现区域水网水量水质联合调配。

3. 河渠湖库连通水量水质联合调配技术应用所需资料

（1）区域受水区、分水口和受水单元划分。

（2）水源种类及不同时段可供水量、受水用户类别及不同时段需水量等水量指标。

（3）不同水源向各受水单元、不同用户供水的单位水量供水成本。

（4）外调水流量时序、水质指标浓度时序。

（5）分水口供水流量时序，关键控制断面的最低、最高控制水位。

（6）水质指标及其衰减系数，各分水口不同水质指标浓度的下限和上限。

4. 河渠湖库连通水量水质联合调配技术应用步骤

（1）建立区域水网水动力水质模型，依据初始条件及边界条件，对区域水网水量水质进行模拟。

（2）在上述水动力水质模拟结果的基础上，建立代理模型替代水动力水质数学模型，得到水量水质的输入输出响应关系。

（3）建立水量水质联合调配模型，基于降维思想将该模型分解为两层递阶模型：第一层为受水单元间优化调配模型，考虑各分水口和关键控制断面水质指标浓度，将各类水源在受水单元之间进行调配；第二层为受水单元内优化调配模型，将受水单元的调配水量再分配至不同用户。

（4）求解水量水质联合调配模型，优化迭代过程中产生的每一组调配方案都需调用代理模型得到其对应的水质输出结果，以检验所设定的约束条件并计算环境目标函数值，以此循环，最后得到受水单元水量水质联合调配方案。

河渠湖库连通水量水质联合调配技术应用步骤如图4.7所示。

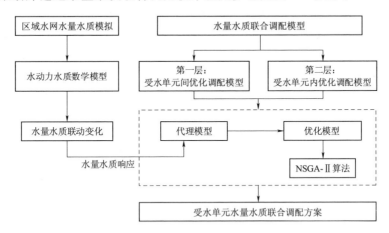

图 4.7 河渠湖库连通水量水质联合调配技术应用步骤

4.3 水量水质联合调配研究实例概况

这里以南水北调东线山东段河渠湖库连通水网为例。南水北调东线山东段输水干线与天然河道、湖泊和水网交织。调水工程通水后，输水干线与原有众多河流、渠道、湖泊和水库形成复杂的河渠湖库连通水网。该区域水网需要向山东的枣庄、菏泽、济宁、聊城、德州、济南、滨州、淄博、东营、潍坊、青岛、烟台和威海13座城市辖内的37个县（市、区）供水，即13个受水区内的37个受水单元。

4.3.1 受水区受水单元及对应的分水口

南水北调东线建成通水后，从江苏省扬州附近的长江干流调水，在江苏省利用洪泽湖、骆马湖、南四湖和沿线的运河、三阳河、苏北灌溉总渠、淮河、徐洪河等输水。经江苏段进入山东段，利用韩庄运河和不牢河两路送水至南四湖，在韩庄运河上新建台儿庄泵站、万年闸泵站和韩庄泵站三座泵站逐级提水输送至南四湖的下级湖，在南四湖中新建二级坝泵站将下级湖水提至上级湖，在梁济运河上新建长沟泵站提水出湖向北，在梁济运河与柳长河交汇处新建邓楼泵站提水进入柳长河，在柳长河下游末端新建八里湾泵站提水进入东平湖，至此共设置了7个梯级泵站进行提水；出东平湖后向北穿黄河通过小运河、六分干、七一河、六五河自流至德州大屯水库；另一路向东通过济平干渠自流输水至济南，并在济南新建东湖水库用于调蓄，从济南新建干线自流输水至滨州博兴进入引黄济青，沿原引黄济青送水至胶东地区，并在引黄济青段新建双王城水库进行调蓄。

根据南水北调东线可行性研究报告和水资源合理配置的需求，结合输水沿线各省市对水量、水质的要求，南水北调东线山东段供水范围以东平湖为界划分为鲁南区、鲁北区和胶东区，输水干线沿线共设有 41 个分水口，向山东省 13 个受水区（地级市）的 37 个受水单元供水，各受水区内受水单元及其分水口列于表 4.1。其中鲁南区包含枣庄、菏泽和济宁 3 个受水区，3 个受水区对应输水干线上的 4 个分水口，均位于南四湖下级湖到梁济运河长沟泵站之间。鲁北区包含聊城和德州 2 个受水区，2 个受水区对应输水干线的 12 个分水口，均位于穿黄隧洞出口到大屯水库之间。胶东区包含济南、滨州、淄博、东营、潍坊、青岛、烟台和威海 8 个受水区，对应输水干线上的 25 个分水口。受水区受水单元及对应的各分水口位置，如图 4.8 所示。

表 4.1　　　　　　　　　受水区内各受水单元及分水口

供水范围	受水区	受水单元	分　水　口
鲁南	枣庄	市区	下级湖潘庄一级站
		滕州市	上级湖城郭河甘桥泵站
	济宁	高新区	上级湖济宁提水泵站
		邹城市	
		兖州曲阜市	
	菏泽	巨野县	上级湖洙水河港口提水泵站
鲁北	聊城	东阿县	东阿分水口
		莘县	莘县分水口（与阳谷共用）
		阳谷县	阳谷分水口（与莘县共用）
		东昌府区	东昌府区分水口
		茌平区	茌平区分水口
		高唐县	高唐县分水口
		冠县	冠县分水口
		临清市	临清市分水口
	德州	夏津县	六五河分水口
		旧城河	六五河与堤上旧城河交叉口
		德州市区	大屯水库市区分水口
		武城县	大屯水库武城分水口

供水范围	受水区	受水单元	分水口
胶东	济南	济南市区	贾庄分水闸
			新五分水闸
			东湖水库济南分水闸
		章丘区	东湖水库章丘分水闸
	滨州	邹平市	胡楼分水闸
			腰庄分水闸（辛集洼水库）
		博兴县	锦秋水库分水闸
			博兴水库分水闸
	淄博	淄博市	引黄济淄分水闸
	东营	中心城区	东营北分水口
		广饶县	东营南分水口
	潍坊	寿光市	双王城水库
		滨海开发区	引黄济青干渠的西分干分水闸
		昌邑市	潍河倒虹吸出口西小章分水闸
	青岛	平度市	双友分水闸
		青岛市区	棘洪滩水库
	烟台	烟台市区	辛安桥分水口
			门楼水库分水口
		莱州市	王河分水口
		招远市	招远分水口
		龙口市	南栾河分水口
			泳汶河分水口
		蓬莱区	温石汤泵站出口
		栖霞市	丰粟
	威海	威海市区	米山水库

　　鲁南区包含枣庄、菏泽和济宁 3 个受水区，3 个受水区在南水北调东线干线上共设有 4 个分水口，均位于南四湖下级湖到梁济运河长沟泵站之间。鲁南输水干线主要包括韩庄运河段和梁济运河—柳长河段。韩庄运河段自微山湖出口韩庄起，至陶沟河口与中运河相接，全长为 42.81km，该段设计输水流量为 125m³/s。梁济运河段输水全长为 87.8km，设计输水流量为 100m³/s。柳长河段输水流量为 100m³/s，输水工程长为 21.28km，设计河底高程为 32.8m。

图 4.8 受水区受水单元及对应的各分水口位置（2016 年）

鲁北区包含聊城和德州 2 个受水区，在输水干线上共设有 12 个分水口，均位于穿黄隧洞出口到大屯水库之间。鲁北区输水干线分为两段：一段是从位山川黄枢纽出口至临清邱屯闸，另一段是从临清邱屯闸至德州大屯水库。鲁北区输水渠道位山至临清邱屯闸设计输水流量为 $50m^3/s$；穿黄枢纽出口水位为 35.61m，邱屯闸上水位为 31.39m；输水河道全长为 96.92m，其中利用现状河道为 58.54km，新开渠段长为 38.38km。鲁北区输水渠道临清邱屯闸至大屯水库段设计输水流量为 $25.5 \sim 13.7m^3/s$，输水线路全长为 76.57km，其中利用六分干扩挖 12.88km；利用七一河、六五河现状河道 63.69km。

胶东区包含济南、滨州、淄博、东营、潍坊、青岛、烟台和威海 8 个受水区，共设有 25 个分水口。胶东区输水干线全线为明渠自流输水，输水线路全长为 239.78km，分为济平干渠、济南至引黄济青段、引黄济青输水河段和引黄济青渠道以东至威海市米山水库四段。济平干渠段自东平湖渠首引水闸至小清河睦里庄跌水，线路总长为 90.055km。济南至引黄济青段自睦里庄跌水起，利用小清河输水，至小清河金福高速公路下游约 149.99km；之后在小清河左岸新建小清河涵闸，输水线路出小清河，沿小清河左岸埋设无压箱涵输水至小清河洪家园桥下，输水暗渠长为 23.28km；洪家园桥下暗渠出口之后，改为新辟明渠输水，至小清河分洪道分洪闸下穿分洪道北堤入分洪道，新辟明渠段全长为87.53km；进入小清河分洪道后，开挖疏通分洪道子槽长 34.61km，至分洪道子槽引黄济青上节制闸与引黄济青输水河连接。引黄济青输水河段采用原引黄济青河道进行输水，全长约 275km；引黄济青渠道至威海市米山水库段采用原引黄济烟进行输水。

4.3.2 供水量和需水量

南水北调东线通水后形成了"南北贯通、东西互济"的水资源格局，在水源方面，山东段引江水、引黄水、地表水、地下水和其他水源等多种水源并存，具有多水源的特点，同时水资源时空分布不均；在供水用户方面，东线山东段向生活、工业、农业和生态等用户供水，具有多用户的特点，又需要向河北、天津供水；在调水线路方面，输水干线与天然河道、湖泊和水网交织，利用河道、渠道和湖泊输水及水库调蓄，具有较强的调蓄能力，形成了复杂的河渠湖库连通水网，沿线分水口众多。东线山东段由梯级泵站提水入东平湖，往北穿黄到达鲁北地区，输水至大屯水库；往东自流输水至胶东地区，输水至威海米山水库。利用了沿线诸多河道、渠道和湖泊，另外为进一步加大调蓄能力，鲁北段有大屯水库，胶东段有东湖、双王城等平原水库进行调水调蓄；同时，各地工业、农业等用水时空差异很大，导致各分水口分水流量变化大。因此，南水北调东线山东段河渠湖库连通水网复杂，而且具有多水源、多用户等特点，是南水北调东线受水区中水资源调配较复杂的区域。

根据《山东省水资源综合利用中长期规划》（2016 年）中的水资源开发战略，合理开发利用当地水资源，积极利用地表水，合理开采地下水，加强污水雨水处理回用，实现多水源供水。山东省的供水水源考虑引江水、引黄水、地表水、地下水和其他水源，受水用户有生活、工业、农业和生态，考虑沿线农业用水的季节性变化。考虑当地的灌溉期，将农业供水分为三个阶段，其他时间不供给农业用水，第一阶段为 11 月 11—30 日，第二阶段为 2 月 21 日至 3 月20 日，第三阶段为 5 月 1—20 日。根据南水北调一期工程可行性研究，调水期为非汛期，即每年 10 月 1 日至次年 5 月 31 日，共 243d；取旬为一个优化时段，共计 24 个优化时段。

《山东省水资源综合利用中长期规划》（2016 年）及历年山东省统计年鉴作为数据来源，分析近期规划水平年 2020 年调水期各子受水区的调配方案。2020年南水北调引江水量，按照东线一期工程设计的调水指标 14.67 亿 m³ 考虑；引黄水 62.19 亿 m³；地表水可供水量分别为枣庄 1.85 亿 m³、菏泽 2.21 亿 m³、济宁 10.13 亿 m³、聊城 3.07 亿 m³、德州 3.79 亿 m³、济南 4.14 亿 m³、滨州

4.11 亿 m^3、淄博 0.86 亿 m^3、东营 2.22 亿 m^3、潍坊 7.09 亿 m^3、青岛 6.21 亿 m^3、烟台 5.84 亿 m^3 和威海 3.43 亿 m^3；地下水可供水量分别为枣庄 3.97 亿 m^3、菏泽 11.23 亿 m^3、济宁 9.27 亿 m^3、聊城 8.06 亿 m^3、德州 6.97 亿 m^3、济南 6.58 亿 m^3、滨州 1.85 亿 m^3、淄博 6.15 亿 m^3、东营 0.74 亿 m^3、潍坊 8.36 亿 m^3、青岛 4.05 亿 m^3、烟台 4.11 亿 m^3 和威海 1.11 亿 m^3，其他水源可供水量为 10.19 亿 m^3。根据各水源供水成本系数，考虑受水单元各分水口距离因素等，得到各受水单元单位水量供水成本系数（表 4.2）。受水单元不同行业单位水量供水成本系数为生活用水 0.18 元/m^3，工业用水 0.235 元/m^3，农业用水 0.145 元/m^3，生态用水 0.12 元/m^3。

表 4.2　　各受水单元单位水量供水成本系数　　单位：元/m^3

区域	受水区	受水单元	引江水	引黄水	地表水	地下水	其他水源
鲁南	枣庄	枣庄市区	0.35	0	0.21	0.23	0.30
		滕州市	0.44	0.00	0.23	0.26	0.32
	济宁	高新区	0.44	0.31	0.24	0.27	0.30
		邹城市	0.47	0.32	0.25	0.28	0.31
		兖州曲阜市	0.50	0.33	0.26	0.29	0.32
	菏泽	巨野县	0.42	0.30	0.25	0.28	0.31
鲁北	聊城	东阿县	0.90	0.55	0.27	0.35	0.60
		莘县	0.93	0.56	0.27	0.35	0.60
		阳谷县	0.93	0.56	0.25	0.35	0.60
		东昌府区	0.93	0.56	0.25	0.35	0.60
		茌平区	1.00	0.57	0.25	0.37	0.62
		高唐县	1.02	0.58	0.26	0.37	0.62
		冠县	1.02	0.58	0.25	0.37	0.62
		临清市	1.03	0.58	0.25	0.37	0.62
	德州	夏津县	1.32	0.76	0.25	0.35	0.60
		旧城河	1.34	0.80	0.27	0.37	0.62
		德州市区	1.32	0.77	0.25	0.35	0.60
		武城县	1.32	0.77	0.25	0.35	0.60
胶东	济南	济南市区	0.72	0.73	0.46	0.59	0.61
		章丘区	0.73	0.73	0.46	0.59	0.61
	滨州	邹平市	1.15	0.76	0.46	0.36	0.61
		博兴县	1.22	0.82	0.47	0.37	0.62
	淄博	淄博市	1.17	0.78	0.46	0.36	0.61

续表

区域	受水区	受水单元	引江水	引黄水	地表水	地下水	其他水源
胶东	东营	中心城区	1.17	0.78	0.46	0.36	0.51
		广饶县	1.17	0.78	0.46	0.36	0.51
	潍坊	双王城水库	1.31	0.73	0.45	0.35	0.50
		潍北平原水库	1.32	0.77	0.46	0.36	0.51
		峡山水库	1.33	0.82	0.47	0.37	0.52
	青岛	青岛市区	1.33	0.82	0.47	0.62	0.62
		平度市	1.31	0.73	0.45	0.60	0.60
	烟台	莱州市	1.31	0.74	0.45	0.60	0.60
		招远市	1.32	0.76	0.46	0.61	0.61
		龙口市	1.32	0.77	0.46	0.61	0.61
		蓬莱区	1.32	0.78	0.46	0.61	0.61
		栖霞市	1.32	0.79	0.46	0.61	0.61
		烟台市区	1.33	0.80	0.47	0.62	0.62
	威海	威海市区	1.32	0.78	0.46	0.51	0.55

根据《山东省水资源综合利用中长期规划》(2016 年)，山东省各市 2020 年生活、工业、生态等用户的需水量列于表 4.3。2020 年山东省 13 个受水区各用户的总需水量分别为生活用户为 34.72 亿 m^3、工业用户为 29.21 亿 m^3、农业用户为 152.08 亿 m^3 和生态用户为 6.30 亿 m^3。

表 4.3 **2020 年各市需水量** 单位：亿 m^3

受水区	生活用户	工业用户	农业用户	生态用户
枣庄	2.43	1.71	4.88	0.28
菏泽	2.76	1.66	19.89	0.39
济宁	2.88	2.59	21.04	0.39
聊城	1.95	2.30	17.39	0.25
德州	1.71	1.69	18.78	0.12
济南	4.11	2.70	10.96	0.92
滨州	1.28	1.26	13.67	0.40
淄博	1.80	2.69	7.05	0.96
东营	1.50	2.42	7.00	0.59
潍坊	3.96	4.16	13.36	0.73
青岛	6.30	3.13	6.32	1.06
烟台	2.57	1.72	8.67	0.14
威海	1.49	1.19	3.06	0.07
总计	34.72	29.21	152.08	6.30

4.3.3 水质状况

南水北调东线山东段输水线路过长且与沿途河流、湖泊连通，整个调水期内沿线水质波动较大。因此，开展南水北调东线山东段河渠湖库连通水网水质调查，明确输水渠道的水质波动规律。选取 19 个典型监测断面，于 2015—2016 年调水期对其化学需氧量（COD_{Cr}）、总氮（TN）、氨氮和高锰酸盐指数进行量测，获取了实测水质资料。

为了对河渠湖库连通水网进行水质评价，即将不同断面按水质指标浓度分类、排序，确定其水质等级。在此选用主成分分析法进行水质评价。水质评价标准参考《地表水环境质量标准》（GB 3838—2002），依据地表水水域环境功能和保护目标，按功能高低依次将地表水水质级别划分为 5 类，列于表 4.4。

表 4.4　　　　　　　　　地表水水质指标及水质级别标准值　　　　　　单位：mg/L

水质指标	水 质 级 别				
	Ⅰ类	Ⅱ类	Ⅲ类	Ⅳ类	Ⅴ类
化学需氧量	15	15	20	30	40
总氮	0.2	0.5	1	1.5	2
氨氮	0.15	0.5	1	1.5	2
高锰酸盐指数	2	4	6	10	15

主成分分析法主要是基于降维思想，运用方差法把反映水质的多个指标简化为少数几个综合指标的多元统计分析方法。综合变量的方差越大，表明该变量所包含的原始信息越多，评价中贡献率越高，影响也较强。新构成的综合变量在统计中称为主成分，每个主成分都是原始变量的线性组合，且彼此不相关，避免了主成分各单项包含信息的重叠，最大限度保留原有信息，同时客观确定各指标权重，避免了主观随意性。主成分分析法实现步骤如下：

（1）建立原始变量矩阵 X，由 m 个样本的 n 个因子组成，x_{ij} 为断面 i 指标 j 的监测数据（$i=1,2,\cdots,m$；$j=1,2,\cdots,n$）。

$$X=\begin{bmatrix} x_{11} & x_{12} & \cdots & x_{1m} \\ x_{21} & x_{22} & \cdots & x_{2m} \\ \vdots & \vdots & \vdots & \vdots \\ x_{m1} & x_{m2} & \cdots & x_{mn} \end{bmatrix} \tag{4.43}$$

（2）为消除不同指标之间因量纲不同产生的差异性，将数据进行标准化处理，即

$$y_{ij}=\frac{x_{ij}-\overline{x}_j}{\sigma_j} \tag{4.44}$$

式中：y_{ij} 为断面 i 指标 j 的标准化值；$\overline{x}_j$ 指标 j 的均值；σ_j 为标准差，$\sigma_j =$

$\sqrt{\dfrac{1}{m-1}\sum\limits_{i=1}^{m}(x_{ij}-\overline{x}_j)^2}$ 。

（3）在标准化矩阵基础上计算原始指标相关系数矩阵 R 为

$$R=(r_{ij})_{nn} \quad (i,j=1,2,\cdots,n) \tag{4.45}$$

$$r_{ij}=\frac{1}{m-1}\sum_{i=1}^{n}(y_{ki}y_{kj}) \quad (i,j=1,2,\cdots,n) \tag{4.46}$$

（4）计算相关系数矩阵 R 的特征根 λ，载荷矩阵 B，各个主成分的方差贡献率 c 和累计方差贡献率。

（5）主成分个数的确定，根据累计方差贡献率来确定，一般取特征值大于 1、累计贡献率达 85% 的特征值，p 为主成分个数，按特征值 λ 大小分别为第一、第二、…、第 p 主成分。

（6）根据确定的主成分个数，利用公式 $A_j=B_j/SQRT(\lambda_j)$ 求得特征向量矩阵 A，再由特征向量矩阵得到各主成分的表达式 F_i 为

$$F_i=a_1y_1+a_2y_2+\cdots+a_jy_j \tag{4.47}$$

（7）根据各个主成分表达式求得每个断面的得分值 F 为

$$F=(\lambda_1F_1+\lambda_2F_2+\cdots+\lambda_pF_p)/(\lambda_1+\lambda_2+\cdots+\lambda_p) \tag{4.48}$$

这里，以 2016 年 3 月实测水质数据为例对水质情况进行详细说明，各断面水质监测数据列于表 4.5。

表 4.5 　　　　　　　　　　**2016 年 3 月各断面监测数据** 　　　　单位：mg/L

典 型 断 面	COD_{Cr}	TN	氨氮	高锰酸盐指数
韩庄泵站	14.395	4.446	0.371	3.973
潘庄一级站	13.463	3.814	0.169	3.733
二级坝泵站	13.412	3.699	0.163	3.736
城郭河甘桥泵站	19.130	5.469	0.416	4.693
洙水河港口提水泵站	17.216	5.000	0.379	3.878
济宁提水泵站	16.705	4.761	0.320	3.830
长沟泵站	19.116	1.516	0.215	5.678
邓楼泵站	18.550	1.507	0.200	5.591
八里湾泵站	18.259	1.502	0.224	5.546

续表

典 型 断 面	COD_Cr	TN	氨氮	高锰酸盐指数
东昌府区分水口	25.284	0.890	0.116	5.746
六五河与堤上旧城河交叉口	25.521	0.866	0.134	5.604
冠县分水口	29.200	0.800	0.077	5.200
贾庄分水闸	30.500	0.710	0.060	5.400
新五分水闸	31.600	0.680	0.071	5.700
东湖水库章丘放水洞	30.600	0.780	0.099	5.200
胡楼分水闸	34.900	0.730	0.088	6.300
锦秋水库分水闸	31.200	0.810	0.079	5.700
引黄济淄分水闸	26.900	1.020	0.066	5.200
东营南分水口	27.700	0.820	0.054	5.300

应用主成分分析法,对南水北调东线山东段河渠湖库连通水网进行水质评价。对原始数据进行标准化处理等步骤后,得到各成分特征值及贡献率列于表4.6。

表4.6 各成分特征值及贡献率

主成分	特征值	贡献率/%	累计贡献率/%
1	2.684	67.108	67.108
2	1.026	25.649	92.757
3	0.210	5.241	97.998
4	0.080	2.002	100.000

由表4.6可以看出,第一、第二主成分特征值分别是2.684和1.026,累计贡献率达到92.757%,满足规定,所以确定主成分的个数为2。随后得到初始因子荷载矩阵列于表4.7。在此基础上,由初始因子载荷矩阵中的数据除以每一主成分所对应的特征值的平方根得出主成分载荷矩阵,其数值表示两个主成分相应的载荷值,具体列于表4.8。

表4.7 初 始 因 子 荷 载 矩 阵

项 目	主成分1	主成分2	项 目	主成分1	主成分2
COD_Cr	0.934	−0.088	氨氮	−0.028	0.997
TN	−0.973	0.034	高锰酸盐指数	0.930	0.155

表 4.8　　　　　　　　　　　　　　主 成 分 荷 载 矩 阵

项　目	F1	F2	项　目	F1	F2
COD$_{Cr}$	0.570	−0.087	氨氮	−0.017	0.984
TN	−0.594	0.034	高锰酸盐指数	0.568	0.153

从表 4.8 可以看出，COD$_{Cr}$、TN 和高锰酸盐指数在第一主成分 F1 中有较高荷载，说明第一主成分基本反映了这些因子的信息；第二主成分 F2 主要反映的是氨氮的信息。根据各主成分得分计算公式计算 F1 得分、F2 得分和总得分 F，并提取部分分水口及关键控制断面水质评价结果绘于图 4.9。根据各监测断面的综合评价值可知，胡楼分水闸处总得分最高，下级湖潘庄一级站分水口处总得分最低，各监测断面总得分从高到低依次为胡楼分水闸＞东湖水库章丘分水闸＞锦秋水库分水闸＞新五分水闸＞长沟泵站＞冠县分水口＞贾庄分水闸＞东昌府区分水口＞邓楼泵站＞六五河与堤上旧城河交叉口＞引黄济淄分水闸＞东营南分水口＞城郭河甘桥泵站＞八里湾泵站＞洙水河港口提水泵站＞济宁提水泵站＞韩庄泵站＞二级坝泵站＞潘庄一级站。胡楼分水闸、新五分水闸、东湖水库章丘分水闸和贾庄分水闸在第一主成分中得分较高，说明监测断面 COD$_{Cr}$、TN 和高锰酸盐指数含量较高，氨氮含量较低；尽管高锰酸盐指数含量较高，但其含量并不超标，所以可认为第一主成分代表的水质指标为 COD$_{Cr}$ 和 TN。第二主成分中城郭河甘桥泵站、锦秋水库分水闸、洙水河港口提水泵站和胡楼分水闸得分较高，说明监测断面氨氮含量高于其他断面。

同理，对其余月份的监测数据进行主成分分析，得到各月断面水质评价综合得分，选取调水期 11 月、次年 1 月、次年 3 月和次年 5 月结果绘于图 4.10。由图 4.10 可知，南四湖的分水口及监测站点即韩庄泵站、潘庄一级站、二级坝泵站、城郭河甘桥泵站、洙水河港口提水泵站和济宁提水泵站虽然水质有所波动，但水质评价综合得分均明显低于其他站点，各月得分均在济宁的长沟泵站处迅速变化，11 月、次年 3 月和次年 5 月得分随后基本保持较高状态，说明水质指标浓度主要从济宁段开始积累。次年 1 月得分从长沟泵站处开始，胶东区基本保持较低的得分，说明水质得到了较好的控制；而鲁北区由于该月停止输水，得分仍然相对较高。

综合主成分分析结果，并结合《地表水环境质量标准》（GB 3838—2002）可知，江苏来水主要指标基本能够满足Ⅲ类水质标准，总氮（TN）含量比较高，随着调水北上，化学需氧量（COD$_{Cr}$）、总氮、高锰酸盐指数等个别指标出现波动变化和超标。省界断面江苏省来水总氮超标明显，调水初期（10 月）韩庄泵站总氮超出Ⅲ类水质标准（总氮≤1mg/L）。随着调水进行江苏省来水总氮虽有一定下降，但仍超出Ⅲ类水质标准。6 月停止调水后，长沟、邓楼和八里湾

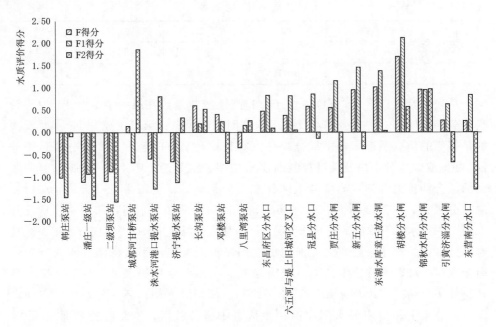

图 4.9　3 月各监测断面主成分得分

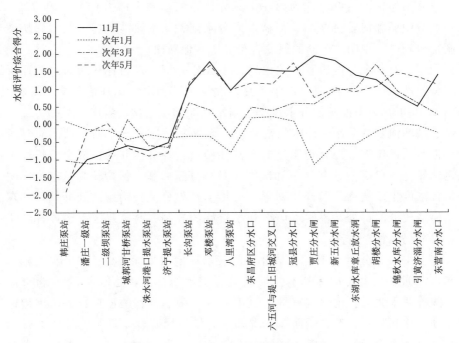

图 4.10　各月断面水质评价综合得分

泵站各断面总氮基本稳定在 1mg/L。各月份江苏省来水自韩庄泵站至调水进入南四湖二级泵站后，总氮明显降低，但仍存在超标。调水向北经南四湖稀释进入长沟泵站后，总氮含量明显降低，且水质基本可保证Ⅲ类水质。另外，个别渠段化学需氧量（COD_{Cr}）超标，进入长沟泵站之前 COD_{Cr} 可保证达到Ⅲ类水质标准（20mg/L），长沟至济南段 COD_{Cr} 超标，超标近 1.5 倍。

由于山东段河道形态变化复杂，输水线过长且与沿途河流、湖泊连通，沿线环境不确定因素复杂，内源污染难以在短期内消除，要在整个调水期内维持全线Ⅲ类水质目标难度较大。

4.4 水量水质联合调配技术应用及成果

将提出的河渠湖库连通水量水质联合调配技术应用于南水北调东线山东段河渠湖库连通水网，关注水量水质相互影响，探求复杂连通水网安全输水过程中沿线水质变化情况，根据输水干线和分水口流量和水质情况提出合理的受水单元水量水质联合调配方案。具体研究区包括鲁南区、鲁北区和胶东区，研究工况包括 $140.15m^3/s$（调水保证率 95%）和 $127.88m^3/s$（调水保证率 75%）。

首先，建立南水北调东线山东段水动力水质数学模型，实现复杂连通水网水量水质模拟一体化计算。在计算水位、流量和流速等水动力参数的基础上，选取化学需氧量（COD_{Cr}）、总氮（TN）、氨氮和高锰酸盐指数为主要水质指标，得到不同保证率调水流量情况下的各分水口流量、水位及水质，分析鲁南区、鲁北区和胶东区的水量、水位和水质变化情况，关注水量水质联动关系，探求水质变化的影响因素。

其次，利用代理模型替代模拟模型，得到水量水质的输入输出响应关系。选定水质指标为化学需氧量（COD_{Cr}）、总氮（TN）、氨氮和高锰酸盐指数；选择调水水质指标浓度、分水口流量和分水口水质指标初始浓度作为变量，引江水不同水平年按设计流量给定，设置为常量；分别运用多项式回归法（POLY）、径向基函数法（RBF）和克里格法（Kriging）建立模拟模型的代理模型，经比选后选取合适的代理模型。

最后，建立水量水质联合调配模型，模拟南水北调东线一个完整调水周期内鲁南区水量水质调配，根据输水干线和分水口流量和水质变化规律，给出受水单元水量水质联合调配方案，明确各类水源在各受水区生活、工业、农业和生态等用户的调配水量。

4.4.1 水动力水质数值模拟及分析

为了明晰区域水网的水质状况及变化，结合南水北调东线山东段河渠湖库连通水网的特点以及分水口位置，建立区域水网水动力水质数学模型，并根据已有资料对模型进行参数率定和验证。模型包括水动力模拟和水质模拟，水动力参量包括水位、流量和流速；水质参量包括化学需氧量（COD$_{Cr}$）、总氮（TN）、氨氮和高锰酸盐指数等水质指标。

4.4.1.1　水动力水质模型建立

南水北调东线山东段河渠湖库连通水网模拟范围：从韩庄泵站、蔺家坝泵站提水入南四湖，经梁济运河、柳长河进入东平湖，之后一路穿黄进入鲁北段输水至大屯水库，另一路向东输送胶东输水干线，经东湖水库、双王城水库调蓄。图 4.11 所示为区域水动力水质模型。

图 4.11　区域水动力水质模型

区域水动力水质模型的建立过程分为以下步骤。

1. 区域水网概化

对于湖泊、河道，根据相应的地形资料，合理进行河道概化和考虑河道走向及河势变化的断面选择，对地形进行数字化处理，建立鲁南区南四湖、梁济运河和柳长河、东平湖、鲁北区小运河、七一河、五六河以及胶东区东平湖至双王城水库段的水动力水质模型。鲁北输水干线沿线设有 3 座节制闸，2 座倒虹吸；胶东输水干线沿线设有 1 处暗渠，2 座节制闸。鲁南区南四湖长约 120km，共划分为 137 个断面如图 4.12 所示，上级湖河道横向断面如图 4.13 所示；东平湖共划分 45 个断面。鲁北区和胶东区河渠计算断面划分同第 1 章，这里不再赘述。

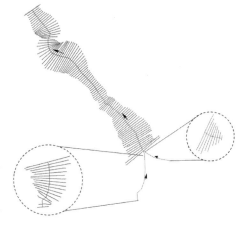

图 4.12　南四湖划分断面

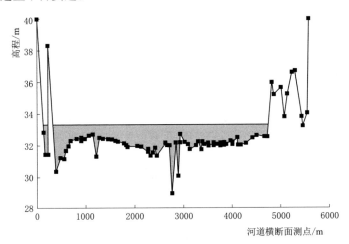

图 4.13　南四湖河道横向断面图

2. 初始条件

根据研究内容和已知资料设定模型的水动力、水质初始条件，主要包括初始水位或初始流量、初始水质指标浓度等。根据南水北调一期工程可行性研究，调水期为非汛期，即每年 10 月 1 日至次年 5 月 31 日，采用汛末水位作为模型计算的初始水位，列于表 4.9。水质初始浓度采用 2016 年 10 月的实测浓度值，具体列于表 4.10，下级湖两个入水口的水质相同。

表 4.9 各河段下游汛末水位与湖库汛末水位 单位：m

项 目	汛末水位	项 目	汛末水位
上级湖	33.30	双王城水库	3.90
下级湖	31.80	柳长河下游	33.80
东平湖	40.76	鲁北输水干线下游	32.65
大屯水库	20.25	胶东输水干线下游	4.30
东湖水库	18.00		

表 4.10 引江水逐月水质指标浓度 单位：mg/L

时间	COD_{Cr}	TN	氨氮	高锰酸盐指数
10 月	13.20	5.50	0.39	4.08
11 月	13.65	6.10	0.50	3.87
12 月	14.10	7.18	0.49	3.65
次年 1 月	13.20	8.27	0.49	4.08
次年 2 月	13.65	7.18	0.29	3.86
次年 3 月	14.10	6.10	0.09	3.65
次年 4 月	14.90	1.83	0.83	4.50
次年 5 月	13.10	1.40	0.39	3.59

3. 边界条件

根据研究内容和已知资料设定模型的水动力水质边界条件，包括模型边界处的流量时序、水位时序、水质指标浓度时序、泵站提水流量、过闸流量和蒸发渗漏等。

区域的上游边界按调水流量时序和水质指标浓度时序给定，下游边界按各分水口流量时序给定，各分水口流量由第 3 章各分水口逐旬供水方案计算得到。

4.4.1.2 水动力水质模型验证

依据实测资料，选取鲁南区南四湖、梁济运河和柳长河段、鲁北区小运河段河和胶东区输水干线进行模型验证，使模型精度达到模拟要求。

水动力水质模型验证包括水动力模型验证和水质模型验证。对于水动力模型验证，首先进行糙率率定，然后进行数值模拟水位和设计水位比较，该部分内容请参见第 1 章 1.4.2 模型验证，结果表明所建立的水动力模型是合理的。对于水质模型验证，首先进行衰减系数率定，然后进行典型断面的水质指标 COD_{Cr}、TN、氨氮和高锰酸盐指数等数值模拟结果和实测资料对比，对建立的水质模型的合理性进行验证。

下面介绍水质模型验证过程。

1. 衰减系数率定

水质指标进入河流在输移过程中通过物理、化学及生物作用发生浓度衰减，其衰减系数反映了水质指标在水体作用下降解速度的快慢。通过模型率定并结合以往工程经验，区域 COD_{Cr}、TN、氨氮和高锰酸盐指数的衰减系数分别为 0.02/d、0.02/d、0.03/d 和 0.01/d。

2. 水质验证及分析

利用 2015—2016 年调水期实测水质资料对模型水质指标 COD_{Cr}、TN、氨氮和高锰酸盐指数进行验证。二级坝、邓楼泵站和睢里庄节制闸的水质模拟结果与实测水质比较结果，如图 4.14～图 4.16 所示。

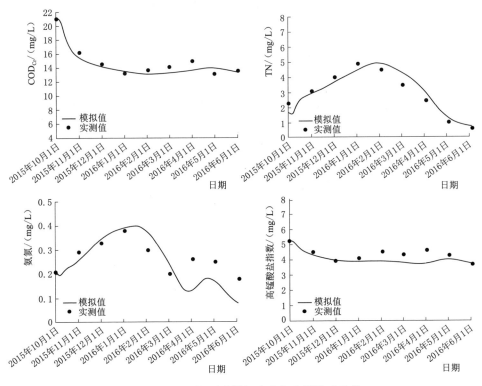

图 4.14　二级坝泵站模拟浓度与实测浓度比较

对于上述四项水质指标，南四湖二级坝泵站水质模拟值与实测值相对误差为 0.14%～26.86%；邓楼泵站水质模拟值与实测值相对误差为 0.38%～25.96%；睢里庄节制闸模拟值与实测值相对误差为 0.02%～16.91%。比较模拟水质结果与实测水质发现，主要监测断面模型模拟计算的 COD_{Cr}、TN、氨氮和高锰酸盐指数与实测过程趋势一致。鉴于各类污染源实际排放过程的不确定性

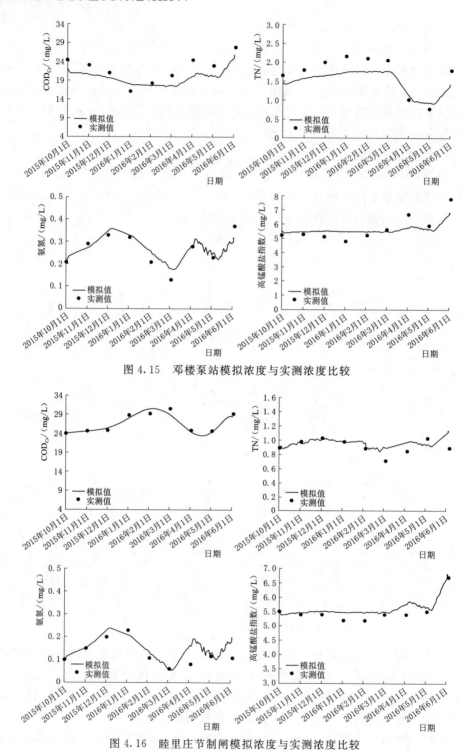

图 4.15　邓楼泵站模拟浓度与实测浓度比较

图 4.16　睦里庄节制闸模拟浓度与实测浓度比较

174

会造成模拟结果与实测值之间的偏差，总体来说，模拟结果能够基本反映河道断面的水质变化趋势。

4.4.1.3　分水口及关键断面水质变化

应用水动力水质模型对不同调水流量条件下区域水网的水流运动及水质进行数值模拟，分析不同调水流量条件下区域水网的水质变化，关注沿线分水口及关键断面的流量和水质的时空变化，为水量水质联合调配模型中分水口及关键控制断面的水质状况提供数据。

1. 鲁南区水质变化

对调水流量为 140.15m³/s（调水保证率 95%）和 127.88m³/s（调水保证率 75%）条件下的数值模拟结果，提取调水期二级坝泵站、长沟泵站和邓楼泵站水质指标浓度，其断面的水质指标浓度变化曲线，如图 4.17～图 4.19 所示。

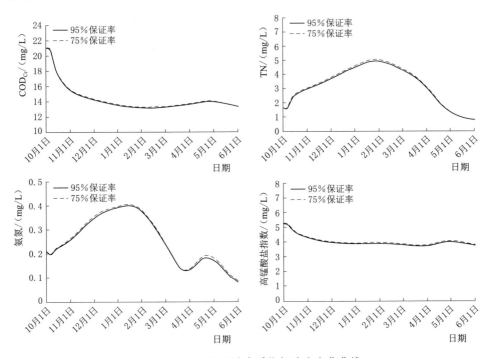

图 4.17　二级坝泵站水质指标浓度变化曲线

从图中可以看出，受调蓄工程控制和不同入流条件的影响，断面水质呈明显的时空变化。调水流量为 140.15m³/s 和 127.88m³/s 两种条件下各指标浓度过程线变化趋势基本相同，但调水流量为 140.15m³/s 时的浓度低于调水流量为 127.88m³/s 时的浓度，说明调水保证率 95% 时水质优于调水保证率 75% 的情况。

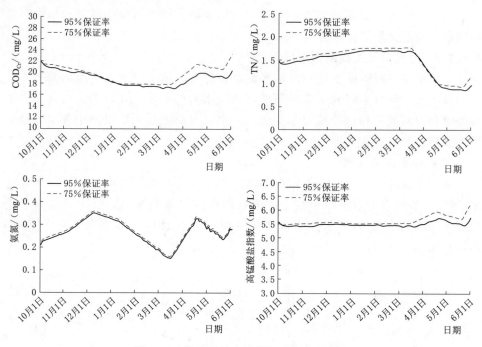

图 4.18　长沟泵站水质指标浓度变化曲线

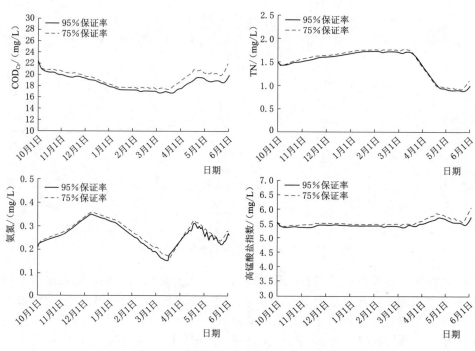

图 4.19　邓楼泵站水质指标浓度变化曲线

此外，上述断面的水质指标浓度随时间的变化比较明显。对于二级坝泵站，10月引江水 COD_{Cr} 和高锰酸盐指数含量较低，而 TN 含量超标，因此自10月初调水至10月中旬，二级坝 COD_{Cr} 浓度由 21.00mg/L 下降至 17.24mg/L，高锰酸盐指数由 5.25mg/L 下降至 4.64mg/L，而 TN 浓度由 1.66mg/L 上升至 2.55mg/L。10月至次年3月引江水 COD_{Cr} 含量变化较小，次年4月 COD_{Cr} 含量较高为 14.9mg/L，次年5月又骤降至 13.1mg/L，因此从图 4.17 可以看出，二级坝泵站 COD_{Cr} 含量在次年4月和5月有明显升降变化。对比图 4.17 和图 4.18 可知，随着调水的进行，二级坝泵站 COD_{Cr} 浓度由 21.00mg/L 最低降至 13.21mg/L，而长沟泵站 COD_{Cr} 浓度由 22.20mg/L 最低降至 17.16mg/L，长沟泵站下降趋势较小。

分析调水后期（5月15日）韩庄泵站、二级坝泵站、长沟泵站和邓楼泵站水质指标浓度，调水流量为 140.15m³/s（调水保证率 95%）时沿程水质指标浓度变化，如图 4.20。从空间来看，5月引江水总氮偏高，随着调水时间增加总氮沿程有一定下降，经南四湖稀释进入长沟泵站后，总氮含量明显降低，长沟、邓楼和八里湾泵站各断面总氮基本稳定在 1mg/L，基本可保证Ⅲ类水标准。COD_{Cr} 和高锰酸盐指数在南四湖呈上升趋势，直至调水进入长沟泵站后达到最高，后逐渐下降。

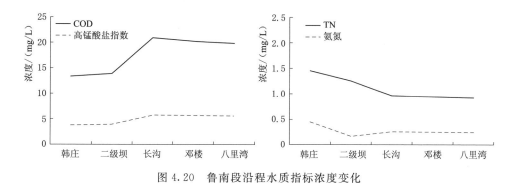

图 4.20 鲁南段沿程水质指标浓度变化

2. 鲁北区水质变化

分析调水期东昌府区分水口、六五河与堤上旧城河交叉口两个代表性断面的水质指标浓度，不同保证率调水流量下断面水质指标浓度变化曲线，如图 4.21 和图 4.22 所示。由图可知，上述断面的水质呈明显的时空变化，同鲁南区规律一致。具体表现为 140.15m³/s（调水保证率 95%）和 127.88m³/s（调水保证率 75%）两种调水流量条件下各指标浓度过程线变化趋势基本相同，但调水流量为 140.15m³/s 时的浓度低于调水流量为 127.88m³/s 时的浓度。鲁北区调水期为每年10—11月和次年4—5月，因此在调水期水质较非调水期波动大。

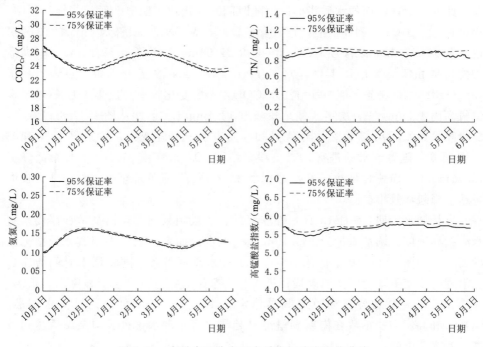

图 4.21　东昌府区分水口水质指标浓度变化曲线

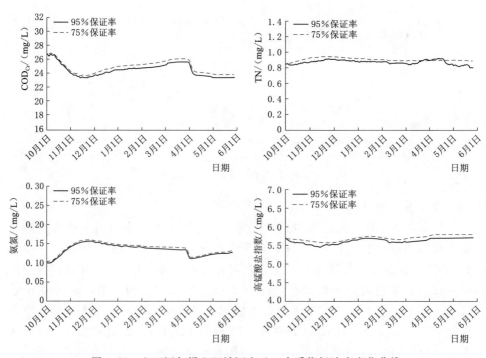

图 4.22　六五河与堤上旧城河交叉口水质指标浓度变化曲线

位于邱屯节制闸后的六五河与堤上旧城河交叉口处 4 月初由于恢复调水而浓度变化明显，COD_{Cr} 由 25.61mg/L 降为 24.89mg/L，氨氮由 0.13mg/L 降为 0.11mg/L，TN 和高锰酸盐指数波动较小。

3. 胶东区水质变化

分析调水期济平干渠段睦里庄节制闸和济平干渠至引黄济青闸段淄博分水口两个代表性断面的水质指标浓度，不同保证率调水流量下断面水质指标浓度变化曲线，如图 4.23 和图 4.24 所示。由图可知，上述断面的水质呈明显的时空变化，同鲁南区规律一致。具体表现为 140.15m³/s（调水保证率 95％）和 127.88m³/s（调水保证率 75％）两种调水流量条件下各指标浓度过程线变化趋势基本相同，但调水流量为 140.15m³/s 时的浓度略低于调水流量为 127.88m³/s 时的浓度，说明调水保证率 95％时的水质优于调水保证率 75％的情况。

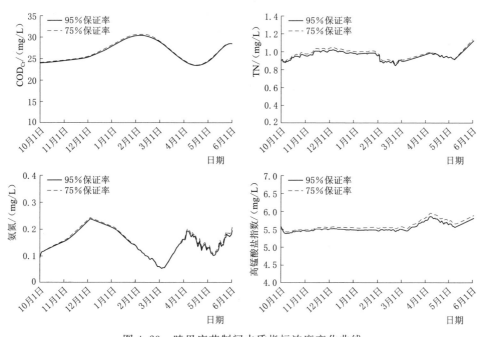

图 4.23　睦里庄节制闸水质指标浓度变化曲线

上述断面水质指标浓度随时间的变化比较明显，但济平干渠至引黄济青段淄博分水口相较于济平干渠段睦里庄节制闸变化更为平缓。对于睦里庄节制闸断面个别月份 COD_{Cr} 浓度超标，而在长沟段超标的 TN 浓度在此得到缓解，勉强达到Ⅲ类水标准；氨氮和高锰酸盐指数尽管有所波动，但均达到Ⅲ类水标准。

分析调水后期（5 月 15 日）睦里庄节制闸、济平干渠入小清河、东湖水库、淄博分水闸和引黄济青分水口断面的水质指标浓度，调水流量为 140.15m³/s 时沿程水质指标浓度变化曲线，如图 4.25 所示。从空间来看，长沟至济南段化学

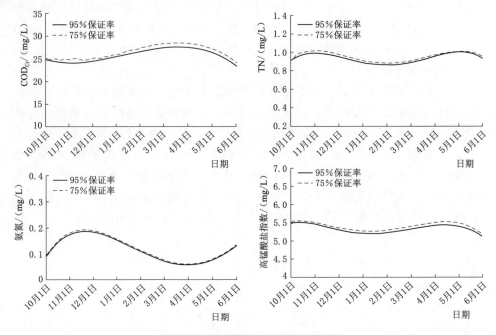

图 4.24　淄博分水口浓度变化曲线

需氧量 COD_{Cr} 超标，随着调水进行得到一定的控制，维持在 25mg/L 左右，但仍未达到Ⅲ类水标准。TN 在济平干渠段仍稍超标，其余渠段基本维持在 1mg/L，符合Ⅲ类水标准。氨氮和高锰酸盐指数沿程浓度基本一致，氨氮符合Ⅱ类水标准，高锰酸盐指数基本符合Ⅲ类水标准。

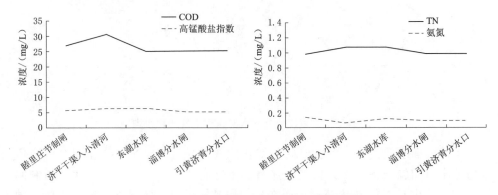

图 4.25　胶东段沿程水质指标浓度变化曲线

4.4.2　水量水质输入输出响应关系

鲁南区位于山东省与江苏省交界，该段河道形态变化复杂，依靠泵站提水进行输水，工程输水线过长且与沿途河流、湖泊连通。根据对南水北调东线山东段工程布置及水量、水质的分析结果，水质受引江水来水影响最大，水质指标浓度在济宁段开始积累，内源污染难以在短期内消除，整个调水期内河渠湖库连通水网水质波动较大。因此，这里以鲁南区为例，选取南水北调东线干线上的 4 个分水口及长沟泵站关键控制断面（位于梁济运河）为监测点，对基于代理模型得到的水量水质输入输出响应关系进行说明。

鲁南区包含枣庄市、济宁市和菏泽市 3 个受水区，在南水北调东线干线共设有 4 个分水口，向 6 个受水单元供水，分水口均位于南四湖下级湖到梁济运河长沟泵站之间，各受水单元及其分水口见表 4.1。下级湖潘庄一级站向枣庄市市区供水，上级湖城郭河甘桥泵站分水口向枣庄市滕州供水，上级湖洙水河港口提水泵站向菏泽市巨野供水，上级湖济宁提水泵站向济宁市高新区、济宁市邹城市、济宁市兖州及曲阜市供水。选取南水北调东线干线上的 4 个分水口及长沟泵站关键控制断面（位于梁济运河）为监测点，考虑不同水量调配方案下其水质变化情况，选定水质指标为 COD_{Cr}、TN、氨氮和高锰酸盐指数。实际运行中，不同水平年的引江水流量按设计流量给定。同时考虑到各分水口的供水方案和水质初始浓度，选择调水水质指标浓度、分水口流量及分水口水质指标初始浓度等作为变量，构建代理模型得到水量水质输入输出响应关系。

4.4.2.1　抽样

将引江水水质指标浓度、分水口流量和分水口水质指标初始浓度作为水动力水质模型的输入变量，同时考虑温度变化，其余参数设为常数；输出变量为 4 个分水口及长沟泵站关键控制断面的水质指标浓度。考虑调水期为 10 月至次年 5 月，根据鲁南区实际温度，将温度的可行域定义为 $0\sim22℃$；引江水水质指标浓度参考 2016 年上半年数据，COD_{Cr}、氨氮和高锰酸盐指数均满足Ⅲ类水标准，TN 有所超标，水质指标浓度的取值范围列于表 4.11。

表 4.11　　　　　　　　　水质指标的取值范围　　　　　　　　单位：mg/L

水质指标	引江水	分水口	长沟泵站
COD_{Cr}	13～15	12～20	12～28
TN	0.5～8	0.5～8	0.5～2
氨氮	0.1～0.6	0.1～0.6	0.1～0.6
高锰酸盐指数	3～5	3～6	3～8

采用最优拉丁超立方在变量可行域内进行抽样，作为代理模型的训练数据。后将变量样本代入到水动力水质数学模型中，通过模型的运算，可以得到每一组调配方案下受水区各分水口及关键控制断面的各类水质指标浓度。为研究不

同情境下逐时段的水质变化，模拟时间为 3d。

　　为了研究抽样样本数量对代理模型性能的影响，以 Kriging 代理模型为例，采用四组不同数量的样本点构建 Kriging 代理模型，并对其精度进行评估。为了全面地评估代理模型的预测精度，这里选用目前常用的三种评估指标：确定性系数 R^2、平均绝对误差 MAE 和平均相对误差 MRE。以下级湖潘庄一级站分水口各水质指标为例，图 4.26 为 300 个、500 个、800 个和 1000 个样本点生成的 Kriging 模型精度评估指标对比图。结果表明，各组的确定性系数 R^2 均大于 0.95，随抽样规模的增大而略有改善，且样本数量大于 500 个后改善程度减小。平均绝对误差 MAE 和平均相对误差 MRE 与之相反，其值随抽样规模的增加而减小，且均小于 0.06。800 个和 1000 个样本点生成的 Kriging 模型精度稍优于 500 个样本点生成的 Kriging 模型，但其所需的计算成本大大增加。因此，综合考虑模型精度和计算负荷，选用 500 个样本点构建代理模型是较为合理的，抽取 500 组样本点作为代理模型的训练数据。

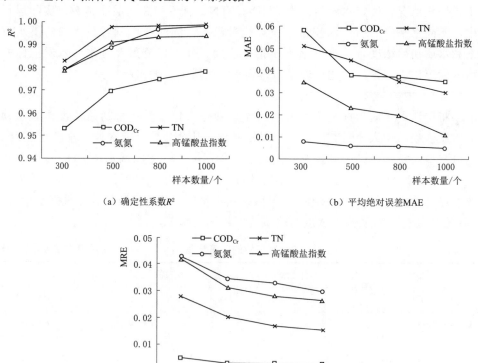

（a）确定性系数 R^2

（b）平均绝对误差 MAE

（c）平均相对误差 MRE

图 4.26　Kriging 模型精度评估指标对比图

4.4.2.2　代理模型的选取

由最优拉丁超立方方法和水动力水质数学模型得到的 500 组输入输出数据作为代理模型的训练数据，并额外随机抽取 40 组输入数据，代入模拟模型得到输出响应值，作为代理模型的精度检验数据。基于 500 组训练数据和 40 组检验数据，分别运用多项式回归法（POLY）、径向基函数法（RBF）和克里格法（Kriging）建立代理模型。

对于 40 组检验数据，将三个代理模型得到的结果与模拟模型结果进行对比，评估代理模型预测精度，选择适合的代理模型。表 4.12 为三个代理模型的精度检验结果对比，以下级湖潘庄一级站分水口为例，图 4.27 为计算值与模拟值对比，计算值代表代理模型输出值，模拟值代表模拟模型输出结果。结合表 4.12 和图 4.27 可以看出，三个模型的 R^2 均大于 0.8，近似精度从大到小依次为 Kriging 模型、RBF 模型和 POLY 模型，其中 Kriging 代理模型的 R^2 基本都在 0.966 以上，高于其他两个模型。同时平均绝对误差 MAE 和平均相对误差 MRE 均在 0.161 以内，低于其他两个模型。结果表明 Kriging 模型的训练结果很好，在功能上可以逼近受水区水质模型，在水量水质联合调配模型的求解过程中，可以采用 Kriging 模型来替代水动力水质数学模型。

表 4.12　三个代理模型的精度评估

关键控制断面	响应输出	POLY 模型			RBF 模型			Kriging 模型		
		R^2	MAE	MRE	R^2	MAE	MRE	R^2	MAE	MRE
下级湖潘庄一级站	COD_{Cr}	0.899	0.078	0.006	0.925	0.056	0.004	0.970	0.038	0.003
	TN	0.992	0.052	0.028	0.992	0.053	0.029	0.998	0.045	0.020
	氨氮	0.944	0.029	0.075	0.965	0.022	0.049	0.989	0.006	0.035
	高锰酸盐指数	0.970	0.023	0.053	0.975	0.019	0.042	0.991	0.023	0.031
上级湖城郭河甘桥泵站	COD_{Cr}	0.998	0.056	0.008	0.999	0.040	0.006	0.999	0.033	0.004
	TN	0.857	0.063	0.275	0.971	0.024	0.059	0.977	0.022	0.068
	氨氮	0.880	0.105	0.045	0.995	0.014	0.012	0.995	0.012	0.005
	高锰酸盐指数	0.979	0.061	0.020	0.975	0.054	0.018	0.979	0.053	0.018
上级湖济宁提水泵站	COD	0.982	0.144	0.031	0.981	0.143	0.033	0.997	0.070	0.010
	TN	0.848	0.068	0.143	0.954	0.028	0.059	0.961	0.027	0.065
	氨氮	0.894	0.031	0.063	0.941	0.033	0.081	0.953	0.023	0.050
	高锰酸盐指数	0.995	0.025	0.012	0.993	0.034	0.015	0.999	0.014	0.006
上级湖洙水河港口提水泵站	COD_{Cr}	0.972	0.306	0.046	0.986	0.245	0.039	0.997	0.072	0.010
	TN	0.902	0.066	0.199	0.952	0.039	0.097	0.966	0.035	0.103
	氨氮	0.944	0.029	0.087	0.965	0.024	0.050	0.989	0.014	0.021
	高锰酸盐指数	0.966	0.074	0.033	0.987	0.046	0.020	0.996	0.026	0.011

关键控制断面	响应输出	POLY 模型			RBF 模型			Kriging 模型		
		R^2	MAE	MRE	R^2	MAE	MRE	R^2	MAE	MRE
长沟泵站	COD_{Cr}	0.951	0.051	0.004	0.963	0.036	0.003	0.967	0.136	0.042
	TN	0.976	0.168	0.073	0.986	0.082	0.048	0.987	0.070	0.042
	氨氮	0.979	0.061	0.020	0.994	0.035	0.011	0.997	0.023	0.007
	高锰酸盐指数	0.880	0.105	0.045	0.988	0.040	0.018	0.989	0.041	0.017

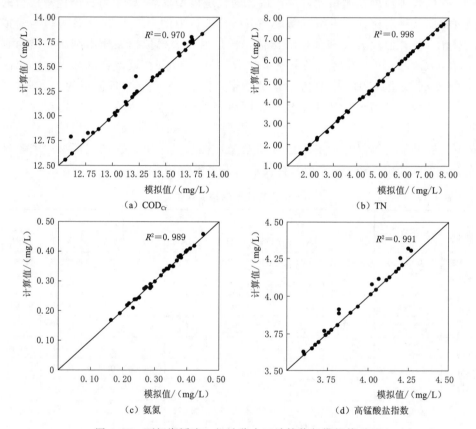

图 4.27　下级湖潘庄一级站分水口计算值与模拟值对比

4.4.3　受水单元水量水质联合调配方案

仍以鲁南区为例，对水量水质联合调配模型的建立、求解及受水单元水量水质联合调配方案进行说明。

4.4.3.1　水量水质联合调配模型建立及求解

按 4.2.3.1 节受水单元间优化调配模型的式（4.30）～式（4.37）和

4.2.3.2 节受水单元内优化调配模型的式（4.38）～式（4.42）建立相应的水量水质联合调配模型。

鲁南区包含枣庄市、济宁市和菏泽市 3 个受水区，在南水北调东线干线上共设有 4 个分水口，向 6 个受水单元供水，分水口均位于南四湖下级湖到梁济运河长沟泵站之间，各受水单元及其分水口见表 4.1。南水北调东线山东段通水后，鲁南区改变了原有水资源配置格局，供水水源包括引江水、引黄水、地表水、地下水和其他水源，受水用户有生活、工业、农业和生态，考虑沿线农业用水的季节性变化。第一层受水单元间优化调配模型以受水区综合相对缺水量最小、监测点各类水质指标浓度最小和调水成本最小为目标函数，考虑需水、供水、关键控制断面水位和水质指标浓度等约束条件，实现各类水源在不同受水区的受水单元之间的调配；第二层受水单元内优化调配模型，以各受水单元综合相对缺水量和调水成本最小为目标函数，考虑需水和供水约束条件，实现各受水单元内不同水源到不同用户的分配。

根据南水北调一期工程可行性研究，调水期为非汛期，即每年 10 月 1 日至次年 5 月 31 日，共 243d，取 3d 为一个优化时段。近期规划水平年选定为 2020 年，调水期各子受水区的调配方案，模型计算水量条件和第 3 章一致，同样，引黄水不供给枣庄市。对于模型水质条件，选取南水北调东线干线上的 4 个分水口及长沟泵站关键控制断面（位于梁济运河）为监测点，所考虑水质指标为 COD_{Cr}、TN、氨氮和高锰酸盐指数。由 4.4.2.1 节所建立的代理模型得到水量水质的输入输出响应函数 $\phi_k(W_{njt})$，并嵌入第一层模型目标函数进行求解。鉴于东线刚通水不久，实测引江水资料不完整，故水质初始浓度采用 2016 年 10 月的实测浓度值，具体列于表 4.10，下级湖两个入水口的水质相同。由于 2016 年度数据中引江水水质指标 COD_{Cr}、氨氮和高锰酸盐指数均满足Ⅲ类水标准，TN 严重超标，因此，另设引江水水质指标均满足Ⅲ类水标准的情景进行对比，其中各水质指标浓度为 COD_{Cr}13.73mg/L、TN 1mg/L、氨氮 0.37mg/L 和高锰酸盐指数 3.91mg/L。

利用 4.2.3.3 节提出的模型求解方法进行求解，模拟南水北调东线一个完整的调水周期内鲁南区的水量调配，分析其水量和水质变化规律，以旬时段，制定受水单元水量水质联合调配方案。

4.4.3.2　受水单元水量水质联合调配方案

针对南水北调东线复杂的河渠湖库连通水网，进行水量水质联合调配研究。求解第一层受水单元间优化调配模型，得到受水单元水量调配方案及水质变化情况。将引江水最优水量调配方案代入水动力水质数学模型中，运行模拟模型得到相应的水质指标浓度变化情况，经比较，与代理模型得到的变化情况基本一致，以下级湖潘庄一级站分水口为例，确定性系数 R^2、平均绝对误差 MAE

和平均相对误差 MRE 分别为 0.965、0.024 和 0.049。鲁南区内主要为当地降水、泗运水系汇入南四湖的地面径流和地下水，引江水和黄河水是本区主要补充水源。鲁南区共调引江水 2.1 亿 m^3，其中枣庄市分水 0.9 亿 m^3，济宁市分水 0.45 亿 m^3，菏泽市分水 0.75 亿 m^3。枣庄市、济宁市和菏泽市的缺水率分别为 13.5%、11% 和 5.3%，枣庄市没有引黄水补充，故相较于济宁市和菏泽市缺水率较大。

枣庄市包括枣庄市市区和滕州 2 个受水单元，以枣庄市市区受水单元为例，受水单元水量水质联合调配方案列于表 4.13，并绘于图 4.28。从图表可以看出，枣庄市市区其他四种水源供水量在 11 月中下旬、2 月下旬至 3 月中旬和 5 月中旬上旬分配水量最大，这些时段农业灌溉用水时间集中，而引江水不供给农业用户，因而无此明显变化，水量相对比较稳定。

表 4.13　　　　　　　　　　　　枣庄市市区逐旬调配水量　　　　　　　　单位：万 m^3

调水时段	引江水	地表水	地下水	其他水源
10 月上旬	74.90	48.75	88.86	33.85
10 月中旬	74.90	48.75	88.86	33.85
10 月下旬	83.74	53.62	97.74	37.23
11 月上旬	103.64	53.88	100.39	37.25
11 月中旬	95.51	168.96	431.58	108.62
11 月下旬	85.98	168.96	431.58	108.62
12 月上旬	95.79	52.73	97.80	36.48
12 月中旬	95.81	52.73	97.80	36.48
12 月下旬	104.82	58.00	107.58	40.13
1 月上旬	87.95	49.65	90.88	34.44
1 月中旬	87.39	49.65	90.88	34.44
1 月下旬	96.13	54.61	99.96	37.89
2 月上旬	68.98	46.09	82.90	32.09
2 月中旬	68.98	46.09	82.90	32.09
2 月下旬	56.32	201.28	539.45	127.64
3 月上旬	85.17	254.72	681.32	161.61
3 月中旬	88.62	254.72	681.32	161.61
3 月下旬	94.95	54.14	98.90	37.57
4 月上旬	85.53	50.07	91.82	34.72
4 月中旬	85.47	50.07	91.82	34.72
4 月下旬	83.87	50.07	91.82	34.72

调水时段	引江水	地表水	地下水	其他水源
5月上旬	64.09	221.60	586.16	141.06
5月中旬	62.60	221.60	586.16	141.06
5月下旬	68.86	53.87	98.31	37.40

如上所述，鲁南区内的枣庄市、菏泽市和济宁市3个受水区，包含枣庄市区、枣庄市滕州、菏泽市巨野、济宁市高新区、邹城市和兖州曲阜市6个受水单元，其中下级湖潘庄一级站向枣庄市区供水，上级湖城郭河甘桥泵站向枣庄市滕州供水，上级湖洙水河港口提水泵站向菏泽市巨野供水，上级湖济宁提水泵站向济宁市高新区、邹城市和兖州曲阜市供水。在求解上述各受水单元水

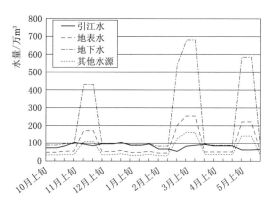

图4.28　枣庄市市区受水单元水量调配方案

量调配方案的同时，得到了鲁南区各分水口的逐旬供水方案，其成果列于表4.14，并绘于图4.29，为实现输水沿线水量调配提供了量化依据。从图表可以看出，不同分水口引江水量不同，上级湖洙水河港口提水泵站分水口水量最多，约为7500万 m³，下级湖潘庄一级站分水口水量最少，约为2000万 m³，这与当地用水需求有关。在下级湖潘庄一级站分水口调配方案中引江水供水量最大出现在12月下旬，最大水量为104.82万 m³，最小水量出现在2月下旬为56.32万 m³。

表 4.14　　　　　　　　　　鲁南区各分水口逐旬供水方案　　　　　　　　单位：万 m³

调水时段	枣庄市		菏泽市	济宁市
	下级湖潘庄一级站	上级湖城郭河甘桥泵站	上级湖洙水河港口提水泵站	上级湖济宁提水泵站
10月上旬	74.90	277.52	307.24	174.90
10月中旬	74.90	277.52	307.24	171.93
10月下旬	83.74	307.62	338.11	192.90
11月上旬	103.64	339.75	339.28	222.23
11月中旬	95.51	310.60	308.38	203.64
11月下旬	85.98	279.60	277.62	183.72

调水时段	枣庄市		菏泽市	济宁市
	下级湖潘庄一级站	上级湖城郭河甘桥泵站	上级湖洙水河港口提水泵站	上级湖济宁提水泵站
12 月上旬	95.79	311.34	309.41	209.94
12 月中旬	95.81	311.39	309.48	210.38
12 月下旬	104.82	341.46	340.34	229.45
1 月上旬	87.95	295.27	306.83	180.65
1 月中旬	87.39	294.07	306.58	178.44
1 月下旬	96.13	323.48	337.24	196.29
2 月上旬	68.98	263.26	317.60	190.81
2 月中旬	68.98	263.26	317.60	190.81
2 月下旬	56.32	212.61	252.52	151.77
3 月上旬	85.17	290.21	307.58	176.83
3 月中旬	88.62	291.95	306.46	175.52
3 月下旬	94.95	321.02	337.17	193.00
4 月上旬	85.53	290.27	307.28	174.51
4 月中旬	85.47	290.15	307.34	174.43
4 月下旬	83.87	288.54	307.31	174.49
5 月上旬	64.09	265.47	306.92	175.24
5 月中旬	62.60	263.62	306.89	175.30
5 月下旬	68.86	289.99	337.58	192.83

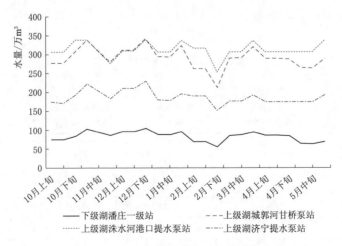

图 4.29　鲁南区各分水口逐旬供水方案

　　求解第二层受水单元内优化调配模型，得到受水单元各用户中各类水源的调配方案，明确各类水源在各受水单元生活、工业、农业和生态等用户中调配比例。这里，以枣庄市区和济宁市高新区为例，给出各受水单元不同用户中各类水源的调配水量，如图4.30和图4.31所示。从图中可以看出，各受水区不同用户的各类水源调配水量中，农业用户均最大，其次是生活、工业和生态用户。在优先保证生活用水的前提下，缺水量从大到小依次为农业、工业和生态用户。农业用户中没有引江水供水，由于引江水的供水成本较高，故各受水区引江水均用于生活、工业和生态用户用水；同时，引江水在生活中的调配比例均为最高，说明大部分引江水用于满足生活的用水需求，达到高效利用引江水的目的。枣庄市市区没有引黄水供水，供水水源主要为地下水，其次为地表水和引江水，引江水对补枣庄市用水起着十分重要的作用；济宁市高新区主要水源为地下水，引黄水主要用于农业用水，引江水在生活、工业和生态用水中均占有一定比例。

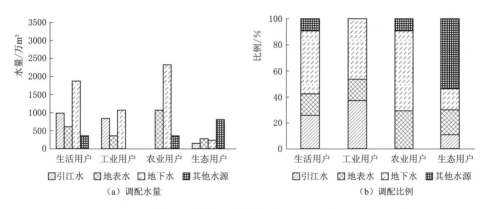

图 4.30　枣庄市市区不同用户中各类水源的调配水量和调配比例

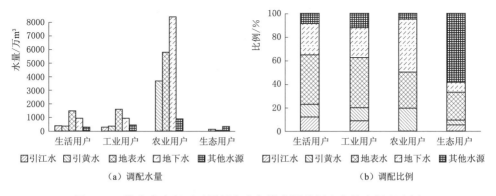

图 4.31　济宁市高新区不同用户中各类水源的调配水量和调配比例

189

为了验证水量水质联合调配模型的合理性，另进行仅考虑水量目标的调配模型计算，并将两种计算结果进行对比。图 4.32 为两种情景下各分水口逐旬调配水量对比图。从图中可以看出，由于考虑了不同时段的水质需求，考虑水质要求时各分水口的引江水逐旬调配水量相较于不考虑水质要求时波动相对较大。考虑水质要求时，在优化过程中可根据输水干线和分水口的水质情况选择合理的调配水量，因此随着不同时段引江水水质及各分水口的初始水质不同，各分水口不同时段调配水量随之变化。

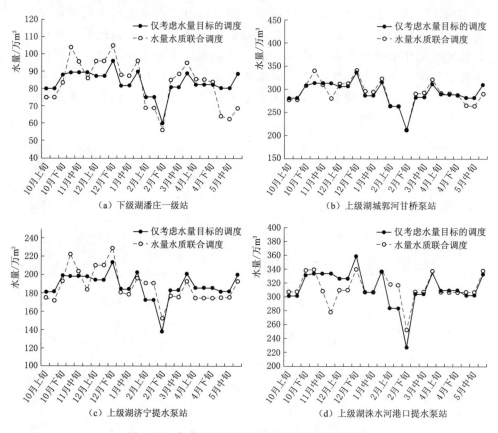

图 4.32　各分水口引江水逐旬调配水量对比图

4.5　小　　结

针对同时考虑水量和水质需求的复杂河渠湖库连通水网，提出了河渠湖库连通水量水质联合调配技术。该技术以水质模拟模型和水量优化调配模型为基础，以水量水质的输入输出响应关系为核心，关注水量-水质-调配之间的相互

影响，引入降维思想和代理模型提高计算效率，形成受水单元水量水质联合调配方案。

　　将河渠湖库连通水量水质联合调配技术应用于南水北调东线山东段。基于该区域水网特点以及分水口布置，建立区域水网水动力水质数学模型，模拟 $140.15\mathrm{m}^3/\mathrm{s}$（调水保证率 95％）和 $127.88\mathrm{m}^3/\mathrm{s}$（调水保证率 75％）两种不同保证率调水流量下连通水网水量、水位和水质变化，结果表明受区域水网调蓄工程和不同调水流量的影响，河道断面的流量、水位、水质等呈明显的时空变化。以鲁南区为例，选用 Kriging 模型作为水量水质输入输出响应关系的代理模型，以各分水口缺水量、监测点各类水质指标浓度和调水成本最小为目标函数，考虑供水、防洪和灌溉等约束条件进行水量水质联合调配，得到受水单元水量水质联合调配方案，实现了分质供水。

第 5 章

河渠湖库连通调水过程优化技术

对于复杂的河渠湖库连通水网，输水形式多样，既有泵站提水，又有自流型输水，运行复杂且成本高。为满足区域水网内各受水区受水单元及用户的用水需求，输水沿线众多的分水口分水量将随之调整，相应调蓄工程的蓄水量及水位也将随之变化。对于多级泵站提水的输水干线，期间的湖泊或河道具有一定的调蓄能力，若相邻泵站开启时间控制不当，会导致泵站站下水位低于最低运行水位，危及泵站的运行安全。为保障输水安全需关注水位变化，同时降低泵站运行成本，应随时优化调水过程。本章提出适用于泵站提水输水的河渠湖库连通调水过程优化技术。

对于具体的区域水网，梯级泵站提水的输水干线一般由具有一定的调蓄能力的河道、明渠、湖泊和水库等组成，利用河渠湖库连通调水过程优化技术，研究科学合理的相邻泵站开启时间差，充分利用调蓄工程的调蓄能力，通过合理地控制泵站启闭时间来调节水位，不断优化调水过程，制定梯级泵站最优调水方案，即确定最优的起调水位、泵站开启时间差、调入时间和调出时间，实现安全、稳定和经济调水，为实施区域水网水量调配提供保障。

5.1 引 言

河渠湖库连通调水过程优化技术是对梯级泵站提水输水过程进行优化，确定梯级泵站最优调水方案，其核心部分涉及水力模拟、代理模型和优化算法等内容。

对于复杂的河渠湖库连通水网，除自流型输水外，还采用梯级泵站提水输水。各级泵站作为主要控制单元，其间多以河道、明渠、湖泊和水库进行输水和调蓄，各控制单元之间存在着密切的水力（水位、流量）联系。以河道和湖泊输水和调蓄为例，其梯级泵站输水系统，如图 5.1 所示，根据各级泵站所处位置及工作特点，可将泵站分为三种类型：①出湖泵站，即泵站前池与湖泊相连，从湖泊中取水，站下水位（前池水位）变化过程与湖泊的水位有关；②河道中间泵站，这类泵站建于出湖泵站与入湖泵站之间的输水河道上，泵站的站上、站下水位相对稳定；③入湖泵站，即从输水河道中抽水入湖，这类泵站的站下水位与河道中间泵站站下位相同。

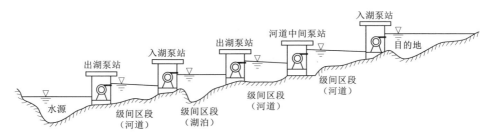

图 5.1　梯级泵站输水系统

河渠湖库连通水网的调蓄工程群之间水力联系复杂，当调水量和供水量调整时，将要求沿线控制水位和流量的水利设施运行随之调整，例如某一泵站提水运行状态改变，其上下游沿线的水位和流量随之发生变化，为保证安全输水其余水利设施运行状态也必须随之改变。在实际运行调配中，泵站的开启会引起其站下水位的下降。当上级泵站在某时刻开启提水后，若下级泵站在较短的时间差后开启提水，则可能发生来水尚未推进至该泵站而其站下水位已降低至最低运行水位以下的情况。这种情况轻则引起水泵强迫停机，降低设备使用寿命，重则使水泵产生气蚀振动，造成水泵吸水管断流，危及泵站的运行安全。因此，确定科学合理的相邻泵站开启时间差，对水泵的安全启动和高效运行显得至关重要。宋月清等（1999）针对水泵瞬间启动会使前池内水位产生骤然降落的问题，通过对启动过程中水泵的扬程、流量和转速三者的关系，分析了泵装置系统的特征值与前池内的水流流态，推导出水泵启动过程中前池水位降落值的计算方法。武周虎等（2008）基于水量平衡原理利用分段累计楔形水体体积的方法，对设计工况的南四湖出入湖泵站开启时间差进行了研究，提出了出湖泵站开启后水位下降不低于相应设计水位的充要条件，即入湖口提水泵站输水惯性波前锋到达出湖口，且入湖调蓄水量能满足输水流量形成恒定流水面线比降的楔形水体容积。

对于梯级泵站级间区段是调蓄湖泊或水库等水域的情况，以往研究多将其按一维概化从而简化模型。而在实际输水过程中，湖内水位变化、流速、上游至下游传播时间等都会受到复杂地形的影响，因此这类概化模型计算精度不高。此外，较少考虑湖泊不同初始水位对开启时间差的影响，致使研究结果有一定局限性。因此，亟须研究科学合理的相邻泵站开启时间差，通过合理控制泵站启闭时间来调节湖内水位，进而优化调水过程。

优化调水过程的常规做法是通过人为不断改变边界条件，利用一维、二维耦合水动力模型求解得到时间-水位关系，反复试算并比较各调水方案结果，得到较优的调水方案。但常规方法更依赖主观因素，计算工作量大、效率较低，而且不易得到最优方案。因此，有必要采用智能优化算法进行调水过程优化研究，寻求调水过程最优方案。目前，常用的智能优化算法有遗传算法、粒子群算法、模拟退火算法和神经网络算法等。粒子群优化算法因其运行速度快、结构简单、易于实现，很好地解决了非线性、全局优化等复杂问题，在调水工程中取得了广泛的应用。丁咏梅等（2010）、郭旭宁等（2016）均采用粒子群优化算法求解优化调度模型，实现水量的优化调度；侍翰生等（2013）采用基于动态规划与模拟退火相结合的混合算法求解多决策变量的河-湖-梯级泵站系统水资源优化配置动态规划数学模型，提高供水保证程度的同时减少系统的总抽水量，降低供水系统运行成本。调蓄工程调水过程中，水量-水位联动关系复杂且非线性，调水过程影响因素众多。对于复杂的区域水网，优化计算过程需要重复调用水动力模型，计算量大且十分耗时，因此亟须要寻求高效的方法以提高工作效率。

近年来，基于代理模型的优化策略受到国内外学者的普遍关注，提高了系统的优化效率。代理模型通过寻求输入输出变量间响应关系，可代替真实系统快速给出所求解，目前，在流体动力学方面应用十分广泛，已实现机翼、车头和进出水口等体型优化。对于非线性问题，径向基函数（Radial Basis Function, RBF）代理模型具有结构简单、运算稳定、处理高阶非线性数学问题能力强等特点，是较为常用的代理模型。Broad 等（2015）将径向基函数神经网络代理模型作为优化模型目标函数的一部分进行优化，并成功应用于基于风险的配水系统优化问题；杨光等（2017）基于汉江上游梯级水库群供水和发电优化调度产生的数据集，采用径向基函数建立了梯级水库群的调度规则。显然，在调水过程优化方面，RBF 代理模型也应有很好的应用前景。

5.2　调水过程优化技术理论

河渠湖库连通调水过程优化技术（简称调水过程优化技术），其核心部分是针对梯级泵站提水的输水形式，优化泵站运行，降低能源消耗，形成梯级泵站最优调水方案，实现安全、稳定、经济输水。

梯级泵站提水的输水干线一般由具有调蓄能力的河道（或明渠）和湖泊（或水库）等组成，上级泵站和下级泵站的定义，如图 5.2 所示。上级泵站是指自上游河道提水至该湖泊（称为调入），下级泵站是指自该湖泊提水至下游河道（称为调出）。对于该湖泊和河道的梯级泵站提水输水形式，梯级泵站调水方案是指该湖泊在什么水位时开启水泵（起调水位）、上下级泵站开启时间间隔多少合适（泵站开启时间差）、上级泵站自上游河道提水至该湖泊的运行时间（泵站调入时间）是多少、下级泵站自该湖泊提水至下游河道的运行时间（泵站调出时间）是多少。梯级泵站最优调水方案即是确定最优的起调水位、泵站开启时间差、泵站调入时间和泵站调出时间。

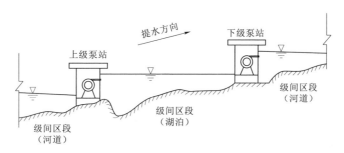

图 5.2 上级泵站和下级泵站的定义

河渠湖库连通调水过程优化技术，首先，建立梯级泵站相邻级间区段的一维二维耦合水动力模型，在不同调水保证率（年调水量）和不同起调水位的条件下，改变下级泵站开启时刻形成不同的相邻泵站开启时间差，依次对湖泊和河道水流运动进行数值模拟，评估下级泵站站下水位随时间的变化过程，进而确定合理的相邻泵站开启时间差；然后，建立基于径向基函数（RBF）代理模型的调水过程优化模型，在调水保证率、起调水位和泵站开启时间差的基础上，考虑上、下级泵站的运行时长，以泵站工作总时间最短为目标，得到梯级泵站最优调水方案，即最优的起调水位、泵站开启时间差、调入时间和调出时间。

5.2.1 相邻泵站开启时间差的确定方法

建立梯级泵站相邻级间区段的一维、二维耦合水动力模型，在不同调水保证率（年调水量）和不同起调水位的条件下，改变下级泵站开启时刻形成不同的相邻泵站开启时间差，依次对级间区段的湖泊和河道水流运动进行数值模拟，评估下级泵站不同时刻的站下水位变化过程，确定合理的相邻泵站开启时间差。

5.2.1.1 一维、二维耦合水动力模型

建立梯级泵站相邻级间区段的一维、二维耦合水动力模型，对级间区段的湖泊和河道水流运动进行数值模拟，评估下级泵站不同时刻的站下水位变化过程。该模型对级间区段地形复杂的调蓄水库和湖泊等水域建立平面二维模型，对级间区段的输水渠道和泵站引水渠等建立一维模型，数值模拟后得到沿程断面的各水力参数。

1. 一维非恒定流方程

一维非恒定流方程包括连续性方程和运动方程，即圣-维南（Saint-

Venant）方程组。

连续性方程：

$$\frac{\partial A}{\partial t}+\frac{\partial Q}{\partial x}-q=0 \tag{5.1}$$

运动方程：

$$\frac{\partial Q}{\partial t}+\frac{\partial QU}{\partial x}+gA\left(\frac{\partial z}{\partial x}+S_{\mathrm{f}}\right)=0 \tag{5.2}$$

式中：A 为过流断面面积，$\mathrm{m^2}$；Q 为过流断面流量，$\mathrm{m^3/s}$；x 为沿河道距离（纵向坐标），m；t 为时间，s；q 为旁侧入流或出流，$\mathrm{m^2/s}$；U 为过流断面平均流速，$\mathrm{m/s}$；z 为水位，m；S_{f} 为摩阻比降，$S_{\mathrm{f}}=\dfrac{Q|Q|}{K^2}$，$K$ 为流量模数，$\mathrm{m^3/s}$；g 为重力加速度，$\mathrm{m/s^2}$。

初始条件，通常给定河道或明渠在某时刻的流动状态，如河道或明渠沿程各断面的水位和流量。

$$\begin{aligned}z(x,t)|_{t=0}&=z(x,0)\\Q(x,t)|_{t=0}&=Q(x,0)\end{aligned} \tag{5.3}$$

边界条件，一般有三种形式：给定水位过程、给定流量过程和给定水位-流量关系。

$$z(x,t)|_{x=0}=z(0,t)\qquad z(x,t)|_{x=K}=z(K,t)$$

或　　　$$Q(x,t)|_{x=0}=Q(0,t)\qquad Q(x,t)|_{x=K}=Q(K,t) \tag{5.4}$$

或　　　$$Q(x,t)|_{x=0,K}=f[Z(x,t)]$$

采用四点隐式有限差分法求解 Saint-Venant 方程组，计算得到离散网格每一节点的流量和水位值。对于交汇汊点的求解，先将未知水力要素集中到汊点上，待汊点未知量求出后，再回代求解各河段未知量。

2. 二维非恒定流方程

二维非恒定流包括连续性方程和运动方程。

连续性方程：

$$\frac{\partial h}{\partial t}+\frac{\partial(hu)}{\partial x}+\frac{\partial(hv)}{\partial y}+q=0 \tag{5.5}$$

运动方程：

$$\left\{\begin{aligned}\frac{\partial u}{\partial t}+u\frac{\partial u}{\partial x}+v\frac{\partial u}{\partial y}&=-g\frac{\partial h}{\partial x}+\nu_{\mathrm{t}}\left(\frac{\partial^2 u}{\partial x^2}+\frac{\partial^2 u}{\partial y^2}\right)-c_{\mathrm{f}}u+fv\\\frac{\partial v}{\partial t}+u\frac{\partial v}{\partial x}+v\frac{\partial v}{\partial y}&=-g\frac{\partial h}{\partial y}+\nu_{\mathrm{t}}\left(\frac{\partial^2 v}{\partial x^2}+\frac{\partial^2 v}{\partial y^2}\right)-c_{\mathrm{f}}v+fu\end{aligned}\right. \tag{5.6}$$

式中：u、v 为沿 x、y 方向的流速，$\mathrm{m/s}$；h 为水深，m；q 为汇/源流量，$\mathrm{m^3/s}$；

$\nu_t = Dhu^*$，ν_t 为水平涡黏系数，m^2/s，其中 D 为混合系数，u^* 为摩阻流速，$u^* = \sqrt{gRJ}$，m/s；R 为水力半径，m，J 为水力坡度；$c_f = g|V|/(C^2 R)$，c_f 为河床摩擦系数，s^{-1}，$|V|$ 为 u 和 v 的合流速，m/s，C 为谢才系数；f 为科氏参数，s^{-1}。

初始条件一般给定湖库在某一时刻的初始水位或初始流量等。

边界条件包括开边界和闭边界。开边界一般给定流量过程，或水位过程，或水位流量关系。闭边界也称陆地边界，一般认为该边界上各点法向流速及对应的各流动变量法向梯度均为 0。

二维非恒定流计算以有限体积法为主，在非正交网格处采用有限体积法与有限差分法联合求解的方法计算。有限体积法的基本原理是将区域划分为独立连续的单元控制体，逐单元进行水量和动量平衡，计算出通过每个控制体边界法向输入或输出的流量和动量通量后，便可以得到计算时段末各控制体的平均水深和流速。

5.2.1.2　相邻泵站开启时间差求解

在梯级泵站调水过程中，影响下级泵站站下水位变化的主要因素为泵站提水流量和湖泊/河道起调水位。当泵站提水流量不同时，下游湖泊/河道受纳上游补水的时长不同，对下级泵站站下水位变化的影响也各不相同。由于湖泊/河道起调水位会直接影响提水过程中下级泵站站下出现的最低水位，需根据湖泊/河道多年平均水位，选取起调水位的最高值和最低值作为安全水位的水位约束。组合不同调水保证率和不同起调水位形成不同工况，这些工况涵盖梯级泵站调水过程中所有工况。

以下级泵站站下水位不低于其最低运行水位为判断条件，定义下级泵站站下水位最小值恰等于下级泵站最低运行水位的相邻泵站开启时间差为临界时间差 Δt_c；定义相邻泵站采用临界时间差 Δt_c 作为开启间隔的下级泵站站下水位值为临界水位 h_c。

利用一维二维耦合水动力模型，在某一调水保证率（年调水量）和起调水位的条件下，设置上下级泵站同时开启、下级泵站较上级泵站延后开启不同时长（即不同开启时间差）的模拟条件，即改变下级泵站开启时刻形成不同的相邻泵站开启时间差，依次对湖泊和河道水流运动进行数值模拟，得到下级泵站站下水位随时间的变化过程。不同的调水保证率（年调水量）和不同的起调水位的组合条件，均能得到相应的不同的相邻泵站开启时间差的下级泵站站下水位随时间的变化过程。

在某一调水保证率和起调水位条件下，基于得到的相应的不同的相邻泵站开启时间差的下级泵站站下水位随时间的变化过程，分析下级泵站站下水位趋势和平均下降速率，找到下级泵站站下水位最小值恰等于下级泵站最低运行水位对应的相邻泵站的开启时间差，即为临界时间差。当以此相邻泵站开启时间差运行梯级泵站时，下级泵站站下水位不会小于其最低运行水位，满足泵站运行要求，保证安全、稳定输水。

5.2.2　基于 RBF 代理模型的调水过程优化模型

对于多级泵站提水的输水干线，控制相邻泵站开启时间差，可避免下级泵站站下水位低于最低运行水位的情况。调水期内，泵站将持续运行提水，泵站运行时间长，当提水流量远未达到泵站设计流量，将造成调水效率低且输水成本高。

因此，本章在调水保证率（年调水量）、起调水位和泵站开启时间差的基础上，考虑泵站运行时长，以泵站工作总时间最短为优化目标，构建调水过程优化模型，制定梯级泵站最优调水方案，即确定最优的起调水位、泵站开启时间差、调入时间和调出时间。同时，构建的调水过程优化模型中引入径向基函数（RBF）代理模型，在保证计算精度的前提下提高优化效率。

在调水保证率（年调水量）确定的前提下，选用起调水位、泵站开启时间差、调入时间和调出时间四个参数表征梯级泵站调水方案；对于不同调水方案，以下级泵站站下最高水位和最低水位，作为泵站安全运行的水位约束条件。在表征调水方案的各参数的变化区间，自动选取参数形成不同的调水方案作为样本（称为调水方案样本），并利用一维、二维耦合水动力模型对每个方案进行数值模拟，得到不同样本（不同调水方案）的下级泵站站下最高水位和最低水位；基于所有的调水方案样本和对应的下级泵站站下水位结果，建立 RBF 代理模型，形成调水方案与下级泵站站下最高水位、最低水位的响应关系；基于 RBF 代理模型，建立调水过程优化模型，采用粒子群算法全局寻优，得到最优调水方案，即最优的起调水位、泵站开启时间差、调入时间和调出时间等参数。

5.2.2.1　调水方案样本选取

在代理模型构建之前，需要一组由设计参数以及相应的目标函数所构成的数据集，即在输入变量可行域内，选择有限的样本点以最大程度反映设计空间的信息（如目标函数等），其基本要求是保证所抽取的样本对全部样本具有充分的代表性。因此，选定起调水位、泵站开启时间差、调入时间和调出时间四个参数的变化区间。

目前，常用的抽样方法有正交列阵（Orthogonal Arrays，OA）、中心组合设计（Central Composite Design，CCD）、Box - Behnken 设计、拉丁超立方设计（Latin Hypercube Design，LHD）、最优拉丁超立方设计（Optimal Latin hypercube design，Opt LHD）等。

1. 拉丁超立方设计

拉丁超立方设计（LHD）方法是应用于计算机仿真试验的一种多维分层抽样方法。LHD 避免了样本点在小范围内聚集，具有一定的"空间填充"特性，是现阶段比较流行的一种试验设计方法。LHD 基本原理是在 n 个随机变量中，将每一个参数的坐标区间 $[x_k^{\min}, x_k^{\max}]$，$k \in [1, n]$ 分为等概率的 m 个区间，每个小区间表示为 $[x_k^{i-1}, x_k^i]$，$i \in [1, m]$，被抽到的概率都是 $1/m$。随机抽取 m 个点，保证一个参数的每个水平只被抽取一次，即构成 n 维空间、样本数为 m 的拉丁超立方设计方法。图 5.3 为两个设计参数（x_1 和 x_2）、10 个样本点的 LHD 示意图。

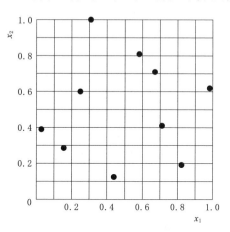

图 5.3　拉丁超立方设计方法

LHD 与简单随机抽样相比，可将抽样区间以等概率分成不重叠的抽样子区间，在每个区间内分别抽样，能够将样本点更好地布满整个抽样空间。同时，拉丁超立方设计方法可以用同样的点数研究更多的组合，进而拟合二阶或非线性的关系。但是，LHD 是采用随机组合的方式来生成设计矩阵，可能得到的结果有很多种，易存在样本点分布不够均匀的情况，随着随机变量的数量增加，丢失设计空间的一些区域的可能性将会增加。为了弥补样本点分布不均问题，需要对拉丁超立方设计方法进行改进，即最优拉丁超立方设计方法。

2. 最优拉丁超立方设计

最优拉丁超立方设计（Opt LHD）方法改进了拉丁超立方设计方法的均匀性，在其基础上增加了优化准则，用某种优化方法求得此准则下最优的拉丁超立方设计，再进行随机抽样，使因子和响应的拟合更加精确真实。拉丁超立方和最优拉丁超立方设计方法对比，如图 5.4 所示。

衡量拉丁超立方设计方法样本点好坏的重要准则是空间填充性。空间填充性能够使得样本点尽量散布于整个抽样空间，使样本点对抽样空间具有更高的代表性。常用的空间填充性衡量准则有极大距离、极小距离、ϕ_p 准则、熵和偏差等。

这里，采用最优拉丁超立方方法在调水方案参数区间内自动选样。调水方案由起调水位、泵站开启时间差、调入时间和调出时间四个参数构成。确定研究区域调水期 n 天，假定调入泵站从调水期第 1 天开始调水且两泵站同时启闭，

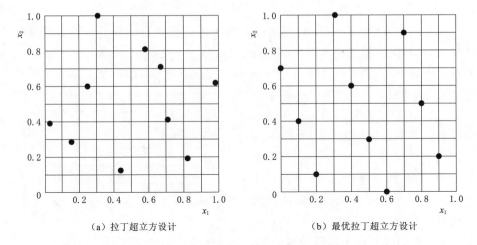

（a）拉丁超立方设计　　　　　　（b）最优拉丁超立方设计

图 5.4　拉丁超立方和最优拉丁超立方设计方法

泵站开启时间差为调入泵站与调出泵站开启时间间隔，且泵站开启时间差与调出时间之和不大于 n 天。构建 RBF 代理模型至少需要 $2a+1$ 个训练样本，a 为输入变量个数，另外还需一定数量的验证样本。每个样本代表一种调水方案，基于选好的样本，利用一维、二维耦合水动力模型，输入初始条件和边界条件，进行水动力计算，得到下级泵站站下最高水位和最低水位。

5.2.2.2　代理模型选择

代理模型（Surrogate Model），又称为响应面模型（Response Surface Model）或近似模型（Approximation Model）。其基本原理是采用有限的试验样本点，通过数理统计的方法建立设计参数与目标函数之间的近似函数关系，进而预测未知点的输出响应，可大幅降低计算耗时，进而提高优化效率。

代理模型用下式来描述输入变量和输出响应之间的关系为

$$y(x) = \tilde{y}(x) + \varepsilon \tag{5.7}$$

式中：$y(x)$ 为响应实际值，是未知函数；$\tilde{y}(x)$ 为响应近似值，是一个已知的多项式；ε 为近似值与实际值之间的随机误差，通常服从（0，σ^2）的标准正态分布。

建立代理模型的过程包括：①样本数据采集；②选择代理模型类型；③构建代理模型；④代理模型精度评估；⑤如果代理模型精度不够，则需更新模型（增加更多的样本数据或更改模型参数等），提高其精度，重复上述操作；⑥如果代理模型具有足够精度，则可用该代理模型替代模拟模型。

这里，选用径向基函数（Radial Basis Function，RBF）作为代理模型，来替代模拟模型。RBF 是一种多变量空间差值方法，可以表示为径向对称基函数的线性加权和形式为

$$W_{\mathrm{RBF}}(x) = \sum_{i=1}^{N} w_i \phi(r) \tag{5.8}$$

式中：x 为输入变量，即样本点（调水方案）；W 为输出变量，即水位结果；w 为权重系数矢量；$\phi(r)$ 为径向函数；r 为待测点 x 与第 i 个样本点 x_i 之间的欧式距离，$r = (x - x_i)^{\mathrm{T}}(x - x_i)$。径向函数选用高斯函数，$\phi(r,c) = \exp\left(-\dfrac{r^2}{c^2}\right)$，其中 c 为形状系数，影响着代理模型的近似精度，c 的最佳取值由样本数量和散布特性确定，参考相关研究取 $c = 1.133$。

精度检验指标有以下几种参数：确定性系数（R^2）、平均相对误差（MRE）和均方根误差（RMRE）。

确定性系数（R^2）：

$$R^2 = 1 - \frac{\displaystyle\sum_{i=1}^{n}(y_i - \hat{y}_i)^2}{\displaystyle\sum_{i=1}^{n}(y_i - \overline{y_i})^2} \tag{5.9}$$

平均相对误差（Mean Relative Error，MRE）：

$$\mathrm{MRE} = \frac{\displaystyle\sum_{i=1}^{n}\dfrac{|y_i - \hat{y}_i|}{y_i}}{n} \tag{5.10}$$

均方根误差（Root Mean Square Error，RMSE）：

$$\mathrm{RMSE} = \sqrt{\frac{1}{n}\sum_{i=1}^{n}(y_i - \hat{y}_i)^2} \tag{5.11}$$

式中：n 为样本的数量；y_i 为第 i 个样本点的模拟模型计算值；$\hat{y}_i$ 为第 i 个样本点的代理模型响应值；$\overline{y_i}$ 为第 i 个样本点的模拟模型计算值的均值。R^2 的值越接近于 1，MRE 和 RMSE 的值越接近于 0，表示代理模型的拟合精度越高。

5.2.2.3 调水过程优化模型建立与求解

鉴于泵站长期运行消耗大量能源，以泵站工作总时间最短为目标函数，同时考虑水量平衡、水位约束和时间约束，基于 RBF 代理模型构建调水过程优化模型。

目标函数：

泵站工作总时间最短，即

$$\min f = T_{\text{入}} + T_{\text{出}} \tag{5.12}$$

约束条件：

（1）水量平衡约束，湖泊/河道在每一时刻均应满足水量平衡约束，即

$$Q_{\text{入}} = Q_{\text{出}} + Q_{\text{分}} + Q_{\text{损}} \tag{5.13}$$

（2）水位约束，最高水位低于湖泊/河道调水期最高蓄水位，最低水位高于下级泵站最低运行水位约束，即

$$W_{\min} \leqslant W_{(t)} \leqslant W_{\max} \tag{5.14}$$

（3）时间约束，泵站开启时间差与调出泵站工作时间不超过整个调水天数，即

$$\Delta T + T_{出} \leqslant n \tag{5.15}$$

以上式中：$T_入$ 为调入泵站工作时间，d；$T_出$ 为调出泵站工作时间，d；ΔT 为调出泵站与调入泵站开启时间差，d；n 为调水期，d；$Q_入$ 为入湖泊/河道水量，m^3；$Q_出$ 为出湖泊/河道水量，m^3；$Q_分$ 为分水口分水量，m^3；$Q_损$ 为包括调水期内蒸发渗漏等损失水量，m^3；$W_{(t)}$ 为 t 时刻下级泵站站下水位，m；$W_{\min}$ 为泵站最低运行水位；$W_{\max}$ 为湖泊/河道调水期最高蓄水位，m。

基于 RBF 代理模型的调水过程优化模型采用粒子群优化算法（Particle Swarm Optimization，PSO）进行求解，得到梯级泵站最优调水方案，即最优的起调水位、泵站开启时间差、调入时间和调出时间。粒子群优化算法来源于模拟鸟类觅食行为的规律性，采用粒子在解空间中追随最优粒子进行搜索。空间中每个粒子都有自己的位置，第 i 个粒子位置表示为 $X_i = (x_{i1}, x_{i2}, \cdots, x_{iD})$，飞行的速度表示为 $V_i = (v_{i1}, v_{i2}, \cdots, v_{iD})$。在粒子群每一次迭代中，粒子需要找到两个极值：

（1）个体极值 pbest，即粒子本身所找到的最优解，位置为 $P_i = (p_{i1}, p_{i2}, \cdots, p_{iD})$。

（2）全局极值 gbest，即群体所找到的最优解，位置为 $P_g = (p_{g1}, p_{g2}, \cdots, p_{gD})$。

在找到这两个极值后，粒子的第 d 维（$1 \leqslant d \leqslant D$）速度 v_{id} 和位置 x_{id} 根据如下方程进行更新：

$$v_{id} = \omega v_{id} + c_1 \text{Rand}()(p_{id} - x_{id}) + c_2 \text{Rand}()(p_{gd} - x_{id}) \tag{5.16}$$

$$x_{id} = x_{id} + v_{id} \tag{5.17}$$

式中：ω 为惯性权重；c_1、c_2 为加速常数；Rand() 为两个在 [0，1] 范围里变化的随机值。

5.2.3　调水过程优化技术简介

针对运用梯级泵站提水输水的河渠湖库连通水网，充分发挥调蓄工程群的调蓄能力，提出河渠湖库连通调水过程优化技术。该技术首先利用一维、二维耦合水动力模型，对级间区段的湖泊和河道水流运动进行数值模拟，以下级泵站站下水位不低于其最低运行水位为判断条件，提出临界时间差和临界水位，确定不同调水保证率和不同起调水位下合理的相邻泵站开启时间差；然后同时

考虑调水保证率、起调水位、泵站开启时间差和调入时间、调出时间，以泵站工作总时间最短为优化目标，引入代理模型建立调水过程优化模型，在保证计算精度的前提下提高优化效率，得到最优的起调水位、泵站开启时间差和调入时间、调出时间，即梯级泵站最优调度方案。

1. 河渠湖库连通优化调水过程优化技术特点

（1）适用梯级泵站输水。非自流型输水形式，利用梯级泵站进行提水，且梯级泵站级间存在调蓄湖泊或水库等，对级间区段中地形复杂的调蓄水库和湖泊等水域建立平面二维模型；对级间区段中的输水渠道和泵站引水渠等建立一维模型，在保证计算精度的同时得到沿程断面的各水力参数。

（2）考虑相邻泵站的开启时间差和调入时间、调出时间。在调水过程中，考虑相邻泵站开启时间差，通过延后下级泵站的开启时间，控制下级泵站站下水位不低于其最低运行水位；同时，考虑调入时间和调出时间，以泵站工作总时间最短为优化目标，缩短泵站运行时间，提高调水效率，降低输水成本。

（3）引入代理模型。在调水过程优化模型中引入代理模型，在保证计算精度前提下，提高优化效率，快速得到最优调水方案，使相邻泵站开启时间和调入时间、调出时间能够对不同调水保证率和起调水位等工况运行变化做出快速反应，解决了传统方法在人为设定有限个方案内得到较优方案的局限性。

2. 河渠湖库连通优化调水过程优化技术适用对象

该技术适用于非自流型河渠湖库输水干线，且河渠湖库具有一定的调蓄能力，通过梯级泵站提水输水。对于梯级泵站级间区段存在具有调蓄能力的河渠湖库等水域，需通过控制泵站启闭时间来调节水位，从而不断优化调水过程，确定最优的起调水位、相邻泵站开启时间差、调入时间和调出时间，即得到梯级泵站最优调水方案，实现安全、稳定、经济运行的目标。

3. 河渠湖库连通优化调水过程优化技术应用所需资料

（1）河渠湖库输水干线的地形、位置、水位和蓄水量等信息。

（2）梯级泵站位置、提水流量和运行水位等主要设计指标。

（3）年调水量、不同时期的调水量、调水周期等。

4. 河渠湖库连通调水过程优化技术应用步骤

（1）河渠及泵站采用一维模型，湖库采用二维模型，建立梯级泵站级间区段的一维、二维耦合水动力模型。

（2）组合不同的调水保证率和不同的起调水位形成不同工况，利用水动力模型，计算各工况下下级泵站站下水位变化情况，得到各工况下下级泵站和上级泵站开启的临界时间差、下级泵站站下临界水位。

（3）选用起调水位、泵站开启时间差、调入时间和调出时间四个参数表征梯级泵站调水方案，结合步骤（2）确定调水方案参数的变化区间，自动选取多个梯级泵站调水方案样本，利用水动力模型得到不同样本（梯级泵站调水方案）的下级泵站站下最高水位和最低水位。

（4）利用样本及水动力模型计算的水位结果，建立 RBF 代理模型，得到调水方案与下级泵站站下最高水位、最低水位的响应关系。

（5）以泵站工作总时间最短为目标，考虑水量平衡和水位约束等约束条件，建立基于 RBF 代理模型的调水过程优化模型，并采用粒子群算法全局寻优，得到梯级泵站最优调水方案（即最优的起调水位、泵站开启时间差、调入时间和调出时间）。

河渠湖库连通调水过程优化技术应用步骤如图 5.5 所示。

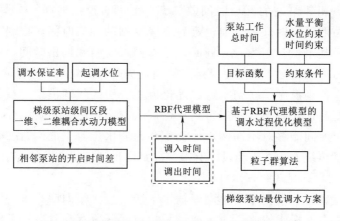

图 5.5　河渠湖库连通调水过程优化技术应用步骤

5.3　调水过程优化研究实例概况

南水北调东线山东段河渠湖库连通水网内河道、湖泊及各类水工建筑物众多，输水形式多样，既有自流型渠道输水，又有梯级泵站提水输水。胶东区和鲁北区为自流型渠道输水，鲁南区为梯级泵站提水输水。这里，利用河渠湖库连通调水过程优化技术，对鲁南区南四湖下级湖梯级泵站提水的调水过程进行优化，确定梯级泵站最优调水方案，即确定最优的起调水位、泵站开启时间差、调入时间和调出时间，实现安全、稳定和经济调水。

南四湖位于沂沭泗流域西部，山东省南部，是山东省最大的淡水湖泊，由南阳、独山、昭阳和微山四个湖泊相串联而成。湖腰兴建的二级坝枢纽工程将南四湖分为上、下级湖。二级坝闸上为上级湖，包括南阳、独山及部分昭阳湖，南北长为 67km，水位为 36.30m 时，湖面面积为 606km²；上级湖一般湖底高程为 32.30m，死水位为 32.80m，相应蓄水量为 2.68 亿 m³；设计蓄水位为

34.00m，相应蓄水量为 9.24 亿 m³。二级坝闸下为下级湖，包括部分昭阳湖及微山湖，下级湖南北长为 58km，水位为 35.80m 时，湖面面积为 660km²；下级湖一般湖底高程为 30.80m，死水位为 31.30m，相应蓄水量为 3.45 亿 m³；设计蓄水位为 32.30m，相应蓄水量为 8.4 亿 m³，调蓄库容为 4.94 亿 m³；正常蓄水位为 31.80m，调水时调蓄水位按 33.30m 控制。南四湖属浅水湖泊，正常蓄水位下平均水深约为 1.00m。

南四湖下级湖包含 3 个泵站：蔺家坝泵站、韩庄泵站和二级坝泵站。蔺家坝泵站和韩庄泵站是南水北调东线工程的第九级泵站，为调入泵站，两个泵站分别通过不牢河和韩庄运河提水进入下级湖，以实现梯级调水目标，泵站设计流量分别为 125m³/s 和 75m³/s。二级坝泵站是南水北调东线工程的第十级泵站，位于南四湖中部二级坝枢纽西南侧，为调出泵站，通过引水渠与下级湖湖区相连，主要任务为将水从南四湖下级湖提至上级湖，泵站设计流量为 125m³/s。下级湖的湖东与湖西各设有分水口向山东枣庄和江苏徐州供水。

下级湖各泵站和分水口位置如图 5.6 所示。

根据《南水北调东线第一期工程可行性研究总报告》（2015 年），二级坝泵站泵前最低运行水位为 30.58m，泵站前池进口底高程为 27.80m，

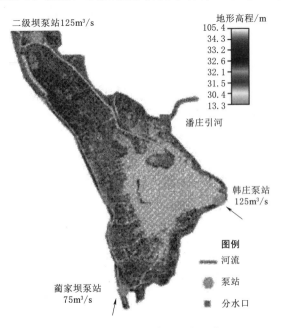

图 5.6 下级湖各泵站和分水口位置

进水闸底高程为 27.30m。根据《山东省水资源综合利用中长期规划》（2016年），南四湖调水期为汛期末 10 月 1 日至次年 5 月 31 日，共 243d。

5.4 调水过程优化技术应用及成果

将提出的河渠湖库连通调水过程优化技术应用于上述介绍的南水北调东线山东段鲁南区南四湖，针对南四湖下级湖梯级泵站开启时间进行研究，优化调水过程，制定梯级泵站最优调水方案，即确定最优的起调水位、泵站开启时间差、调入时间和调出时间。

首先，对南四湖下级湖建立梯级泵站级间区段的一维、二维耦合水动力模型，上级入湖泵站（二级坝泵站）、下级出湖泵站（蔺家坝泵站和韩庄泵站）分别选取不同调水保证率（95%～5%）的年调水量，选取正常蓄水位 31.80m 为最高起调水位，选取水位 31.00m（比死水位低 0.30m）为最低起调水位，计算不同调水保证率（95%～5%）与不同起调水位（31.80～31.00m）的组合工况，得到各工况下二级坝泵站、蔺家坝泵站、韩庄泵站开启的临界时间差以及二级坝泵站站下临界水位；其次，以调水保证率 95% 为重点研究情况，选取起调水位、泵站开启时间差、调入时间和调出时间四个参数构成调水方案，建立 RBF 代理模型，形成调水方案与下级泵站站下最高水位、最低水位的响应关系；最后，建立基于 RBF 代理模型的调水过程优化模型，得到梯级泵站最优调水方案，即确定最优的起调水位、泵站开启时间差、调入时间和调出时间。同时，分析不同起调水位下最优的泵站开启时间差、调入时间和调出时间。

5.4.1　相邻泵站的开启时间差求解

5.4.1.1　一维二维耦合水动力模型

1. 模型建立

为了能够准确模拟二级坝泵站站下水位的变化情况，以及二级坝泵站与上一梯级泵站（蔺家坝泵站和韩庄泵站）不同开启时间差对其站下水位变化的影响，基于下级湖 DEM（Digital Elevation Model，DEM），建立下级湖湖区和二级坝泵站引水渠的一维、二维耦合水动力模型。其中，下级湖湖区采用平面二维模型，二级坝泵站引水渠采用一维模型，通过一维、二维边界迭代的方式进行耦合，在耦合边界处每一时间步均迭代至水位相等、进出流量相等，并通过耦合边界及时反馈迭代结果，实现上下游一维、二维模型的耦合联解。

下级湖一维、二维耦合水动力模型如图 5.7 所示。下级湖湖区二维模型以正交结构网格为主，在泵站、分水口以及地形变化较大的区域进行网格加密，基本网格尺寸为 150m×150m，共划分 34826 个网格。湖区以南不牢河河口与韩庄运河河口处设置相应泵站进流边界，湖东与湖西各设相应分水出流边

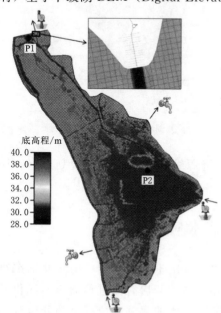

图 5.7　下级湖一维、二维耦合水动力模型

界，湖北主航道口出流边界与二级坝泵站引水渠进流边界联结耦合。二级坝泵站引水渠长 2059m，其一维模型共划分 15 个断面，最下游断面设泵站出流边界。

2. 模型验证

模型验证同 1.4.2 节，比较分析二级坝（图 5.7 点 P1）和微山岛（图 5.7 点 P2）两处水位的设计值与计算值，选用 RMSE 作为判别准则。二级坝处的水位设计值与计算值对比，如图 5.8 所示，二级坝水位最大误差为 0.15m，RMSE 为 6.42%。微山岛处的水位设计值与计算值对比，如图 5.9 所示，微山岛水位最大误差为 0.13m，RMSE 为 5.72%。上述比较结果表明，计算值与设计值基本吻合，模型的模拟效果较好。

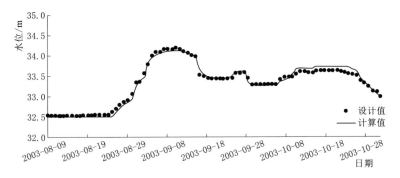

图 5.8 下级湖二级坝计算水位与设计水位对比

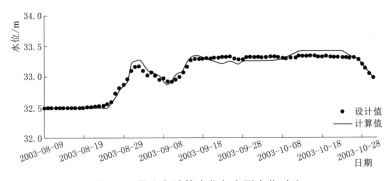

图 5.9 微山岛计算水位与实测水位对比

5.4.1.2 水动力模型计算工况

在调水运行控制中，影响下级泵站站下水位变化的主要因素为泵站提水流量与湖内起调水位。结合当地来水、需水和工程规模等因素，选取调水保证率 95%～5% 的泵站年调水量作为南四湖下级湖的调入、调出条件，各调水保证率的泵站年调水量列于表 5.1。

表 5.1   各调水保证率的泵站年调水量   单位：亿 m³

泵站名称	调 水 保 证 率				
	95%	75%	50%	25%	5%
蔺家坝泵站	8.84	10.07	11.03	12.11	13.78
韩庄泵站	14.74	16.78	18.39	20.18	22.97
二级坝泵站	15.05	16.42	17.48	18.60	20.36

由于湖内起调水位会直接影响提水过程中下级泵站站下出现的最低水位，结合下级湖多年平均水位，选取正常蓄水位 31.80m 作为最高起调水位，选取水位 31.00m（比死水位低 0.30m）作为最低起调水位。通过组合不同调水保证率（95%～5%）与不同起调水位（31.80～31.00m）形成不同工况，这些工况代表泵站运行过程中的全部工况。

5.4.1.3 相邻泵站的开启时间差

利用一维、二维耦合水动力模型，针对不同调水保证率（95%～5%）与不同起调水位（31.80～31.00m）组合工况，改变下级泵站开启时刻形成不同的相邻泵站开启时间差，依次对级间区段的湖泊和河道水流运动进行数值模拟，得到下级泵站在不同时刻开启时的站下水位变化过程。

以调水保证率 95% 的计算结果为例，当起调水位为 31.80m、31.50m、31.30m 和 31.00m 时二级坝泵站站下水位变化，如图 5.10 所示。图中 Δt 表示上下级泵站开启的时间差，水平横线表示二级坝泵站站下最低运行水位 30.58m。由图 5.10（a）可以看出，当起调水位为 31.80m 时，如果下级湖出湖泵站二级坝泵站与入湖泵站韩庄泵站、蔺家坝泵站同时开启（$\Delta t=0$h），二级坝泵站站下水位呈近线性的趋势下降，平均下降速率约为 0.84cm/h，在调水 119h 后开始小于站下最低运行水位 30.58m，在调水 261h 后达到最小值 29.74m，之后随着上游来水的推进补水，水位开始回升；如果二级坝泵站较入湖泵站延后 24h 开启（$\Delta t=24$h），站下水位在最初的 24h 内略有上升，之后亦呈近线性的趋势下降，平均下降速率约为 0.74cm/h，在调水 154h 后开始小于站下最低运行水位，在调水 290h 后达到最小值 29.91m；如果二级坝泵站较入湖泵站延后 48h 开启（$\Delta t=48$h），站下水位变化与延后 24h 开启的水位变化相类似，站下水位最小值仍小于最低运行水位；经依次增加延后时间多次模拟计算，当二级坝泵站较入湖泵站延后 99h 开启（$\Delta t=99$h），站下水位在平均上升速率 0.09cm/h 下升高至 31.90m 后开始下降，下降速率呈先大后小的变化，平均下降速率约为 0.54cm/h，在调水 340h 后下降至最小水位 30.58m，等于站下最低运行水位。

由图 5.10（b）、（c）和（d）可以看出，当起调水位分别为 31.50m、31.30m 和 31.00m 时，其不同开启时间差时的二级坝泵站站下水位变化同起调

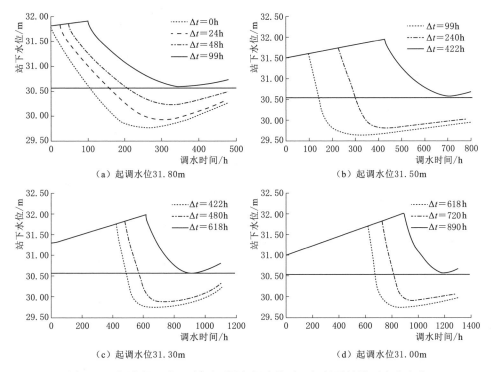

图 5.10　调水保证率 95％下不同起调水位时二级坝泵站站下水位变化

水位为 31.80m 时有着相同的规律。当开启时间差分别等于 422h、618h 和 890h 时，二级坝泵站站下水位最小值等于最低运行水位。

结果表明，二级坝泵站与入湖泵站的开启时间差主要受泵站调水流量和湖内起调水位两个主要因素影响。当下级湖入湖泵站与出湖泵站同时开启调水时，二级坝泵站站下水位会出现低于最低运行水位的情况，不能满足设计要求，因此二级坝泵站的开启需较入湖泵站的开启延后一段时间。

汇总不同调水保证率和不同起调水位组合工况的模拟结果，将二级坝泵站的临界时间差 Δt_c 和临界水位 h_c 列于表 5.2。将表 5.2 的临界时间差和临界水位作为梯级泵站开启的判定条件，即当相邻泵站的开启时间差大于临界时间差时或当下级泵站站下水位上升至临界水位并有一定安全余值后，再开启下级泵站，下级泵站站下水位均不会小于其最低运行水位，可满足泵站运行设计要求。

表 5.2 中临界时间差 Δt_c 是通过逐小时增加二级坝泵站较上一梯级泵站延后开启的时间差模拟得出，如果二级坝泵站站下水位的最小值位于最低运行水位之上，则其延后开启时间差应不小于临界时间差 Δt_c。在这里仍以调水保证率 95％工况为例，当不同起调水位下的延后开启时间差均比相应临界时间差 Δt_c 多 1h 时，其模拟结果如图 5.11 所示。从图中可以看出，此时各工况下的二级

表 5.2　　　　　　不同组合工况下二级坝泵站的临界时间差和临界水位

起调水位 /m	调水保证率									
	95%		75%		50%		25%		5%	
	Δt_c/h	h_c/m	Δt_c/h	h_c/m	Δt_c/h	h_c/m	Δt_c/h	h_c/m	Δt_c/h	h_c/m
31.80	99	31.90	132	31.94	149	31.97	164	32.00	181	32.06
31.50	422	31.94	412	31.98	401	32.00	393	32.04	381	32.09
31.30	618	31.96	582	32.00	552	32.03	532	32.06	502	32.11
31.00	890	32.00	814	32.04	762	32.06	723	32.09	667	32.13

坝泵站站下水位最小值均大于最低运行水位,说明此时站下水位条件均满足泵站运行设计要求。

5.4.2　调水过程优化求解

在调水保证率、起调水位和泵站开启时间差的基础上,考虑泵站运行时长,以调水保证率 95% 为重点研究情况,选用起调水位、泵站开启时间差、调入时间和调出时间四个参数表征调水方案;下级泵站站下最高水位、最低水位为不同调水方案对应的水位结果,作为泵站安全运行的水位约束条件。

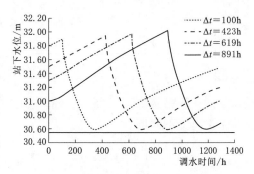

图 5.11　延后开启时间差较 Δt_c 多 1h 时的二级坝泵站站下水位变化

首先,在相邻泵站开启时间差的分析基础上,确定调水方案四个参数的变化区间,自动选取 80 个调水方案样本,利用一维、二维耦合水动力模型对每个方案进行计算,得到不同样本(调水方案)的二级坝泵站站下最高水位和最低水位;其次,基于调水方案样本及水动力模型得到的水位结果,建立 RBF 代理模型,得到调水方案与二级坝泵站站下最高水位、最低水位的响应关系;最后,基于 RBF 代理模型建立调水过程优化模型,并采用粒子群算法全局寻优,得到梯级泵站最优调水方案(即最优的起调水位、泵站开启时间差、调入时间和调出时间)。同时,分析不同起调水位下的最优泵站开启时间差、调入时间和调出时间。

5.4.2.1　确定调水方案样本

调水方案由起调水位、泵站开启时间差、调入时间和调出时间四个参数表征,各参数的变化区间列于表 5.3。其中,起调水位选取南四湖下级湖正常蓄水位 31.80m 作为最高起调水位,选取水位 31.00m(比死水位低 0.30m)作为最低起调水位；依据调水保证率为 95％时二级坝泵站临界时间差与年调水量、起调水位的相关关系，确定合理的泵站开启时间差；再结合泵站设计流量和调水期天数，确定调入时间和调出时间。采用最优拉丁超立方方法在调水方案参数区间内自动选样，选取 80 个调水方案样本。

表 5.3　　　　　　　　　　调 水 方 案 参 数 区 间

参数变量	符号	下限	上限
起调水位/m	W_0	31.00	31.80
泵站开启时间差/d	ΔT	0	40
调入时间/d	$T_入$	136	243
调出时间/d	$T_出$	140	243

利用一维、二维耦合水动力模型，给出初始条件的起调水位、边界条件的调入或调出泵站工作时间-流量关系，以及河道下游水位过程关系，求解得到区域内任一点水位过程。例如，起调水位为 31.66m，调入泵站韩庄、蔺家坝泵站从调水第 1 天起分别以 100.97m³/s 和 60.58m³/s 流量工作为 169d，调出泵站二级坝泵站从调水第 20 天起以 125m³/s 流量工作为 140d，潘庄引河等在研究时间域内以定流量不间断分水，引河下游为流量水位条件，通过求解一维、二维耦合水动力模型得到区域内任意一点水位变化，提取二级坝泵站处水位结果，得到最高水位为 33.22m 和最低水位为 30.94m。

下级湖调水期为非汛期共 243d，假定调入泵站从调水期第 1 天开始调水且两泵站同时启闭，泵站开启时间差为调入泵站与调出泵站开启时间间隔，且泵站开启时间差与调出时间之和不大于 243d。参考同类研究中样本数量的选取，考虑提高代理模型精度及减少一维、二维耦合水动力模型计算时间，将 80 个调水方案样本中 60 个作为训练样本，20 个作为验证样本。每个样本代表一种调水方案，基于选好的样本，采用一维、二维耦合水动力模型计算，得到二级坝泵站下最高水位和最低水位。

5.4.2.2　建立 RBF 代理模型

利用 60 个训练样本（调水方案）及其对应的二级坝泵站站下最高水位、最低水位，建立 RBF 代理模型；并利用 20 个验证样本对 RBF 代理模型进行精度检验；最后，形成调水方案与最高、最低水位之间的响应关系。这里选用的精度检验指标有：确定性系数 R^2、平均相对误差 MRE 和均方根误差 RMRE。

RBF 代理模型验证样本得到的近似值与水动力模型得到的模拟值相关性分析，如图 5.12 和图 5.13 所示，最高水位近似值与模拟值的 R^2 为 0.9591，最低水位近似值与模拟值的 R^2 为 0.9690，近似值与模拟值相关性较好。RBF 代理模型精度检验指标列于表 5.4，其计算结果与模拟值相比，相关性较高，相对水深误差较小，如最低水位的 MRE 为 0.0298，RMSE 为 0.1290。因此，为避免重复调用水动力模型，可采用 RBF 代理模型计算不同调水方案下的二级坝泵站站下最高水位和最低水位。

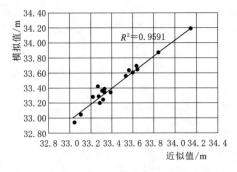

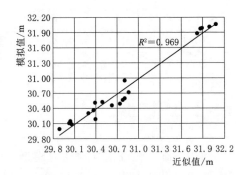

图 5.12　最高水位近似值与模拟值相关性分析　　图 5.13　最低水位近似值与模拟值相关性分析

表 5.4　　　　　　　　　　RBF 代理模型精度检验指标

水　　位	R^2	MRE	RMRE
W_{max}	0.9591	0.0085	0.0621
W_{min}	0.9690	0.0298	0.1290

5.4.2.3　构建及求解调水过程优化模型

根据式（5.12）～式（5.15）建立南四湖下级湖调水过程优化模型，其中南四湖下级湖调水期 n 为 243d，W_{min} 为泵站最低运行水位 30.58m，W_{max} 为南四湖下级湖调水期最高蓄水位 33.30m。

根据《南水北调东线第一期工程可行性研究总报告》（2005 年），南水北调东线全线汛期 243d 调水，即当起调水位为 31.8m 时开始调水，调入调出泵站同时开始工作且工作时间为 243d，将此方案作为调水过程优化模型计算的初始方案。

采用粒子群优化算法求解调水过程优化模型，得到梯级泵站最优调水方案（即最优的起调水位、泵站开启时间差、调入时间和调出时间）。粒子群优化算法的参数设置列于表 5.5。最大迭代次数的数值越大，虽能保证解的收敛性，但是影响运算速度；粒子个数一般取 20～40，对于比较复杂的问题可以取 100～200；惯性权重，建议取值 0.4～1.4，该值越大越有利于大范围的全局搜索，越小越有利于小范围的局部搜索；加速常数一般为 2。参考同类优化求解问题的参数设置，本文的优化求解问题具体参数设置为：最大迭代次数 100，粒子个数 100，惯性权重 0.9，加速常数 c_1 和 c_2 均为 2。

表 5.5 粒子群优化算法的参数设置

参数	最大迭代次数	粒子个数	惯性权重 ω	加速常数 c_1	加速常数 c_2
参数值	100	100	0.9	2	2

5.4.3 梯级泵站最优调水方案

在上述确定相邻泵站开启时间差的基础上，对调水保证率为 95% 的情况，在调水方案中起调水位、泵站开启时间差、调入时间和调出时间四个参数的可行区间内进行优化，得到梯级泵站最优调水方案（即确定最优的起调水位、泵站开启时间差、调入时间和调出时间）。同时，分析不同起调水位下的梯级泵站最优调水方案（即确定最优的泵站开启时间差、调入时间和调出时间）。

5.4.3.1 最优调水方案优化

根据《南水北调东线第一期工程可行性研究总报告》（2005 年），南水北调东线全线汛期 243d 调水，即当起调水位为 31.8m 时开始调水，调入调出泵站同时开始工作且工作时间为 243d，将此方案作为调水过程优化模型计算的初始方案。利用调水过程优化技术得到的梯级泵站最优调水方案为起调水位 31.60m、泵站开启时间差 10.81d、调入时间 149.92d、调出时间 140d，此时二级坝泵站站下最高水位为 33.30m，最低水位为 30.58m。

以往，采用一维、二维耦合水动力模型对调水方案进行计算时，需通过人为改变边界条件在有限个调水方案中得到较优方案。这里，基于 RBF 代理模型构建的调水过程优化模型，采用粒子群优化算法不断搜索解空间，求解最优调水方案；为提高计算效率，引入 RBF 代理模型方法，基于调水方案及其水位结果构建调水方案与下级泵站站下最高、最低水位响应关系，快速计算得出调水方案的水位近似值，避免重复调用水动力模型，提高优化效率。

将得到的梯级泵站最优调水方案各参数输入一维、二维耦合水动力模型进行数值模拟，将其结果与 RBF 代理模型的结果进行比较，列于表 5.6。采用水深值对结果进行比较分析，两种方法得到的水深绝对误差不超过 0.05m，水深相对误差不超过 0.99%，结果十分相近。由此可以看出，RBF 代理模型的计算精度较高。因此，基于 RBF 代理模型的调水过程优化模型，可以得到梯级泵站调水方案参数范围内的最优方案。

调水过程优化模型初始方案和最优方案的各参数列于表 5.7，二级坝泵站时间-水位关系，如图 5.14 所示。从表 5.7 可以看出，最优方案泵站工作总时间 289.92d，与初始方案泵站总工作时间 486d 相比大大减少。

由图 5.14 可以看出，调水过程初始方案中二级坝泵站站下最低水位为30.32m，最高水位为 33.20m，最低水位低于泵站安全运行水位（即泵站最低运

表 5.6　梯级泵站最优调水方案 RBF 代理模型与水动力模型计算结果对比

模　型	最高水位/m	最大水深			最低水位/m	最小水深		
		数值/m	误差/m	相对误差/%		数值/m	误差/m	相对误差/%
RBF 代理模型	33.30	5.50	0.05	0.99	30.58	2.78	−0.001	0.04
水动力模型	33.25	5.45			30.58	2.78		

表 5.7　调水过程初始方案和最优方案参数对比

方案	起调水位/m	泵站开启时间差/d	调入时间/d	调出时间/d	泵站总工作时间/d
初始方案	31.80	0	243	243	486
最优方案	31.60	10.81	149.92	140	289.92

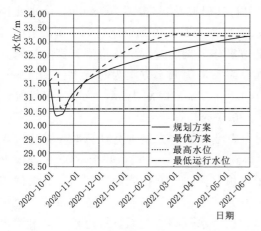

图 5.14　调水过程初始方案和最优方案下二级坝泵站时间-水位关系

行水位，30.58m），调水时会危及泵站运行安全。最优调水方案中二级坝泵站站下最低水位为 30.58m，出现在 10 月 18 日，最高水位为 33.25m，出现在 3 月 1 日。相比初始方案，最优方案的二级坝泵站站下水位更符合要求，最高水位更接近防洪限制水位（33.30m）；且最高水位出现于调水中期，后水位下降，为应对汛期做准备。以正常控制水位 32.80m 为界，最优方案从 1 月 16 日到输水结束共 136d，远远多于初始方案从 3 月 20 日到输水结束的 73d，最优调水方案体现了对南四湖下级湖调蓄能力的充分利用。

5.4.3.2　不同起调水位下的最优调水方案

实际调水时，起调水位为南四湖下级湖汛末水位，属于已知条件。因此，考虑实际调水情况，将起调水位作为已知条件，采用基于 RBF 代理模型的调水过程优化模型计算得到该起调水位对应的泵站开启时间差、调入时间和调出时间。这里，起调水位选取南四湖下级湖选取水位 31.20m（比死水位低 0.10m）作为最低起调水位，水位 31.90m（比正常蓄水位高 0.10m）作为最高起调水位，步长间隔 0.10m，计算得到不同起调水位下的最优调水方案，列于表 5.8。从表中可以看出，当起调水位为 31.60m 时，泵站开启时间差、调入时间天数均最小，分别为 10.73d 和 149.93d。当起调水位大于 31.60m 时，泵站开启时间差、调入时间天数均有所增加；当起调水位小于 31.60m 时，两者天数也会有所增加。同时，起调水位为 31.60m 的最优调水方案与 4.5.2.1 节中得到的最优调水方案十分接近。由此可见，当起调水位为 31.60m 时，最适合开始进行调度，且此起调水位对应最优调水方案的泵站工作总时间最短。

表 5.8 不同起调水位下的最优调水方案

序号	起调水位/m	泵站开启时间差/d	调入时间/d	调出时间/d
1	31.20	22.01	156.94	140
2	31.30	21.18	153.23	140
3	31.40	17.21	153.70	140
4	31.50	13.83	152.77	140
5	31.60	10.73	149.93	140
6	31.70	13.07	166.01	140
7	31.80	18.54	190.39	140
8	31.90	27.84	228.05	140

5.4.4 开启时间差与调水保证率、起调水位关系分析

基于上述不同调水保证率（95%～5%）与不同起调水位（31.80～31.00m）组合工况的成果，对开启时间差与调水保证率、起调水位关系进行分析。

5.4.4.1 临界时间差与调水保证率、起调水位的关系

结合调水保证率 90%～5% 的模拟结果，绘制调水保证率、起调水位与临界时间差 Δt_c 的关系曲线，如图 5.15 和图 5.16 所示。由图 5.15 看出，在同一调水保证率下，随着起调水位的降低，临界时间差 Δt_c 线性地增大。由图 5.16 看出，在不同调水保证率之间，临界时间差 Δt_c 随起调水位降低而线性增大的速率有所不同，具体表现为调水保证率越高，泵站提水流量越小，Δt_c 线性增大速率相对越慢。

图 5.15 中起调水位与 Δt_c 的五条关系曲线交于点 O，该点表示当起调水位为 31.60m 时，各调水保证率下的临界时间差 Δt_c 均为 320h。结合图 5.16 中的关系曲线可以看出，当在同一起调水位下且该起调水位小于

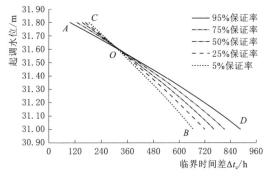

图 5.15 不同调水保证率下起调水位与 Δt_c 的关系曲线

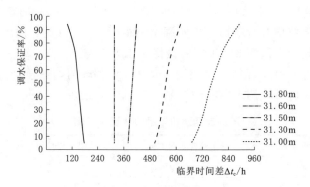

图 5.16　不同起调水位下调水保证率与 Δt_c 的关系曲线

31.60m 时，临界时间差 Δt_c 随着调水保证率的增大而增大；当该起调水位大于
31.60m 时，临界时间差 Δt_c 随着调水保证率的增大而减小。借助一维、二维耦
合水动力模型的水动力计算结果，分析其主要原因应为：当起调水位小于
31.60m 时，湖内主要依靠航道进行输水，随着调水保证率的增大，上游入湖泵
站提水流量减小，湖内航道水体流速减小，二级坝泵站站下水位上升速率减慢，
二级坝泵站需要以相对较长的延后时间差开启；而当起调水位大于 31.60m 时，
湖内水体由航道开始进入滩地，整个湖区都可进行输水，二级坝泵站站下水位
在不同调水保证率下的上升速率差别较小，主要受二级坝泵站提水流量大小的
影响，即当调水保证率增大时，二级坝泵站提水流量减小，所引起的站下水位
下降值减小，则可以以相对较短的延后时间差开启。在图 5.15 中，定义点 A、
C 分别为调水保证率 95% 和 5% 时起调水位为 31.80m 对应的点，定义点 B、D
分别为调水保证率 5% 和 95% 时起调水位为 31.00m 对应的点，则在工程运行调
度中，当起调水位与延后时间差位于折线 AOB 左侧区域时，二级坝泵站站下水
位最小值会低于最低运行水位，危及泵站的安全运行；当起调水位与延后时间
差位于折线 COD 右侧区域时，二级坝泵站站下水位满足泵站运行设计要求；当
起调水位与延后时间差位于折线 AOC 与 BOD 中，则需根据调水保证率判断是
否可行。

5.4.4.2　临界水位与调水保证率、起调水位的关系

不同调水保证率工况下二级坝泵站站下临界水位 h_c 的变化，如图 5.17 所
示。由图 5.17 可以看出，在同一调水保证率下，临界水位 h_c 随着起调水位的升
高而降低，各调水保证率下临界水位 h_c 的最大值与最小值均相差约 0.10m；对
于同一起调水位，临界水位 h_c 随着调水保证率的增大而减小。因此，可在工程
运行调度中以临界水位 h_c 为参照，增加一定安全余值后，设定为泵站运行的站
下控制水位，即当二级坝泵站站下水位上升至该控制水位时，开启泵站提水，

此时站下水位则不会降低至最低运行水位以下，泵站的运行安全得以保证。

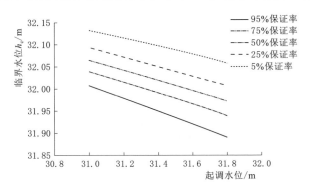

图 5.17　采用 Δt_c 时起调水位与临界水位的关系曲线

5.5　小　　结

　　针对河渠湖库输水干线非自流型梯级泵站提水的输水形式，提出了河渠湖库连通调水过程优化技术。该技术可形成梯级泵站最优调水方案，即确定最优的起调水位、泵站开启时间差、调入时间和调出时间。该技术可保证下级泵站站下水位不低于最低运行水位，缩短泵站运行时间，使相邻泵站开启时间和调入时间、调出时间能够对工况运行变化做出快速反应；同时引入代理模型，在确保计算精度的前提下提高优化效率，解决传统方法在人为设定有限方案内得到较优方案的局限性。

　　将河渠湖库连通调水过程优化技术应用于南水北调东线山东段南四湖下级湖。首先，根据下级湖梯级泵站提水的特点，建立了梯级泵站级间区段的一维、二维耦合水动力模型，通过模拟不同调水保证率和起调水位的组合工况，提出各组合工况下的二级坝出湖泵站和入湖泵站开启的临界时间差和临界水位，分析了两者与年调水量和起调水位的关系。然后，建立了基于 RBF 代理模型的调水过程优化模型，以泵站工作总时间最短为目标，考虑水量平衡、水位和时间约束，得到调水保证率 95% 下南四湖下级湖最优调水方案，即起调水位 31.60m，调入时间为 149.92d，调出时间为 140d，泵站开启时间差 10.81d。与初始方案相比，泵站工作总时间由 486d 缩短至 289.92d，湖泊的调蓄能力被充分利用。

第6章

河渠湖库连通线路评价优选技术

对于具体区域，实现河道、明渠、湖泊和水库的连通，需实施水力连通工程，即通过修建河渠、闸坝和泵站等必要的水利设施建立连通线路，进而形成连通效果较优的河渠湖库连通水网。不同的连通线路其水网连通效果存在差异。为保障较优的水网连通效果，应对不同连通线路进行评价，确定较优的连通线路，为水力连通工程的规划和实施提供依据。本章提出河渠湖库连通线路评价优选技术。

对于具体的区域水网，基于区域水文地貌和水网形态，利用河渠湖库连通线路评价优选技术，对不同连通线路进行评价，确定较优的连通线路，为实现区域水网合理高效连通提供技术指导。

6.1 引　言

河渠湖库连通线路评价优选技术是在拟定的众多水力连通线路中确定较优的连通线路，其核心部分涉及遥感解译和评价体系等内容。

水力连通工程将一个区域的河流、渠道、水库和湖泊等，通过串联、并联等方式构成相互连通的区域水网。水力连通工程的实施是一项复杂的系统工程，需要区域内的水文地貌等基础数据的支撑。获取区域的水文数据、明确区域水网形态等基础数据，是一项复杂和烦琐的工作。传统的获取区域基础数据的方法，一般是通过科研人员实地调查或者直接采用水利监测部门的相关资料数据。但是，对于研究范围广、区域水网复杂的地区，显然传统的获取区域基础数据的方法存在困难。近年来，随着遥感技术的快速发展，通过遥感影像对不同地貌进行分类，为水利工程获取基础资料提供了全新的途径。例如，Huang等（2002）基于 Landsat TM 影像利用支持向量机（SVM）机器学习算法对马里兰州东部的水体、森林、非林地 3 类地物进行了分类。Christopher 等（2013）采用监督分类法对海地 2010—2011 年 TM 影像的森林进行了提取，分析了海地

土地被森林覆盖的趋势。王伟等（2010）基于 ERDAS 软件，采用监督分类法对 SPOT 影像的水体信息进行提取，指出从遥感影像中提取水体信息是水资源调查的重要手段。陈静波等（2013）以 SPOT-5 多光谱影像为例，通过构建知识决策树模型，对北京市水体进行了提取。朱长明等（2013）提出基于样本自动选择与 SVM 的水体提取算法，并较好地实现了辽东半岛的水陆分离。陈佳玲等（2018）以 LandsatTM 影像为研究对象，基于 ENVI 软件采用决策树分类法对水体、林地等 5 类地物进行分类，并与 SVM、最小距离等分类方法进行比较。目前的研究多是基于传统分类法，利用影像中不同地貌之间光谱特性的差异实现分类。然而，对于区域范围广、地貌类型多的影像，即使影像分辨率高，也会存在"同物异谱、同谱异物"等现象，此时基于光谱特性的传统分类法很难精准地对大区域影像中的地貌进行分类，错分率也较高。因此，要想更加精准地实现对遥感影像的地貌识别，还需要充分考虑地貌的空间特征。

河渠湖库连通水网，河道数量多，河渠纵横交错，在进行区域水网连通线路规划时面临连通线路较多难以选择的问题。不同的连通线路直接影响区域水网的连通效果。为实现较优的区域水网连通效果，应确定较优的连通线路。连通线路的优选应基于水网连通性评价，从不同角度、不同方面选取评价指标，通过分析指标值大小来评价连通线路的优劣。目前，国内外学者从景观学、水文学和生态学等角度提出了图论法、水文-水力学法、景观法、生物法和综合指标法等计算方法，主要从河流水系的形态、结构连通性和水力连通性方面进行评价。以景观学的角度，河流水系是由不同廊道和斑块组成的网状或树状景观结构，表现为结构连通性和功能连通性。Amoros 和 Roux（1988）基于景观学探讨了河流连通性，以分析河流景观空间结构和功能上的关联性；Van Looy 等（2014）基于景观特征建立了河网结构连通性和功能连通性的综合模型；黄草等（2019）基于景观生态学建立水系格局与连通性评价指标体系，定量分析洞庭湖区河湖水系的连通现状。以水文学的角度，河流水系在水文过程的调节下进行物质、能量和生物的运移，其通畅性程度取决于流路组成、流路长度、分叉汇合程度、流量和流速等参量，表现为水力连通性。Tetzlaff 等（2007）基于水文学和生态学分析了水网横向水力连通性；Ali 等（2009）考虑景观特征、土壤水分模式和流动路径等因素，判断流域河网的水文连通性；孟祥永等（2014）在考虑水系形态结构连通的基础上，考虑河道平均坡降、河道平均宽度和河网密度等与水力连通性相关的水系自然属性，从结构连通性和水力连通性两方面评价城市水系连通性；崔广柏等（2017）从结构连通性、水力连通性和水环境改善三个层次构建评价体系，分析平原河网水系连通性。分析目前水网连通性评价的研究成果，同时考虑水系形态和结构连通性的相对较多，同时考虑水系形态、结构连通性和水力连通性的相对较少。因此，应在同时考虑水系形态、结构连通性和水力连通性等三方面的基础上，进一步研究建立较全面的水网连通性评价体系。为实现区域水网较优的连通效果，应建立较全面的水网连通性评价体系，在此基础上，引进多属性决策优选模型，对不同的连通线路进行评价，确定较优的合理的连通线路。

6.2　连通线路评价优选技术理论

河渠湖库连通线路评价优选技术（简称连通线路评价优选技术），首先，对高清遥感图像采用地貌单元识别和水体提取等方法得到区域水网形态，建立水网连通线路方案集；其次，构建水网连通评价指标体系；再次，确定评价指标计算方法；最后，利用多属性决策优选模型，评价不同连通线路方案，得到连通线路较优方案。

6.2.1　连通线路方案集建立

基于区域的遥感影像资料，通过深度学习和遥感解译的方法实现对区域遥感影像的地貌单元识别与水体提取，确定区域水网形态，分析区域水网形态，制定连通线路方案集。

6.2.1.1　地貌单元识别

采用深度学习框架 Keras 搭建 Segnet 网络模型，以高清遥感图像作为训练数据，对模型进行训练和精度验证；采用训练好的 Segnet 网络模型对区域遥感影像进行预测，从而识别区域内植被、建筑物、道路和河道等地貌的空间分布情况。

1. Segnet 网络模型构建

地貌单元识别采用 Segnet 网络模型。Segnet 网络模型不仅能够高效获取高分辨率遥感影像中的地物光谱信息，而且还能够充分利用其丰富的空间特征信息，网络模型由 Encoder（编码网络）、Decoder（解码网络）和 Softmax（逐像素分类器）组成。

Segnet 网络模型结构框架，如图 6.1 所示。左边是卷积提取特征，通过池化增大感受野（receptive field），同时图片变小，该过程称为编码；右边是反卷积与上采样，通过反卷积使得图像分类后特征得以重现，在通过上采样还原到图像的原始尺寸，该过程称为解码；最后通过 Softmax 分类器输出不同分类的最大值，得到最终分割图。

（1）编码过程和解码过程。Enconder 编码过程中，通过卷积提取特征，Segnet 网络模型使用的卷积为 same 卷积，即卷积后保持图像原始尺寸；在 Decoder 解码过程中，同样使用 same 卷积，不过卷积的作用是为 upsampling 变大

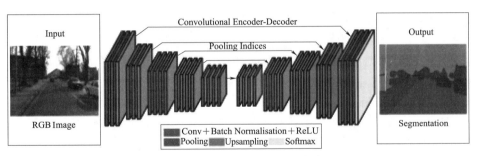

图 6.1　Segnet 网络模型结构框架

的图像丰富信息，使得在 Pooling 过程丢失的信息可以通过学习在 Decoder 解码得到。卷积层和池化层的作用过程，如图 6.2 和图 6.3 所示。

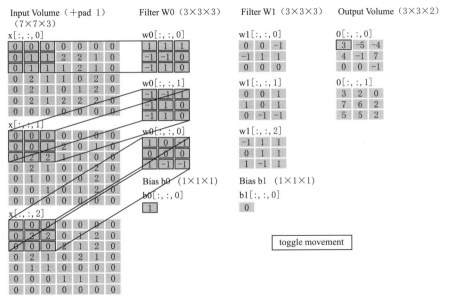

图 6.2　卷积层

采用 max Pooling 方式进行池化操作。max Pooling 是使用一个 2×2 的 filter，取出 4 个权重最大的一个，原图大小为 4×4，Pooling 之后大小为 2×2，原图左上角的四个数，最后只剩最大的 6。

（2）输出过程。利用 Softmax 分类器逐像素分类，输出不同分类的最大值，得到最终分割图。Softmax 分类器单独地对每个像素进行分类，其输出的是每个像素属于各分类的概率。

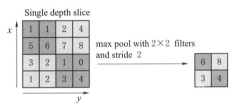

图 6.3　池化层 max Pooling 方式

每个像素具有最大概率的分类即为其预测分割的分类。

2. Segnet 网络模型训练

以 CCF 大数据与计算智能比赛提供的 2015 年我国南方某城市的高清遥感图像作为示例训练图片，进行 Segnet 网络模型训练介绍。训练图片包含 1000 张训练图片及 1000 张相应的带标签的图片，即训练数据集为 1000 张带有四类地物（植被、道路、建筑物、水体）标注、尺寸为 256×256（高×宽）像素、空间分辨率为 0.5m 的卫星遥感图片。

基于 Segnet 网络模型，读入训练数据集（1000 张 256×256 的小图）；随后定义 Segnet 网络模型的训练过程，其中 BS 定义为 16，Epoch 定义为 30；最后输出训练好的模型（.h5 文件）。图 6.4 为 Segnet 网络模型训练流程。

图 6.4　Segnet 网络模型训练流程图

3. Segnet 网络模型预测

采用训练好的 Segnet 网络模型对区域的遥感影像进行预测，从而识别区域内植被、建筑物、道路和河道等地貌的空间分布情况。

首先，调整影像尺寸，使其高和宽均为 256 的倍数，输出记为 A 图。同时生成与 A 图尺寸相同的全零图，记为 B 图；其次，以 256×256 为步长依次对 A 图进行切割；随后，将预测后的小图依次放入 B 图相对应的位置，输出记为 C 图；最后，按原影像的尺寸对 C 图进行切割，输出最终的预测图记为 D 图，如图 6.5 所示。

图 6.5　Segnet 网络模型预测流程图

4. Segnet 网络模型准确度

模型准确度用像素精度（Pixel Accuracy，PA）表示，即所有类别中预测正确的像素占总像素的比例，模型 PA 值大于 0.8 说明模型准确度较优。

5. 地貌单元空间分布识别

由 Segnet 网络模型预测步骤可以输出一张 8 位深度的灰度图，像素值范围在 0~4，其中不同的像素值代表着不同类别的地物。由于像素值较小，故图片呈现为黑色，无法用肉眼识别，因此可以把不同的像素值定义为不同的颜色。其中，像素值为 0 的像元（建筑物）定义为红色，像素值为 1 的像元（植被）定义为绿色，像素值为 2 的像元（道路）定义为黄色，像素值为 3 的像元（水体）定义为蓝色，像素值为 4 的像元（其他）定义为黑色。

6.2.1.2　水体提取

在地貌单元识别结果的基础上，对区域的水体进行提取，进一步获取区域内水网空间分布情况，得到区域水网形态。

高清遥感影像包含多光谱数据和全色影像单波段数据，两者分辨率可能不同，分别对其进行相应的辐射定标、大气校正、正射校正等预处理工作；通过不同分辨率对多光谱数据和全色单波段数据进行影像融合，得到空间分辨率和光谱分辨率均较高、且分辨率统一的全色多光谱影像数据，可以提高原始数据的空间分辨率和光谱分辨率，利于进行水体提取。融合后的影像数据包含 4 个波段，其中 1～4 波段分别为蓝波段、绿波段、红波段以及近红外波段，采用归一化水体指数（NDWI）进行波段运算进，通过调整合适的阈值以凸显水体信息，结合实地调研将区域河流进行概化确定区域的河流分布格局，得到区域水网形态。同时，通过 GIS 平台将河流进一步矢量化，得到各河流长度、河流条数以及河流水域面积等基础数据。水体提取流程如图 6.6 所示。

其中，归一化水体指数是基于可见光的绿波段与近红外波段的反射率归一化比值指数，可以较好地凸显水体信息，并减少其他背景地物信息的干扰，能够有效提取遥感影像中的水体。计算方法为多波段影像中绿波段与近红外波段反射率的差值与二者之和的比值，计算公式为

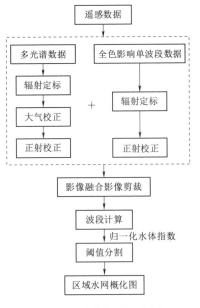

图 6.6　水体提取流程图

$$\mathrm{NDWI}=(\mathrm{grenn}-\mathrm{NIR})/(\mathrm{green}+\mathrm{NIR}) \tag{6.1}$$

式中：green 为水体在可见光绿波段的反射率；NIR 为水体在近红外波段的反射率。

6.2.1.3　建立水网连通线路方案集

首先，基于区域水网形态，制定不同的连通线路可行性方案，需结合图论理论的连通性判定准则，保证每个可行性方案的水网连通线路图模型为连通图，形成连通线路可行性方案集。

其次，结合区域实际情况，从连通线路可行性方案集中选取合适的连通线路，构成连通线路待优化方案集，为确定连通线路较优方案提供基础数据库。

6.2.2　水网连通性评价体系构建

区域水网连通性评价体系包括水网连通性评价指标确定和评价等级划分。

水网连通性评价体系构建应遵循以下原则：

（1）综合性、系统性。水力连通工程建设规模大、涉及范围广，对经济、社会、生态环境等均会产生影响，在构建评价指标体系时应从不同方面综合、系统地选取评价指标。既要涵盖水网形态、结构连通性和水力连通性三方面内容，又要反映出各方面的内在联系，形成相对完整的体系。

（2）客观性、层次性。若将各评价指标简单罗列，势必造成水网连通性评价体系繁杂，因此在构建评价体系时应进行层次划分，区分各指标的重要程度，尽量选取可量化的指标，反映客观性，避免主观性。

（3）简明性、科学性。构建水网连通性评价体系应遵循科学性，评价指标应具有代表性，不宜烦琐，选取的指标应有理可循、有据可依、简明易懂，计算指标所需数据应来源于实测的基础数据或 GIS、ENVI 等遥感解译等。

6.2.2.1　水网连通性评价指标的确定

河渠湖库连通水网是一个复杂的系统，为描述不同连通线路的水网连通效果，需选取合适的评价指标，构建一套评价指标体系。本章分析了国内近年来区域水网连通性评价研究成果（孟祥永等，2014；周振民等，2015；窦明等，2016；夏敏等，2017；傅春等，2017；崔广柏等，2017；李普林等，2018；马栋等，2018；李景保等，2019），总结了其选用的指标。虽然选用的指标多样，且不同学者侧重点不同，但可归为三类指标，即水网形态、结构连通性和水力连通性。描述水网形态的指标有水面率（4）、河网密度（6）、河频率（4）、河道槽蓄量（1）；描述结构连通性的指标有水系环度（3）、节点连接率（3）、水网连通度（5）、边连通度（2）、河网复杂度（1）、河网发育系数（1）、河道断面尺寸（1）、河道功能定位（1）、河道空间位置（1）等；描述水力连通度的指标有流速（1）、水流动势（1）、河道输水能力（1）、河道换水周期（1）、水力连通能力（1）等。上述描述中括号内的数字表示出现该指标的文献数，统计的文献共 9 篇。

本章考虑区域水网的特点，借鉴目前已有的成果，对于区域水网连通性的评价，仍从水网形态、结构连通性和水力连通性三方面提出具体的指标，尽量做到所选指标名称的自明性和具有明确的物理意义。

（1）水网形态。目前已有的描述水网形态的指标主要从河流地貌等角度出发，现有文献采用河网密度、水面率、河频率反映区域水网的形态特征。河网密度、河频率分别表示单位面积上河流的长度和数量，水面率反映水域面积的大小，三项指标虽能表征区域水网的规模，但侧重点均局限于静态地反映水网的现状，对于动态评价方面即河道调蓄能力等方面有所欠缺。河道槽蓄量是反映河道调蓄能力的重要指标，可以直接反映区域水网的存蓄水量和调度水量的能力。因此，本章在静态指标基础上，增加动态指标，即引入河道槽蓄量。综合考虑静态和动态两方面因素，力求全面反映区域水网的形态特征，同时考虑所选指标名称的自明性及其物理意义，本章选取水面率、单位河段长、单位河段数和河道槽蓄量四项指标来描述水网形态特征。

（2）结构连通性。对于区域水网，河渠湖库并存，河道密布，流动复杂，流向不定，加之水网连通工程措施，显然利用经典的单一河流分级准则来描述区域水网的结构连通性不够全面。因此，应重新构建能合理反映区域水网的结构连通性的指标。借鉴景观生态网络连接度的评价方法，依据网络中"点-线"的数量关系来反映结构连通性。景观生态网络连接度一般采用节点度数、廊道密度、水系环度、节点连接率和水系连通度等指标。考虑复杂区域水网的特点，同时考虑所选指标名称的自明性及其物理意义，选取水网环度（α 指数）、节点连接率（β 指数）和水网连通度（γ 指数）来描述区域水网的结构连通性。

（3）水力连通性。水力连通性和结构连通性密切相关，结构连通性是水网连通的基础，而水力连通性是水网连通的目标，良好的结构连通性有利于区域水网规划和合理水利工程的修建，进而提升水力连通性。现有研究往往着重于结构连通性变化，而忽略了水体流动能力的强弱。因此，在结构连通性基础上，应充分考虑水体流动能力对水网连通性的影响，基于区域水网的特点并考虑所选指标名称的自明性及其物理意义，这里采用流速和流动稳定性两项指标来表征水力连通性。流速取各河段的平均流速，由于一般区域水网地势平坦、流速平缓，可认为河道平均流速越大，各河段之间水流置换效果越佳，水力连通性越强；流动稳定性是指区域水网水体流动的稳定性，可以用各河段水位差来体现。

为定量评价区域水网的连通状况，根据区域水网特点，基于上述分析，本章构建了区域水网的连通性评价体系。区域水网连通性评价体系包括 3 层次 9 项评价指标：第 1 层次水网形态，选取水面率、单位河段长、单位河段数和河道槽蓄量 4 项指标；第 2 层次结构连通性，选取水网环度（α 指数）、节点连接率（β 指数）和水网连通度（γ 指数）3 项指标；第 3 层次水力连通性，选取河道流速和流动稳定性 2 项指标。各指标物理意义及计算公式分述如下。

（1）水网形态。

1）水面率，指区域内的水域面积大小。

$$\eta = \frac{S_{\mathrm{w}}}{S_{\mathrm{t}}} \times 100\% \tag{6.2}$$

式中：S_{w} 为水域面积，m^2；S_{t} 为区域总面积，m^2。

2）单位河段长，反映河流长度。

$$D = \frac{L}{S_{\mathrm{t}}} \tag{6.3}$$

式中：L 为区域内河流总长度，m。

3）单位河段数，反映河流数量。

$$R = \frac{N}{S_t} \tag{6.4}$$

式中：N 为区域内河段总数量。

4）河道槽蓄量，反映河道行滞洪能力。

$$V_w = \sum_{i=1}^{N} A_i L_i \tag{6.5}$$

式中：A_i 为第 i 个河段的过水面积，m^2；L_i 为第 i 个河段的长度，m。

（2）结构连通性。

1）水网环度（α 指数），区域水网现有节点环路数与最大可能的环路数之比，反映区域水网的环路连通能力。

$$\alpha = \frac{n-k+1}{2k-5} \tag{6.6}$$

式中：n 为区域水网图模型的连接线数，$n \geqslant 3$；k 为区域水网图模型的节点个数。

2）节点连接率（β 指数），区域水网连接线数与节点个数之比，反映区域水网每个节点连接河段数的能力。

$$\beta = \frac{n}{k} \tag{6.7}$$

3）水网连通度（γ 指数），区域水网连接线数与其最大可能的连接线数之比，反映区域水网内河段间水体互通的能力。

$$\gamma = \frac{n}{3(k-2)} \tag{6.8}$$

（3）水力连通性。

1）河道流速，反映区域水网内河段流动能力。

$$V_i = \sum_{i=1}^{N} \frac{V_i}{N} \tag{6.9}$$

式中：V_i 为第 i 个河段的平均流速，m/s。

2）流动稳定性，反映区域水网水体流动的稳定性。当河段首尾两断面间的形成一定的水头差时，河段内的流动将是稳定的。这里，借鉴李景保等（2019）用同一河流两个水位站点之间的水位差 $C = \dfrac{1}{|\Delta Z|+1}$ 公式来表征水力连通能力的思路，C 的单位为 m^{-1}，两站点水位差 ΔZ 单位为 m。考虑一条河流和区域水网多条河流的区别，采用下述公式表征区域水网水体流动的稳定性：

$$C_{\mathrm{m}} = \frac{1}{\dfrac{1}{N}\sum_{i=1}^{N} \mid \Delta Z_i \mid + 1} \tag{6.10}$$

式中：C_{m} 为表征区域水网水体流动稳定性，m^{-1}；ΔZ_i 为第 i 条河段始、末断面之间的水位差，m；N 为区域水网的河段总数，条。

本章提出的水网连通评价指标体系列于表 6.1。表中列出了各指标的分类、类型、计算方法以及物理意义。

表 6.1　　　　　　　　　　水网连通性评价指标体系

目标层	准则层	指标层	计算方法	物 理 意 义	指标类型
水网连通路线较优	水网形态	水面率/%	$\eta = \dfrac{S_{\mathrm{w}}}{S_{\mathrm{t}}} \times 100\%$	反映区域水域面积大小	+
		单位河段长 /(km/km²)	$D = \dfrac{L}{S_{\mathrm{t}}}$	反映河流长度	+
		单位河段数 /(条/km²)	$R = \dfrac{N}{S_{\mathrm{t}}}$	反映河流数量	+
		河道槽蓄量 /万 m³	$V_{\mathrm{w}} = \sum_{i=1}^{N} A_i L_i$	反映河道行滞洪能力	+
	结构连通性	水网环度	$\alpha = \dfrac{n-k+1}{2k-5}$	反映区域水网的环路连通能力	+
		节点连接率	$\beta = \dfrac{n}{k}$	反映区域水网每个节点连接河段数的能力	+
		水网连通度	$\gamma = \dfrac{n}{3(k-2)}$	反映区域水网内河段间水体互通的能力	+
	水力连通性	河道流速 /(m/s)	$V_i = \sum_{i=1}^{N} V_i / N$	反映区域水网内河段流动能力	+
		流动稳定性 /m⁻¹	$C_{\mathrm{m}} = \dfrac{1}{\dfrac{1}{N}\sum_{i=1}^{N} \mid \Delta Z_i \mid + 1}$	反映区域水网流动的稳定性	+

注　S_{w} 为区域的水域面积；S_{t} 为区域总面积；L 为区域内河段总长度；N 为区域内河段总数量；A_i 为第 i 个河段的过水面积；L_i 为第 i 个河段的长度；n 为区域水网图模型的连接线数；k 为区域水网图模型的节点数；V_i 为第 i 个河段的平均流速；ΔZ_i 为第 i 个河段始、末断面的水位差。指标类型中"＋"表示正向指标。

6.2.2.2　水网连通性评价等级划分

基于上述分析，以连通线路较优为目标层，以水网形态、结构连通性、水力连通性为准则层，以 9 项评价指标为指标层，构成了水网连通性评价指标体系。

根据评价指标体系分级标准确定原则，参考习惯的水网连通性评价体系的分级标准，这里将各评价指标划分为 10 个等级（Ⅰ，Ⅱ，Ⅲ，Ⅳ，Ⅴ，Ⅵ，Ⅶ，Ⅷ，Ⅸ，Ⅹ），数字越大表示水网连通效果逐渐降低，指标等级划分标准列于表 6.2。

表 6.2　水网连通评价指标的等级划分标准

指标	分 级 标 准									
	I	II	III	IV	V	VI	VII	VIII	IX	X
水面率 η/%	≥0.386	0.384~0.386	0.382~0.384	0.380~0.382	0.378~0.380	0.376~0.378	0.374~0.376	0.372~0.374	0.370~0.372	<0.370
单位河段长 D /(km/km²)	≥0.187	0.185~0.187	0.183~0.185	0.181~0.183	0.179~0.181	0.177~0.179	0.175~0.177	0.173~0.175	0.171~0.173	<0.171
单位河段数 R /(条/km²)	≥0.028	0.027~0.028	0.026~0.027	0.025~0.026	0.024~0.025	0.023~0.024	0.022~0.023	0.021~0.022	0.020~0.021	<0.020
河流槽蓄量 V_w /(1000m³)	≥1281.452	1273.478~1281.452	1265.504~1273.478	1257.530~1265.504	1249.556~1257.530	1241.582~1249.556	1233.608~1241.582	1225.634~1233.608	1217.660~1225.634	<1217.660
水网环度 α	≥0.665	0.642~0.665	0.619~0.642	0.596~0.619	0.573~0.596	0.550~0.573	0.527~0.550	0.504~0.527	0.481~0.504	<0.481
节点连接率 β	≥1.902	1.883~1.902	1.864~1.883	1.845~1.864	1.826~1.845	1.807~1.826	1.788~1.807	1.769~1.788	1.750~1.769	<1.750
水网连通度 γ	≥0.795	0.779~0.795	0.763~0.779	0.747~0.763	0.731~0.747	0.715~0.731	0.699~0.715	0.683~0.699	0.667~0.683	<0.667
河道流速 V_i /(m/s)	≥0.172	0.169~0.172	0.166~0.169	0.163~0.166	0.160~0.163	0.157~0.160	0.154~0.157	0.151~0.154	0.148~0.151	<0.148
流动稳定性 C_m /m⁻¹	≥0.589	0.583~0.589	0.577~0.583	0.571~0.577	0.565~0.571	0.559~0.565	0.553~0.559	0.547~0.553	0.541~0.547	<0.541

6.2.3　水网连通性评价指标计算方法

6.2.3.1　水网形态指标计算

根据水网连通调查水体提取时得到的各河流长度、河流条数以及河流水域面积等基础数据，由 6.2.2.2 节水网形态各指标计算公式得到水网连通线路方案的水面率、单位河段长和单位河段数等指标；基于 6.2.3.3 节区域水网水动力模型模拟结果得到河道槽蓄量。

6.2.3.2　结构连通性指标计算

将连通水网中河流交汇点定义为水系图模型中的节点，将连接节点之间的河流定义为水系图模型中的河链，从而将连通水网概化为由节点和河链共同组成的图形。采用图论法可以获取连通水网河流长度、河流数量、节点数及河链数，从而对结构连通性准则层下各指标进行计算，包括连通水网图模型建立、连通性判定及结构连通性计算三部分内容。

1. 连通水网图模型建立

图论中的"图"是由一组非空的点及一组与其相关联的边组成的。如果边两端的点是有序的，则这条边为有向边，否则为无向边。全部由有向边组成的图为有向图，如图6.7（a）所示；全部由无向边组成的图为无向图，如图 6.7（b）所示，其他为混合图。

基于图论理论中图的概念，连通水网图模型概化的目的是将连通水网中不同的地貌类型运用

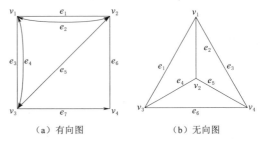

（a）有向图　　　　（b）无向图

图 6.7　图论中的有向图和无向图

图论的相关元素简单明了地表达出来。区域水网河流密布，水流流向不定，同时河道中常修建闸泵以控制水流流向，因此可用无向图的图模型来描述连通水网，用边表示河流，用点表示河流汇合处，用悬挂点表示仅与一条河道相连的小型水域。由此可见，连通水网图模型借鉴图论理论可以用来描述全区域水网的连通状况。

2. 连通性判定

一个有序二元组 $G=(V, E)$ 称为一个图，即图 G 是由有限非空集合 V 及其二元子集 E 构成，其中 V 中元素称为顶点，E 中元素称为边。在构建连通水网图模型之后要对图模型的连通性进行判定，即判定图模型是否为连通图。对于图 G 中的两点 V_1 和 V_2，若两点之间有路径相连，则定义两点之间连通，若两点之间无路径相连，则定义两点之间不连通，对于图 G 中的所有顶点，若任

意两点之间均有路径相连，则称图 G 为连通图，否则称图 G 为不连通图。

根据图 G 中顶点 V_i 和顶点 V_j 之间边的数目所确定的矩阵 $A(G) = (a_{ij})_{n \times n}$ 称为图 G 的邻接矩阵，代表了点与点之间的连接关系，其中 a_{ij} 为 G 中连接 V_i 和 V_j 的路径数。$A(G)$ 的 k 次方记为 $A^k(G) = [(a_{ij}^k)]_{n \times n}$，若 $\sum\limits_{k=0}^{n-1} a_{ij}^{(k)} = 0$，说明 $a_{ij}^{(1)}$，$a_{ij}^{(2)}$，$\cdots$，$a_{ij}^{(n-1)}$ 均为 0，根据连通图定义可判断图 G 为不连通图。从而得出基于邻接矩阵 $A(G)$ 的连通性判定准则为：对于矩阵 $S = (S_{ij})_{n \times n} = \sum\limits_{k=1}^{n-1} A^k$，若矩阵 S 中的元素全部为非零元素，则图 G 为连通图，否则若矩阵 S 中存在零元素，则图 G 为不连通图。

3. 结构连通性计算

为将结构连通性以量化形式体现，依据图论理论对区域水网进行结构连通性计算，包括水网环度、节点连接率和水网连通度。

6.2.3.3 水力连通性指标计算

采用水动力数学模型计算水力连通性准则层的各项指标。根据水网连通调查水体提取结果，建立区域水网水动力模型。由于连通水网中河流水深较浅，其垂向和横向相比纵向尺度要小很多，因此将河流概化为一维水动力模型，区域水网动力模型在计算过程中将每一条河道视为单一河道，每个汊点处满足水流连续性方程和能量守恒定律。水动力数学模型已在 1.2 节介绍，在此不再赘述。

由水动力模型计算得到各河段流速和水深等数据，进而利用计算公式得到流速和流动稳定性等水力连通性指标。

6.2.4 连通线路评价优选方法

河渠湖库水网连通线路优选采用多属性决策优选模型，该模型包括指标权重计算和多属性决策优选两部分内容。

6.2.4.1 指标权重计算

为避免单一指标权重法的不足，采用 AHP -熵综合权重法计算指标权重。

1. 层次分析法（AHP）

层次分析法，通过建立层次树模型，依据常用的线性 1~9 标度法（表 6.3）对各层指标进行相对重要程度的比较，建立判断矩阵，对判断矩阵进行一致性检验。层次分析法属主观赋权法。

$$CI = \frac{\lambda_{\max} - m}{m - 1} \tag{6.11}$$

$$CR = \frac{CI}{RI} \tag{6.12}$$

式中：$\lambda_{\max}$ 为判断矩阵的最大特征值；m 为判断矩阵的阶数；RI 为一致性指标标准值。

表 6.3   评价指标相对重要程度

相对重要程度	判 定 标 准
1	评价指标 I_i 与评价指标 I_j 同等重要
3	评价指标 I_i 较评价指标 I_j 略重要
5	评价指标 I_i 较评价指标 I_j 更重要
7	评价指标 I_i 较评价指标 I_j 十分重要
9	评价指标 I_i 较评价指标 I_j 尤其重要
2，4，6，8	上述重要程度的中间值

若 $CR<0.1$，则检验通过，借助 MATLAB 程序计算 $\lambda_{\max}$ 对应的特征向量，得到各层次元素权重。将各层次元素权重相乘得到评价指标相对目标层的权重，即 AHP 权重。

2. 熵权法

熵权法基于指标数值，定量计算各指标对应的熵值，进而得到各指标对应的熵权。熵权法属于客观赋权法。熵权的计算步骤如下：

（1）指标归一化处理。对于正向指标，归一化计算公式为

$$x(i,j)=\frac{x^*(i,j)-x_{\min}(j)}{x_{\max}(j)-x_{\min}(j)} \tag{6.13}$$

对于负向指标，归一化计算公式为

$$x(i,j)=\frac{x_{\max}(j)-x^*(i,j)}{x_{\max}(j)-x_{\min}(j)} \tag{6.14}$$

式中：$x_{\max}(j)$、$x_{\min}(j)$ 分别为第 j 个评价指标的最大值和最小值；i 为第 i 个评价方案。

（2）熵值的计算：

$$H_j=-k\sum_{i=1}^{N}f_{ij}\ln f_{ij} \tag{6.15}$$

$$f_{ij}=\frac{g_{ij}}{\sum\limits_{i=1}^{N}g_{ij}} \tag{6.16}$$

$$k=\frac{1}{\ln N} \tag{6.17}$$

以上式中：H_j 为评价指标 j 的熵值，在此假定当 $f_{ij}=0$ 时，$f_{ij}\ln f_{ij}=0$；g_{ij} 为评价指标的归一化矩阵；k 为玻尔兹曼常量；N 为评价方案的总个数。

（3）熵权的计算：

$$w_j = \frac{1 - H_j}{M - \sum\limits_{j=1}^{M} H_j} \quad \left(0 \leqslant w_j \leqslant 1, \sum\limits_{j=1}^{M} w_j = 1\right) \tag{6.18}$$

式中：M 为评价指标的个数。

3. 综合权重法

主观赋权法，人为因素影响较大，主观性较强；客观赋权法，完全依赖数据自有特征，容易忽略指标特性。为解决主、客观权重计算方法存在的问题，在确定指标权重时采用 AHP–熵综合权重法，计算公式为

$$W_j = \frac{(W_{1j} W_{2j})^{0.5}}{\sum\limits_{j=1}^{N} (W_{1j} W_{2j})^{0.5}} \quad (j = 1, 2, 3, \cdots, N) \tag{6.19}$$

式中：W_{1j}、W_{2j} 分别为第 j 个指标的 AHP 权重和熵权的权重。

6.2.4.2 多属性决策优选

通过综合评价法构建多属性决策优选模型，对不同连通线路的连通效果进行决策和优选，主要包括以下四个步骤。

1. 构建初始决策矩阵 X

根据水网连通评价指标的等级划分标准（表 6.2），构建初始决策矩阵 X，假设有 m 种连通方案和 n 项评价指标，x_{ij} 代表第 i 种方案的第 j 项指标值，则 X 矩阵表示为

$$X = \begin{bmatrix} x_{11} & x_{12} & \cdots & x_{1n} \\ x_{21} & x_{22} & \cdots & x_{2n} \\ \vdots & \vdots & \vdots & \vdots \\ x_{m1} & x_{m2} & \cdots & x_{mn} \end{bmatrix}$$

2. X 矩阵标准化处理

对于正向指标，标准化处理公式为

$$d_{ij} = \frac{x_{ij}}{\max x_{ij} + \min x_{ij}} \quad (i = 1, 2, \cdots, M; j = 1, 2, \cdots, N) \tag{6.20}$$

对于负向指标，标准化处理公式为

$$d_{ij} = 1 - \frac{x_{ij}}{\max x_{ij} + \min x_{ij}} \quad (i = 1, 2, \cdots, M; j = 1, 2, \cdots, N) \tag{6.21}$$

X 矩阵经标准化处理后得到规范化矩阵 Y 为

$$Y = \begin{bmatrix} y_{11} & y_{12} & \cdots & y_{1n} \\ y_{21} & y_{22} & \cdots & y_{2n} \\ \vdots & \vdots & \vdots & \vdots \\ y_{m1} & y_{m2} & \cdots & y_{mn} \end{bmatrix}$$

3．计算加权决策矩阵 Z

由规范化矩阵 Y 和权重矩阵 W，计算得到决策值矩阵 Z，即 $Z=YW$。该矩阵即为水网连通效果等级分界线。

$$Z=YW=\begin{bmatrix} y_{11} & y_{12} & \cdots & y_{1n} \\ y_{21} & y_{22} & \cdots & y_{2n} \\ \vdots & \vdots & \vdots & \vdots \\ y_{m1} & y_{m2} & \cdots & y_{mn} \end{bmatrix}\begin{bmatrix} w_1 \\ w_2 \\ \vdots \\ w_n \end{bmatrix}=\begin{bmatrix} z_1 & z_2 & \cdots & z_m \end{bmatrix}$$

4．水网连通效果决策

按上述方法，以连通线路待优化方案集为对象，逐一计算不同连通线路方案的决策矩阵；将水网连通效果决策值与连通效果等级分界线值进行对比分析，进行连通效果的决策优选，得到水网连通线路较优方案。

6.2.5　连通线路评价优选技术简介

针对区域水网，基于遥感解译的连通水网形态，提出河渠湖库连通线路评价优选技术。该技术实现了区域遥感影像水体的提取，在明确水网形态的基础上，建立水网连通线路可行性方案集和待优化方案集，通过多属性决策优选模型对不同连通线路逐一进行决策和优选，对指标综合决策，得到水网连通线路较优方案。该技术是通过对众多的连通线路方案进行量化优选评价，得到水网连通线路较优方案。

1．河渠湖库连通线路评价优选技术特点

（1）利用遥感影像。针对遥感影像，基于遥感解译技术构建一种适用于复杂区域水网的连通性调查方法，实现对区域遥感影像水体的提取，可在保证数据精度的前提下高效提取复杂区域水网的空间分布，节约人力物力，为水网连通线路优选建立数据库。

（2）考虑水力连通性指标。以往研究主要考虑水网形态和结构连通性，本技术引入河道流速和流动稳定性等水力连通性指标，充分考虑水体流动能力对水网连通性的影响。

（3）建立多属性决策优选模型。以往对于不同连通线路的水网连通性评价方法多是基于选取的指标值进行定性评价和分析，本技术通过构建多属性决策优选模型，对不同连通线路逐一进行评价，做出综合决策，确定较优连通线路。

2．河渠湖库连通线路评价优选技术适用对象

该技术适用于水资源时空分布不均、水网形态复杂的区域，当规划水力连通工程时，存在多种连通线路的可能性，难以区分不同连通线路的优劣，需明确较优的连通线路，实现区域水网高效连通效果。同时，此类复杂的区域水网通常分布范围广，可利用基于遥感影像的地貌单元识别与水体提取方法，提高

数据精度和处理效率，以制定合理可行的水网连通线路待优化方案集，然后进行决策优选得到水网连通线路较优方案。

3. 河渠湖库连通线路评价优选技术应用所需资料

（1）区域的高清遥感图像。

（2）湖库位置、功能、水位和蓄水量等信息。

（3）河渠地形及特征参数，河渠长度、河底高程、河底比降、河底宽度、边坡和糙率。

（4）水工建筑物，主要水工建筑物位置、尺寸、设计水位和设计流量等。

4. 河渠湖库连通线路评价优选技术应用步骤

（1）水网连通线路方案集建立。首先基于遥感影像资料利用地貌单元识别和水体提取方法，搭建 Segnet 网络模型，实现区域地貌单元的识别；在此基础上，采用归一化水体指数法进行水体提取，确定区域水网形态；在此基础上，依次构建水网连通线路可行性方案集和连通线路待优化方案集。

（2）水网连通线路评价体系构建。基于水网形态、结构连通性和水力连通性三方面构建水网连通评价指标体系，共9项指标。

（3）水网连通线路评价优选。采用 AHP - 熵综合权重法确定水网连通评价指标权重值，通过综合评价法建立多属性决策优选模型；对水网连通线路方案集进行评价优选，得到水网连通线路较优方案。

河渠湖库连通线路评价优选技术应用步骤如图 6.8 所示。

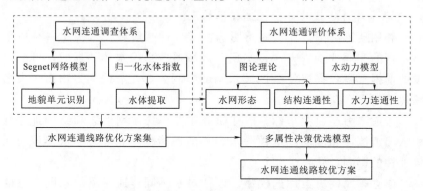

图 6.8　河渠湖库连通线路评价优选技术应用步骤

6.3　连通线路评价优选研究实例概况

南水北调东线山东段河渠湖库连通水网为南水北调东线第一期工程，调水路线在本书提出连通路线评价优选技术前已确定。但对于尚未确定连通路线的区域水网，可通过本书提出的连通路线评价优选技术确定较优连通线路，为实现区域水网合理高效连通提供技术指导。

这里以廊坊市凤河—永定河区域为例。廊坊市凤河—永定河区域地处永定河冲积平原，区域水网复杂，水资源分布不均，北部凤河水量丰沛，中部环城河道、龙河及南部的永定河泛区缺水严重，龙河出境处多年断流，泛区断流30年以上。结合京津冀协同发展和廊坊市城市总体规划战略目标，有必要对该区域制定水网连通线路方案集，开展水网连通线路评价优选研究，确定水网连通线路较优方案，形成较优的河渠互连互通的区域水网。

该区域水网的河道特征、水文参数、水力特性、闸坝过流能力等数据来源于《廊坊水文水资源实用指南》《廊坊市生态水系总体规划（2016—2030年）》《2019年廊坊市水资源公报》《廊坊市河道等级分类表》等资料。

6.3.1 区域介绍

廊坊市位于河北省的中部偏东，为河北省的一个地级市，北邻首都北京，东交天津，地处京津冀城市群核心地带、环渤海腹地，辖广阳、安次2区，大厂、香河、永清、固安、文安、大城6县，代管三河、霸州2个县级市，总面积为6429km²。廊坊市市区（广阳区和安次区）总面积为908km²，其中广阳区为313km²，安次区为595km²；规划中心城区包括广阳区和部分安次区，总面积为485.8km²。廊坊市地处永定河冲积平原，属于平原河网区，以平原和洼地为主，自北向南倾斜，海拔为0～20m，地势平缓；区域多年平均气温为11.8℃，年平均蒸发量为1909.6mm，年平均日照为2689h，日照率为60%。

廊坊市凤河—永定河区域覆盖廊坊市市区（广阳区、安次区），包括整个未来规划区中心城区、都市区北部，地处永定河冲积平原，以平原和洼地为主，自北向南倾斜，海拔约为10～20m，地势平缓，总面积为942km²。廊坊市北部地区（三河市、大厂县、香河县）地势较高，中、南部地区（廊坊市区及固安县、永清县、霸州市、文安县、大城县），全部为冲积平原区，呈北高南低趋势。地貌类型平缓单一，地势平坦开阔。廊坊市北运河—永定河区域地处永定河冲积平原，以平原和洼地为主，自西北向东南倾斜，海拔约为0～20m，地势平缓。

廊坊市凤河—永定河区域共包括3大主干流及15条支渠：北部的凤河、中部的龙河以及南部的永定河，环城的五干渠、六干渠等8条支渠，永定河泛区的天堂河、丰收渠等7条支渠。其中，龙河在城区和泛区中间，在水网连通中起到重要作用，其沿线共计7闸3坝。图6.9为廊坊市凤河—永定河区域的河渠分布。

连通水网内水量时空分配不均，其中北部的凤河水量丰沛，2018年入境流量为1.2亿m³，多年平均径流量为6.84亿m³；城区缺水严重，龙河出境处多年断流，永定河泛区更是断流30年以上。此外，连通水网内闸坝较多，大量闸坝的存在使得水网连通方案的实施变得愈加复杂。

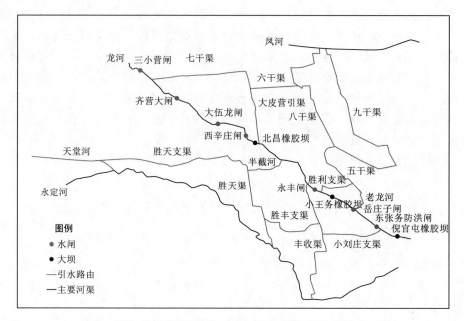

图 6.9　廊坊市凤河—永定河区域河渠分布

6.3.2　区域水量平衡分析

《京津冀南部功能拓展区廊坊水环境综合整治技术与综合示范（2017 年）》中要求入永定河泛区年收水量不小于 2000 万 m^3。为实现从凤河引水至永定河 2000 万 m^3 的目标，选取 2020 年作为代表年，对廊坊市凤河—永定河区域进行水量平衡分析，以确定外调水水量。

6.3.2.1　区域水量

区域水量包括再生水、雨洪水和外调水三部分。

（1）再生水。永定河泛区周边污水处理厂共计 5 处，其中广阳区 3 处，分别为廊坊市云新环境治理有限公司、廊坊市荣华建设投资开发有限公司、廊坊市龙茂华污水处理有限公司；安次区 2 处，分别为廊坊市碧水源再生水有限公司（万庄污水厂）、廊坊市凯发新泉水务有限公司。根据《京津冀南部功能拓展区廊坊水环境综合整治技术与综合示范（2017 年）》，永定河泛区周边再生水水量估算结果列于表 6.4。每年再生水为 3445.6 万 m^3。

（2）雨洪水。区域地处半湿润半干旱地区，降水量少，水面蒸发能力强，大部分河道长期处于干涸断流状态，且廊坊市地表水蓄积工程不足。根据《廊坊市生态水系规划（2016—2030 年）》，将雨水作为该区域河流的供水水源可行性、经济性较差，因此，不将雨水纳入稳定水源计算中。

表 6.4　　　　　　　　　　　　再生水水量估算结果

序号	区域	企业名称	受纳水体名称	污水设计处理能力/(t/d)	实际日均处理量/万t	再生水日均生产量/万t	再生水日均利用量/万t	全年再生水利用量/万t	全年入河量/万t
1	广阳区	廊坊市荣华建设投资开发有限公司	九干渠	1000	0.02	0	0	0	7.3
2	广阳区	廊坊市碧水源再生水有限公司（万庄污水厂）	大皮营引渠	40000	1	0	0	0	365
3	广阳区	廊坊市云新环境治理有限公司	八干渠	50000	3.6	3	3	1095	219
4	安次区	廊坊市凯发新泉水务有限公司	老龙河	60000	3	0	0		1095
			老龙河	80000	8	3.5	3.5	1277.5	1642.5
5	安次区	廊坊市龙茂华污水处理有限公司	胜天渠	20000	0.32	0	0	0	116.8
总　计				—				2372.5	3445.6

（3）外调水。外调水入水口共计四处，分别为八干渠上游、九干渠上游、龙河入廊坊市境内、天堂河入廊坊市境内。其中，北运河水源丰沛，八干渠上游、九干渠上游可借助凤河引北运河水至河网；龙河境外水可引至龙河境内上游；随着北京新机场投入使用，区内洪涝水和北京新机场的再生水可通过廊坊市境内天堂河上游引至河网内。四处外调水入水口分布，如图 6.10 所示。境外调水量需根据区域用水量确定。

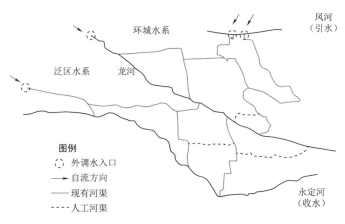

图 6.10　外调水入水口分布图

6.3.2.2　区域用水量

区域用水量包括区域内用水量和调入泛区水量。

（1）区域内用水量。依据《廊坊市城市总体规划（2016—2030 年）》，廊坊市 2020 年需水预测的成果列于表 6.5，总需水量为 107431.09 万 m^3，其中廊坊市凤河—永定河区域 2020 年用水量为 15741.2 万 m^3。

表 6.5　　　　　　　　　　廊坊市 2020 年需水预测成果　　　　　　　　单位：万 m^3

行政区	城镇生活	农村生活	工业	农业	生态	总需水量
市区	8894.99	874.70	2522.38	6819.61	1408.06	20520.00
固安	1258.88	182.81	772.30	10095.59	14.59	12324.00
永清	1003.51	787.54	819.60	8453.42	43.77	11107.84
香河	1136.55	532.23	1284.07	5690.44	148.83	8792.12
大城	555.41	632.50	713.37	8143.94	452.33	10497.55
文安	728.28	588.54	984.76	9128.13	882.77	12312.48
大厂	657.16	104.13	767.65	1491.62	758.75	3779.30
霸州	2351.73	771.34	2109.09	7154.18	1050.57	13436.91
三河	3461.65	1202.53	2977.54	6231.33	787.93	14660.98
合计	20048.16	5676.32	12950.76	63208.26	5547.60	107431.18

（2）调入泛区水量。《京津冀南部功能拓展区廊坊水环境综合整治技术与综合示范（2017 年）》中要求入永定河泛区年收水量不小于 2000 万 m^3。因此，将入永定河泛区水量定为 2000 万 m^3/a。

6.3.2.3　水量平衡分析

廊坊市凤河—永定河区域，区域水量包括再生水（3445.6 万 m^3）和境外调水；用水量包括调入永定河泛区水量 2000 万 m^3 和区域内用水 15741.2 万 m^3。为实现永定河泛区年收水量 2000 万 m^3 的目标，由水量平衡分析得出，需从境外调水 14295.6 万 m^3。

6.4　连通线路评价优选技术应用及成果

将提出的河渠湖库连通线路评价优选技术应用于上述廊坊市凤河—永定河区域，对该区域水网连通性进行评价，得到较优连通线路，实现北部凤河至南部永定河泛区互连互通，形成较优的廊坊市凤河—永定河区域水网。

首先，建立水网连通线路方案集。通过深度学习和遥感解译的方法实现对区域遥感影像的地貌单元识别与水体提取，确定水网形态；在此基础上，构建 144 种水网连通线路可行性方案集，并从中选出 8 种待优化方案集。

其次，针对选出的 8 种待优化方案集，计算水网连通线路评价指标。基于水网连通性评价指标体系，计算得到待优化方案集的水网形态指标、结构连通性指标和水力连通性指标。采用 AHP-熵综合权重法确定各指标权重值，计算水网连通效果等级分界线；通过综合评价法建立多属性决策优选模型，对待优化方案集中的 3 条人工渠道均不连通、1 条人工渠道连通、2 条人工渠道连通和 3 条人工渠道均连通的四组连通线路逐一计算水网连通效果决策值，确定连通线路较优方案。

6.4.1 连通线路方案集建立

通过地貌单元识别和水体提取确定区域水网形态，得到区域水网形态，在此基础上制定水网连通线路方案集。

6.4.1.1 地貌单元识别

采用深度学习框架 Keras 搭建 Segnet 网络模型，以高清遥感图像作为训练数据，对模型进行训练和精度验证；采用训练好的 Segnet 网络模型对研究区域遥感影像进行预测，从而识别区域内植被、建筑物、道路和河道等地貌的空间分布情况。

Segnet 网络模型训练图片采用 CCF 大数据与计算智能比赛提供的 2015 年我国南方某城市的高清遥感图像，其中包含 1000 张训练图片及 1000 张相应的带标签的图片，即训练数据集为 1000 张带有四类地物（植被、道路、建筑物和水体）标注、尺寸为 256×256（高×宽）像素、空间分辨率为 0.5m 的卫星遥感图片；采用训练好的 Segnet 网络模型对含廊坊市凤河—永定河区域在内的 27476×18304 像素大小、空间分辨率为 2m 的高分 1 号遥感影像进行预测；从而识别区域内植被、建筑物、道路和河道等地貌的空间分布情况。

Segnet 网络模型的训练准确度为 96.08%，验证准确度为 89.62%。

6.4.1.2 水体提取

在地貌单元识别基础上，基于高分 1 号影像对廊坊市凤河—永定河区域内水体进行单独的提取，从而获得区域水网形态。

高分 1 号遥感影像包含 8m 多光谱数据和 2m 全色影像单波段数据，分别对其进行相应的辐射定标、大气校正和正射校正等预处理工作，通过对 8m 多光谱数据和 2m 全色单波段数据进行影像融合，得到空间分辨率和光谱分辨率均较高的 2m 全色多光谱影像数据。采用归一化水体指数对地貌单元识别得到的图片进行水体提取，通过调整合适的阈值以凸显水域信息，结合实地调研将河流进行概化确定河流的分布，最终通过 GIS 平台将河流进一步矢量化，得到各河流长度、河流条数以及河流水域面积等基础数据。水体提取结果与实际水网做校正后将河流概化，如图 6.11 所示。经对比，水体提取结果比实际水网少 3 条支渠，经实地调研，此 3 条支渠为人工渠道，截至 2020 年年底该 3 条人工渠道均未通水，处于规划改造中。

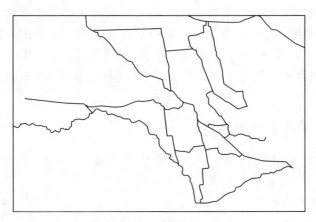

图 6.11　区域水网河流概化

基于水网连通调查结果及部分基础资料，确定区域内河流共计 18 条。其中，主要河流 3 条，分别为凤河、龙河和永定河；环城河渠 8 条，分别为五干渠、六干渠、七干渠、八干渠、九干渠、大皮营引渠、胜利支渠和老龙河；泛区河渠 7 条，分别为天堂河、胜天渠、半截河、丰收渠、胜丰支渠、小刘庄支渠和胜天支渠；龙河沿线共设 7 闸 3 坝。区域内河渠、闸坝空间分布，如图 6.12 所示。

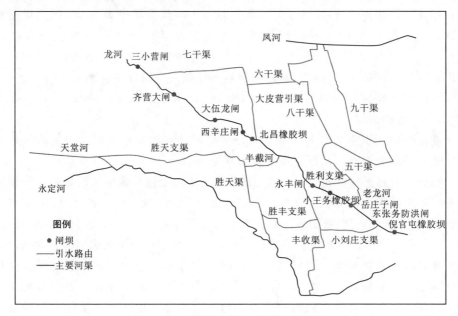

图 6.12　区域内河渠、闸坝空间分布

6.4.1.3 水网连通线路方案集

基于水网连通调查得到的水网形态,建立连通线路方案集,确定连通线路较优方案,重构廊坊市凤河—永定河连通水网,使区域内河流互连互通,实现凤河调水入永定河年收水量不少于 2000 万 m³ 的目标。

基于图论理论的连通性判定准则,要保证水网连通线路图模型为连通图,在自流的前提下对连通线路拟定可行性方案集,河流自流方向如图 6.13 所示。

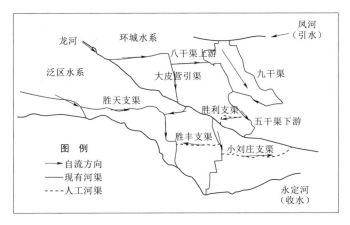

图 6.13 区域水网河流自流方向

1. 可行性方案集

环城河渠承担从凤河引水至龙河的任务,而永定河泛区河渠不仅承担从龙河引水至永定河的任务,还需要分水至永定河泛区,以保证收水 2000 万 m³。因此,针对环城河渠,考虑大皮营引渠连通或不连通(2 种方案)、八干渠上游和九干渠至少 1 条连通(即仅八干渠上游连通、仅九干渠连通、八干渠上游和九干渠均连通 3 种方案)、胜利支渠和五干渠下游至少 1 条连通(即仅胜利支渠连通、仅五干渠下游连通、胜利支渠和五干渠下游均连通 3 种方案),共计 18 种(2×3×3=18 种)可行性方案;针对泛区河渠,考虑胜天支渠连通或不连通(2 种方案)、胜丰支渠连通或不连通(2 种方案)、小刘庄支渠连通或不连通(2 种方案),共计 8 种(2×2×2=8 种)可行性方案;排列组合 18 种环城河渠可行性方案和 8 种泛区河渠可行性方案,得到 144 种(18×8=144 种)水网连通线路可行性方案集,列于表 6.6。

2. 待优化方案集

基于水网连通调查成果,环城的胜利支渠、泛区的胜丰支渠和小刘庄支渠均为人工渠道,3 条支渠淤堵严重,目前正处于疏通等改造规划中;此外,3 条人工渠道的过流量和承担的输水任务较小,而环城和泛区的主要河渠在输水的同时还需承担分水任务。因此,从 144 种可行性方案集中选取胜利支渠、胜丰

表 6.6　　　　　　　　　水网连通线路可行性方案集

环城河渠可行性方案		泛区河渠可行性方案	
大皮营引渠	连通/不连通（2 种）	胜天支渠	连通/不连通（2 种）
八干渠上游和九干渠	至少 1 条连通（3 种）	胜丰支渠	连通/不连通（2 种）
胜利支渠和五干渠下游	至少 1 条连通（3 种）	小刘庄支渠	连通/不连通（2 种）
小　计	18 种	小　计	8 种
总　计		144 种	

支渠和小刘庄支渠作为典型渠道，通过不同连通工况构成 8 种水网连通线路待优化方案集，列于表 6.7，水网连通线路待优化方案集，如图 6.14 所示。表中各方案排序序号依据渠道连通数，方案一为 0 条渠道连通（即 3 条渠道均不连通），方案二、方案三、方案四为 1 条渠道连通，方案五、方案六、方案七为 2 条渠道连通，方案八为 3 条渠道连通。

表 6.7　　　　　　　　　连通线路待优化方案集

序　号	连通的人工渠道		
	胜利支渠	胜丰支渠	小刘庄支渠
方案一	—	—	—
方案二	√	—	—
方案三	—	√	—
方案四	—	—	√
方案五	√	√	—
方案六	√	—	√
方案七	—	√	√
方案八	√	√	√

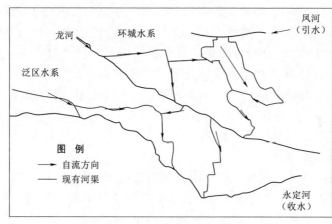

（a）3 条人工渠道均不连通（方案一）

图 6.14（一）　水网连通线路待优化方案集

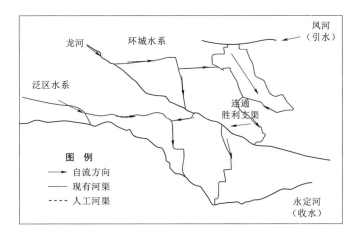

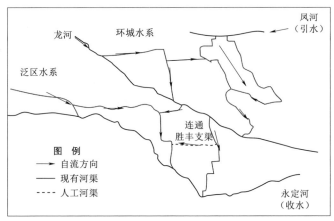

（b）1条人工渠道连通（方案二、方案三、方案四）

图 6.14（二） 水网连通线路待优化方案集

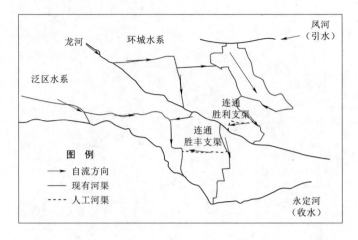

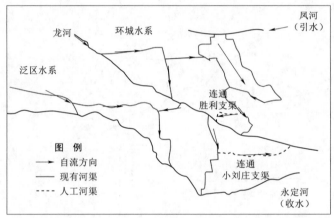

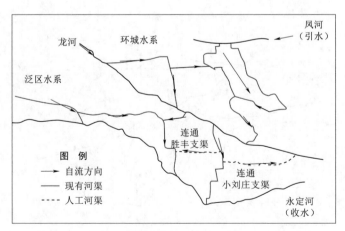

（c）2 条人工渠道连通（方案五、方案六、方案七）

图 6.14（三）　水网连通线路待优化方案集

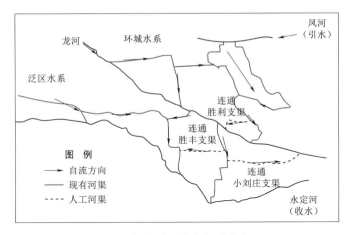

（d）3条人工渠道均连通（方案八）

图 6.14（四） 水网连通线路待优化方案集

6.4.2 水网连通性评价指标计算

6.4.2.1 水网形态指标

根据 6.4.1.1 节水网连通调查水体提取结果，基于 6.4.2.2 节图论法得到水网河流长度和河流数量等数据，由水网形态各指标计算公式得到连通线路方案的水面率、单位河段长和单位河段数等指标；基于 6.4.2.3 节水动力模型模拟结果得到河道槽蓄量。

6.4.2.2 结构连通性指标

1. 连通水网图模型建立

连通水网图模型由点集合 V 和边集合 E 两部分构成，将连通水网中河流交汇点定义为连通水网图模型中的节点，将连接节点之间的河流定义为连通水网图模型中的河链，从而将连通水网概化为由节点和河链共同组成的图形。图 6.15 为方案集中的 2 条人工渠道连通的连通水网图模型结果。

2. 连通水网图矩阵建立

在连通水网图模型基础上，对其点、边进行编号，建立连通水网图的邻接矩阵。若图模型中共有 m 个节点，n 个河链，则得到 $m \times n$ 的邻接矩阵 A。邻接矩阵中两点之间有边相连则为 1，否则为 0，例如点 V1 与点 V2 相连，邻接矩阵 A 中 a_{12} 和 a_{21} 均为 1，方案集中的 3 条人工渠道均连通的图矩阵结果为

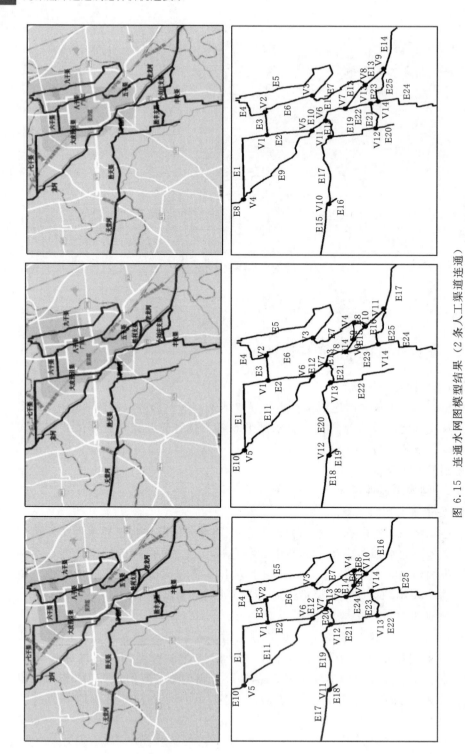

图 6.15　连通水网图模型结果（2 条人工渠道连通）

$$A = \begin{bmatrix} 0 & 1 & 0 & 0 & 1 & 1 & 0 & 0 & 0 & 0 & 0 & 0 & 0 & 0 & 0 & 0 \\ 1 & 0 & 1 & 0 & 0 & 0 & 0 & 0 & 0 & 0 & 0 & 0 & 0 & 0 & 0 & 0 \\ 0 & 1 & 0 & 1 & 0 & 0 & 0 & 0 & 0 & 1 & 0 & 0 & 0 & 0 & 0 & 0 \\ 0 & 0 & 1 & 0 & 0 & 0 & 0 & 0 & 0 & 1 & 1 & 0 & 0 & 0 & 0 & 0 \\ 1 & 0 & 0 & 0 & 0 & 0 & 0 & 0 & 0 & 0 & 0 & 0 & 0 & 0 & 0 & 0 \\ 1 & 0 & 0 & 0 & 0 & 1 & 0 & 1 & 0 & 0 & 0 & 0 & 0 & 0 & 0 & 0 \\ 0 & 0 & 0 & 0 & 0 & 1 & 0 & 1 & 0 & 0 & 0 & 1 & 0 & 0 & 0 & 0 \\ 0 & 0 & 0 & 0 & 0 & 1 & 0 & 1 & 0 & 0 & 0 & 0 & 0 & 0 & 1 & 0 \\ 0 & 0 & 0 & 1 & 0 & 0 & 0 & 1 & 0 & 1 & 0 & 0 & 0 & 0 & 0 & 0 \\ 0 & 0 & 0 & 1 & 0 & 0 & 0 & 0 & 0 & 1 & 0 & 1 & 0 & 0 & 0 & 0 \\ 0 & 0 & 0 & 0 & 0 & 0 & 0 & 0 & 0 & 1 & 0 & 0 & 0 & 0 & 0 & 1 \\ 0 & 0 & 0 & 0 & 0 & 0 & 0 & 0 & 0 & 0 & 0 & 1 & 0 & 0 & 0 & 0 \\ 0 & 0 & 0 & 0 & 0 & 0 & 0 & 0 & 0 & 1 & 0 & 1 & 0 & 1 & 0 & 0 \\ 0 & 0 & 0 & 0 & 0 & 0 & 0 & 0 & 0 & 0 & 0 & 1 & 0 & 1 & 0 & 1 \\ 0 & 0 & 0 & 0 & 0 & 1 & 0 & 0 & 0 & 0 & 0 & 0 & 1 & 0 & 1 & 0 \\ 0 & 0 & 0 & 0 & 0 & 0 & 0 & 0 & 0 & 0 & 1 & 0 & 0 & 0 & 1 & 0 \end{bmatrix}$$

在此基础上，根据连通性判定准则对各方案连通性进行判定，并计算结构连通性指标。

6.4.2.3 水力连通性指标

建立连通水网一维水动力模型，采用水动力数学模型计算水力连通性准则层的各项指标。

1. 水动力模型建立

凤河和永定河在水网连通线路待优化方案集中均为过境河流，将其分别视为上游入水点和下游收水点，因此，在水动力模型中不对凤河和永定河进行数值模拟，均概化为上下游边界。图 6.16 为方案集中的 1 条人工渠道连通的水动力模型结果。

2. 水动力模型验证

由于区域连通水网复杂，河流实测资料有限，选取与本区域类似、同属海河流域的某小运河段进行模型参数率定。小运河段分为全衬砌段和非衬砌段，桩号 $24+000 \sim 58+000$ 为全衬砌段，糙率为 0.015；桩号 $0+000 \sim 24+000$、$58+000 \sim 96+920$ 为非衬砌段，糙率为 0.025。

小运河段设计流量为 $50 \mathrm{m}^3/\mathrm{s}$，下游设计水位为 31.25m，以此为边界条件对模型进行验证。通过比较河道计算水深与设计水深进行模型验证分析。图 6.17 为小运河段的计算水深与设计水深对比。比较小运河段计算水深与设计水深，其最大误差为 0.160m，REMS 为 6.64%，表明计算水深与设计水深吻合较好。

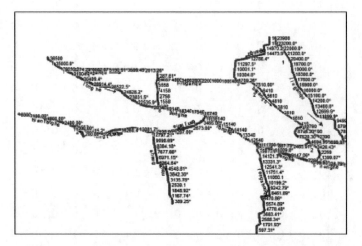

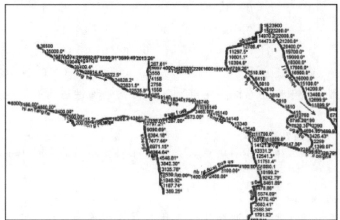

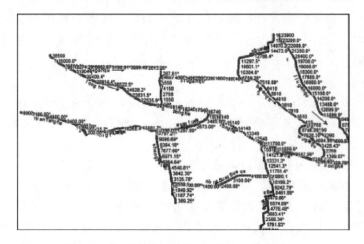

图 6.16　水动力模型结果（1 条人工渠道连通）

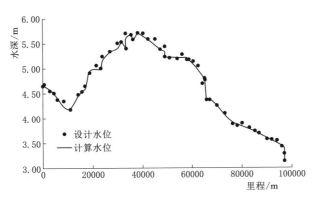

图 6.17 小运河段的计算水深与设计水深对比

3. 水动力模型边界条件

模型边界条件包括上游流量条件、下游水位条件以及侧向入流、出流条件。

根据水量平衡分析结果，为保证永定河泛区年收水量 2000 万 m³，需从龙河上游、天堂河上游、八干渠上游以及九干渠上游共引水 14295.6 万 m³。龙河上游和天堂河上游入境水量来自《廊坊市水资源公报》数据，八干渠上游和九干渠上游入境水量由计算确定，两渠上游入境水量满足北运河入廊坊市境内水量。上游流量边界条件为九干渠上游、八干渠上游、龙河上游及天堂河上游的入流流量，下游边界给定正常水位，包括龙河下游、天堂河下游、胜天渠下游和丰收渠下游，以河道下游坡度数据给定。上游边界流量和下游边界水位列于表 6.8。

表 6.8　各方案上下游边界条件

河段名称	上游边界（引水总量 14295.6 万 m³）		下游边界坡度
	河段上游引水量/万 m³	边界流量/(m³/s)	
龙河	1421	0.45	1/9000
天堂河	1074	0.34	1/4000
八干渠	5900.3	1.87	—
九干渠	5900.3	1.87	—
胜天渠	—	—	0
丰收渠	—	—	1/7900

对于侧向边界条件，方案集中 3 条人工渠道均不连通的水动力模型边界条件分析如下：其侧向边界条件包括需水量 15741.2 万 m³、入泛区水量 2000 万 m³ 和再生水水量 3445.6 万 m³。其中，需水量按各引水河渠水域面积大小分配至每条河段；同理，入泛区水量按各引水河渠水域面积大小分配至泛区主要河

段天堂河 01 段、天堂河 02 段、胜天渠 01 段、胜天渠 02 段、半截河、丰收渠；再生水水量包括大皮营引渠 365 万 m³、八干渠 02 段 219 万 m³、九干渠 7.3 万 m³、五干渠 02 段 2737.5 万 m³ 和胜天渠 02 段 116.8 万 m³。该方案侧向边界条件列于表 6.9，连通线路待优化方案集的其他方案分析结果同理，可得各连通方案的侧向边界条件。

表 6.9　　　　　　　侧向边界条件（3 条人工渠道均不连通）　　　单位：m³/s

序号	河流	河段	侧向需水	入泛区水	再生水
1	九干渠	—	0.84		0.0023
2	八干渠	01	0.16		
		02	0.22		0.07
3	六干渠	—	0.06		
4	五干渠	—	0.28		0.87
5	老龙河	—	0.05		
6	七干渠	—	0.28		
7	大皮营引渠	—	0.14		0.12
8	龙河	01	0.32		
		02	0.95		
		03	0.24		
		04	0.39		
		05	0.53		
		06	0.76		
9	天堂河	01	0.75	0.27	
		02	0.09	0.03	
10	半截河	—	0.24	0.09	
11	胜天渠	01	0.29	0.10	
		02	0.21	0.07	0.04
12	丰收渠	—	0.20	0.07	

6.4.3　水网连通性评价指标分析

6.4.3.1　水网形态指标

水网形态指标计算结果列于表 6.10。

水网形态指标计算结果表明，3 条人工渠道均连通（方案八）的水网规模最大，和 3 条人工渠道均不连通（方案一）的水网比较，河道槽蓄量提高 5.21%，水面率提高 4.32%，区域水网调蓄能力增强。

表 6.10   水网形态指标计算结果

连通线路 方案集	水面率 /%	单位河段长 /(km/km²)	单位河段数 /(条/km²)	河道槽蓄量 /万 m³
方案一	0.370	0.171	0.020	1217.980
方案二	0.380	0.175	0.023	1273.770
方案三	0.372	0.176	0.023	1217.660
方案四	0.373	0.178	0.023	1224.530
方案五	0.383	0.181	0.027	1273.770
方案六	0.384	0.182	0.027	1280.650
方案七	0.376	0.183	0.027	1225.330
方案八	0.386	0.188	0.030	1281.450

6.4.3.2 结构连通性指标

采用图论理论进行结构连通性计算,包括区域水网图模型建立、各方案连通性判定及结构连通性计算三部分内容。区水网图模型和图矩阵已在 6.4.2.4 节建立,下面根据连通性判定准则,对各方案连通性进行判定,对结构连通性指标进行计算。

1. 各方案连通性判定

在进行结构连通性计算之前,需根据连通性判定准则对各方案连通性进行判定。基于 MATLAB 运算分析,3 条人工渠道均连通的判别矩阵为 $S = \sum_{k=1}^{15} A^k$,其中不含有零元素,因此其满足连通性判定。采用同样的分析方法,对连通线路待优化方案集进行连通性判定,均满足连通性判定。

2. 结构连通性指标计算

基于图论理论基础,计算连通线路待优化方案集的水网环度、节点连接率、水网连通度指标数值,计算结果列于表 6.11。

表 6.11   **结构连通性指标计算结果**

连通线路待优化方案集	节点个数	连接线数	水网环度	节点连接率	水网连通度
方案一	10	19	0.667	1.900	0.792
方案二	12	22	0.579	1.833	0.733
方案三	12	22	0.579	1.833	0.733
方案四	12	22	0.579	1.833	0.733
方案五	14	25	0.522	1.786	0.694
方案六	14	25	0.522	1.786	0.694
方案七	14	25	0.522	1.786	0.694
方案八	16	28	0.481	1.750	0.667

结构连通性指标计算结果表明，3 条人工渠道均不连通（方案一）的水网环度、节点连接率和水网连通度最大，分别为 0.667、1.900 和 0.792，其结构连通性较强；3 条人工渠道均连通（方案八）的结构连通性较弱，3 项指标分别降至 0.481、1.750 和 0.667。这是因为，该区域水网地处永定河冲积平原，人工改造程度高，当新开挖人工渠道连通后，局部水网呈较密的网状结构，河渠数、河渠之间交汇点数量增加，网络结构变得复杂，河渠间水流交汇困难，导致其结构连通性下降。

6.4.3.3　水力连通性指标

利用水动力模型分别对水网连通线路待优化方案集进行数值模拟，得到各方案水深、流速等结果，水网中各河段均有水流动，处于连通状态。表 6.12 列出了 3 条人工渠道均不连通（方案一）的水深、流速计算结果。基于水网连通调查结果得到各河段长度、区域面积等数据，结合水力连通性指标计算结果，由水网连通评价指标体系中各指标的计算公式得到连通线路待优化方案集的河渠流速和流动稳定性指标数值，计算结果列于表 6.13。

表 6.12　　　　水深、流速计算结果（3 条人工渠道均不连通）

序号	河渠	河段	平均水深/m	上游水位/m	下游水位/m	流速/(m/s)
1	九干渠	—	1.060	9.330	9.190	0.105
2	八干渠	01	0.580	11.540	10.170	0.210
		02	0.975	10.160	9.190	0.245
3	六干渠	—	0.585	11.610	10.170	0.125
4	五干渠	01	0.835	9.190	8.580	0.335
		02	0.565	8.580	8.100	0.325
5	胜利支渠	—	—	—	—	—
6	老龙河	—	0.485	8.100	7.830	0.335
7	七干渠	—	0.495	12.260	12.080	0.130
8	大皮营引渠	—	0.400	12.070	9.420	0.095
9	龙河	01	0.540	12.270	12.260	0.050
		02	0.330	11.820	9.420	0.095
		03	0.595	9.420	8.730	0.045
		04	0.510	8.730	8.300	0.025
		05	0.120	8.170	8.140	0.070
		06	0.240	8.140	7.820	0.040
		07	0.350	7.810	7.450	0.180
		08	0.350	7.450	7.090	0.180

续表

序号	河渠	河段	平均水深 /m	上游水位 /m	下游水位 /m	流速 /(m/s)
10	天堂河	01	0.225	11.570	10.240	0.120
		02	0.090	10.030	9.810	0.130
11	半截河	—	0.260	8.080	7.410	0.085
12	胜天渠	01	0.350	10.220	7.410	0.190
		02	0.400	7.390	6.050	0.270
		03	0.400	6.050	5.600	0.270
13	丰收渠	01	0.250	8.300	7.770	0.150
		02	0.250	7.770	7.530	0.150
		03	0.245	7.530	6.540	0.150
14	胜丰支渠	—	—	—	—	—
15	小刘庄支渠	—	—	—	—	—

表 6.13　　　　　　　　水力连通性指标计算结果

连通线路待优化方案集	河道流速/(m/s)	流动稳定性/m^{-1}
方案一	0.158	0.550
方案二	0.154	0.557
方案三	0.155	0.541
方案四	0.152	0.558
方案五	0.151	0.548
方案六	0.148	0.565
方案七	0.149	0.551
方案八	0.169	0.587

　　水力连通性指标计算结果表明，3 条人工渠道均连通（方案八）水网的河道平均流速最大，为 0.169m/s，高于其他方案 6.5%～12.4%；流动稳定性明显增强，流动稳定性指标为 0.587m^{-1}，也高于其他方案 3.7%～7.8%，说明水流循环更加通畅，河道间水体置换效果最佳，区域水网内河段流动稳定。

6.4.3.4　水网连通性评价指标汇总

　　将水网形态、结构连通性和水力连通性指标计算结果进行汇总，列于表 6.14。

　　由各方案的评价结果可知，不同连通线路的水网，在水网形态、结构连通性和水力连通性 3 个准则层均存在差异。以往研究多通过指标值评价方案在某一准则层的连通状况，例如，3 条人工渠道均不连通（方案一）水力连通性较差，但结构连通性最强；而 3 条人工渠道均连通（方案八）则反之。需要指出的是，连通线路较优的其结构连通性不一定最优，需要从多个准则层的相关指标进行评判，不能仅依靠单个指标判别连通线路的优劣。

表 6.14　　　　　　　　　　　水网连通评价指标体系数据

指　　　标	方案一	方案二	方案三	方案四	方案五	方案六	方案七	方案八
水面率 $\eta/\%$	0.370	0.380	0.372	0.373	0.383	0.384	0.376	0.386
单位河段长 $D/(km/km^2)$	0.171	0.175	0.176	0.178	0.181	0.182	0.183	0.188
单位河段数 $R/(条/km^2)$	0.020	0.023	0.023	0.023	0.027	0.027	0.027	0.030
河流槽蓄量 $V_w/万\ m^3$	1217.980	1273.770	1217.660	1224.530	1273.770	1280.650	1225.330	1281.450
水网环度 α	0.667	0.579	0.579	0.579	0.522	0.522	0.522	0.481
节点连接率 β	1.900	1.833	1.833	1.833	1.786	1.786	1.786	1.750
水网连通度 γ	0.792	0.733	0.733	0.733	0.694	0.694	0.694	0.667
河道流速 $V_i/(m/s)$	0.158	0.154	0.155	0.152	0.151	0.148	0.149	0.169
流动稳定性 C_m/m^{-1}	0.550	0.557	0.541	0.558	0.548	0.565	0.551	0.587

6.4.4　连通线路评价等级划分

6.4.4.1　连通评价指标权重计算

1. 层次分析法（AHP权重）

基于水网连通性评价指标体系，对各层元素分别构建判断矩阵并进行一致性检验，从而确定各元素 AHP 权重。例如，准则层的水网形态权重值为 0.333，指标层的水面率权重值为 0.250，因此得出水面率指标的 AHP 权重值为 0.083。各元素 AHP 权重计算结果列于表 6.15。

表 6.15　　　　　　　　　　　水网连通评价指标权重

准　则　层	指　标　层	权　　重		
		AHP	熵权法	综合权重
水网形态（0.333）	水面率（0.250）	0.083	0.108	0.096
	单位河段长（0.250）	0.083	0.080	0.083
	单位河段数（0.250）	0.083	0.081	0.083
	河流槽蓄量（0.250）	0.083	0.175	0.122
结构连通性（0.333）	水系环度（0.333）	0.111	0.098	0.105
	节点连接率（0.333）	0.111	0.092	0.103
	水网连通度（0.333）	0.111	0.099	0.106
水力连通性（0.333）	河道流速（0.500）	0.167	0.152	0.161
	流动稳定性（0.500）	0.167	0.114	0.140

2. 熵权法权重

对指标初始值进行归一化处理，根据熵权法计算出 9 项指标的熵值分别为 0.850、0.888、0.887、0.756、0.864、0.872、0.862、0.789 和 0.841，进而求得各指标熵权，计算结果也列于表6.15。

3. 综合权重

结合 AHP 权重和熵权的权重计算结果，得到各指标综合权重值，计算结果也列于表6.15。例如，单位河段长指标的 AHP 权重为0.083、熵权的权重为0.080，计算得到其综合权重为0.083。

6.4.4.2 连通线路评价等级分界线

根据式（6.13）和式（6.14）对表6.14进行标准化处理，得到规范化矩阵 Y 为

$$
Y = \begin{bmatrix}
0.489 & 0.476 & 0.400 & 0.487 & 0.581 & 0.521 & 0.543 & 0.498 & 0.488 \\
0.503 & 0.487 & 0.460 & 0.510 & 0.504 & 0.502 & 0.502 & 0.486 & 0.494 \\
0.492 & 0.490 & 0.460 & 0.487 & 0.504 & 0.502 & 0.502 & 0.489 & 0.480 \\
0.493 & 0.496 & 0.460 & 0.490 & 0.504 & 0.502 & 0.502 & 0.479 & 0.495 \\
0.507 & 0.504 & 0.540 & 0.510 & 0.455 & 0.489 & 0.476 & 0.476 & 0.486 \\
0.508 & 0.507 & 0.540 & 0.512 & 0.455 & 0.489 & 0.476 & 0.467 & 0.501 \\
0.497 & 0.510 & 0.540 & 0.490 & 0.455 & 0.489 & 0.476 & 0.470 & 0.488 \\
0.511 & 0.524 & 0.600 & 0.513 & 0.419 & 0.479 & 0.457 & 0.533 & 0.520
\end{bmatrix}
$$

由表6.15得到权重矩阵 W 为

$$W = \begin{bmatrix} 0.096 & 0.083 & 0.083 & 0.122 & 0.105 & 0.103 & 0.106 & 0.161 & 0.140 \end{bmatrix}$$

采用多属性决策优选模型，利用规范化矩阵 Y、权重矩阵 W，计算得到决策值矩阵 V 为

$$V = YW = \begin{bmatrix} 0.500 & 0.495 & 0.490 & 0.491 & 0.491 & 0.493 & 0.488 & 0.506 \end{bmatrix}$$

因此，水网连通线路评价等级分界线值共分为10级，Ⅰ～Ⅹ的分界线值分别为0.537、0.528、0.518、0.509、0.500、0.491、0.482、0.472和0.463，以水网连通线路待优化方案集为对象，参照此分界线值对水网连通线路进行评价，确定水网连通线路较优方案。

6.4.5 连通线路评价优选

将水网连通线路待优化方案集分为四组：①3条人工渠道均不连通；②1条人工渠道连通；③2条人工渠道连通；④3条人工渠道均连通，采用多属性决策优选模型分别对四组连通方案逐一进行决策优选，以得到水网连通线路较优方案。

6.4.5.1 连通线路工况

对水网连通线路待优化方案集拟定四组水网连通线路，分别为3条人工渠道均不连通、1条人工渠道连通、2条人工渠道连通、3条人工渠道均连通。四组水网连通线路，如图6.18所示。

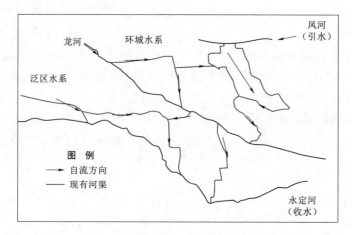

（a）3条人工渠道均不连通

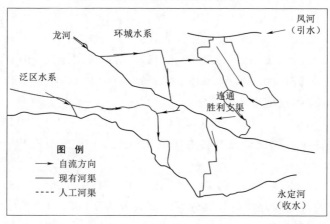

（b-1）1条人工渠道连通

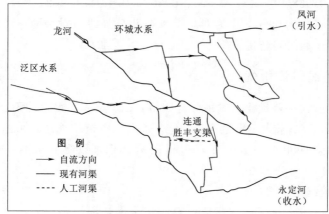

（b-1）1条人工渠道连通

图 6.18（一） 四组水网连通线路

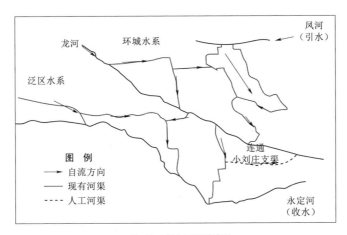

（b-2）1条人工渠道连通

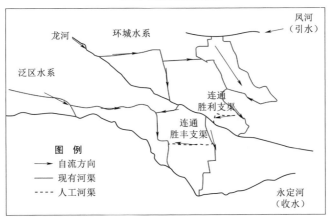

（c-1）2条人工渠道连通

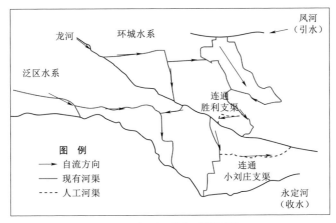

（c-1）2条人工渠道连通

图 6.18（二） 四组水网连通线路

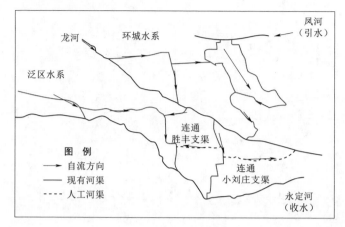

（c-2）2条人工渠道连通

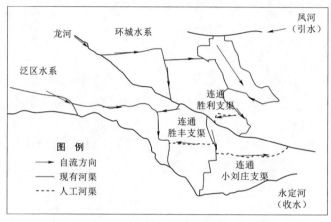

（d）3条人工渠道均连通

图6.18（三）　四组水网连通线路

6.4.5.2　连通线路优选

1. 3条人工渠道均不连通

对表6.14中3条人工渠道均不连通的指标数据进行标准化处理，得到规范化矩阵 Y_1，通过计算得到其决策值矩阵 V_1 为

$$Y_1 = \begin{bmatrix} 0.489 & 0.476 & 0.400 & 0.487 & 0.581 & 0.521 & 0.543 & 0.498 & 0.488 \end{bmatrix}$$

$$V_1 = Y_1 W = 0.500$$

3条人工渠道均不连通时，水网连通效果值为0.500。

2. 1条人工渠道连通

对表6.14中1条人工渠道连通的指标数据进行标准化处理，得到规范化矩

阵 Y_2，通过计算得到其决策值矩阵 V_2 为

$$Y_2 = \begin{bmatrix} 0.503 & 0.487 & 0.460 & 0.510 & 0.504 & 0.502 & 0.502 & 0.486 & 0.494 \\ 0.492 & 0.490 & 0.460 & 0.487 & 0.504 & 0.502 & 0.502 & 0.489 & 0.480 \\ 0.493 & 0.496 & 0.460 & 0.490 & 0.504 & 0.502 & 0.502 & 0.479 & 0.495 \end{bmatrix}$$

$$V_2 = Y_2 W = \begin{bmatrix} 0.495 & 0.490 & 0.491 \end{bmatrix}$$

1 条人工渠道连通：胜利支渠连通，水网连通效果值为 0.495；胜丰支渠连通，水网连通效果决策值为 0.490；小刘庄支渠连通，水网连通效果决策值为 0.491。比较上述水网连通效果值，表明胜利支渠连通的水网连通效果最好。

3. 2 条人工渠道连通

对表 6.14 中 2 条人工渠道连通的指标数据进行标准化处理，得到规范化矩阵 Y_3，通过计算得到其决策值矩阵 V_3 为

$$Y_3 = \begin{bmatrix} 0.507 & 0.504 & 0.540 & 0.510 & 0.455 & 0.489 & 0.476 & 0.476 & 0.486 \\ 0.508 & 0.507 & 0.540 & 0.512 & 0.455 & 0.489 & 0.476 & 0.467 & 0.501 \\ 0.497 & 0.510 & 0.540 & 0.490 & 0.455 & 0.489 & 0.476 & 0.470 & 0.488 \end{bmatrix}$$

$$V_3 = Y_3 W = \begin{bmatrix} 0.491 & 0.493 & 0.488 \end{bmatrix}$$

2 条人工渠道连通：当环城的胜利支渠、泛区的胜丰支渠连通，水网连通效果决策值为 0.491；当环城的胜利支渠、泛区的小刘庄支渠连通，水网连通效果决策值为 0.493；当泛区的胜丰支渠、小刘庄支渠均连通，水网连通效果决策值为 0.488。

对比 1 条人工渠道连通结果，当只连通胜利支渠时，决策值为 0.495。在连通胜利支渠的基础上，增加连通胜丰支渠或小刘庄支渠时决策值分别减小为 0.491 和 0.493。由此可知，胜利支渠对水网连通效果具有促进作用，而泛区的胜丰支渠和小刘庄支渠对水网连通效果具有抑制作用。

4. 3 条人工渠道均连通

对表 6.14 中 3 条人工渠道均连通的指标数据进行标准化处理，得到规范化矩阵 Y_4，通过计算得到其决策值矩阵 V_4 为

$$Y_4 = \begin{bmatrix} 0.511 & 0.524 & 0.600 & 0.513 & 0.419 & 0.479 & 0.457 & 0.533 & 0.520 \end{bmatrix}$$
$$V_4 = Y_4 W = 0.506$$

当 3 条人工渠道均连通时：水网连通效果决策值为 0.506，按上述连通线路评价等级分界线值共分 10 级的标准，该连通效果属于 V 级，在连通线路待优化方案集中处于最高水平，分别比 1 条人工渠道连通和 2 条人工渠道连通的最高连

通效果决策值提高 2.22% 和 2.64%，说明该 3 条人工渠道均连通的连通效果较优。同时，该 3 条人工渠道均连通的水网形态和水力连通性指标值均处于最高水平，其中河道槽蓄量和水面率分别较 3 条人工渠道均不连通时提高 5.21% 和 4.32%，说明水流循环更加通畅，河网调蓄能力有所增强；在相同上游来水情况下，由凤河至永定河引水过程中该连通的水网河道平均流速最大，为 0.169m³/s，河渠间水体流动性最好。

6.4.5.3 连通线路较优方案

通过以上四组连通线路的水网连通效果分析可得，3 条人工渠道均连通时，水网形态相对复杂，导致其结构连通性较差，但在水网形态和水力连通性两方面的指标均处于最高水平。综合考虑水网形态、结构连通性和水力连通性等方面，通过多属性决策优选模型，计算出其水网连通效果决策值为 0.506，处于所有连通线路待优化方案集中的最高水平，说明 3 条人工渠道均连通时全域水网连通效果较优，因此该方案为水网连通线路较优方案。水网连通线路较优方案，如图 6.19 所示。

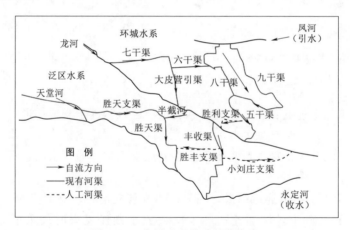

图 6.19　水网连通线路较优方案

6.5　小　　结

针对区域水网，提出了河渠湖库连通线路评价优选技术。该技术结合遥感解译等方法实现对区域遥感影像水体的提取，提高了精度和效率；同时，在以往评价水网形态和结构连通性基础上，考虑水力连通性分析，完善了区域水网连通性评价体系，得到较优连通线路。

将河渠湖库连通线路评价优选技术应用于廊坊市凤河—永定河区域。首先，基于遥感影像资料，采用深度学习框架 Keras 搭建 Segnet 网络模型，其训练准

确度为 96.08%，验证准确度为 89.62%，实现了对廊坊市境内凤河—永定河区域四类地貌单元的识别；采用归一化水体指数法对区域进行水体提取，确定水网形态；拟定了 8 种水网连通线路待优化方案集。其次，在水网形态和结构连通性基础上，考虑河道流速和流动稳定性等水力连通性指标，提出包括 3 层次 9 项评价指标的区域水网连通性评价体系；基于综合评价法构建多属性决策优选模型，对不同连通线路进行评价。最后，得到了连通线路较优方案，即 3 条人工渠道均连通的水网连通效果较优。

河渠湖库连通水力模拟与水量调配技术一览图

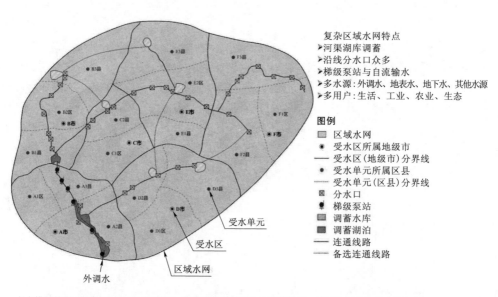

复杂区域水网特点
➤河渠湖库调蓄
➤沿线分水口众多
➤梯级泵站与自流输水
➤多水源:外调水、地表水、地下水、其他水源
➤多用户:生活、工业、农业、生态

图例
⬛ 区域水网
⦿ 受水区所属地级市
── 受水区(地级市)分界线
⦁ 受水单元所属区县
┈┈ 受水单元(区县)分界线
⊠ 分水口
✦ 梯级泵站
⬛ 调蓄水库
⬛ 调蓄湖泊
── 连通线路
┈┈ 备选连通线路

受水单元

受水区

区域水网

外调水

水力模拟技术:模拟区域水网水流运动,明确河渠湖库的水力连通关系,明晰各调蓄工程水量变化及其相互影响。

水资源多维均衡调配技术:合理调配各类水源,明确受水区及用户的各类水源水量,实现外调水和当地水源的高效利用。

水量多目标优化调配技术:将各类水源由受水区进一步调配至受水单元及用户,明确各受水单元及用户的调配水量、逐旬调配水量,实现精细化供水。

水量水质联合调配技术:考虑区域水网水质变化,将各类水源由受水区进一步调配至受水单元及用户,明确各受水单元及用户的调配水量,实现分质供水。

调水过程优化技术:优化梯级泵站输水过程,确定最优的起调水位、泵站开启时间差、调入时间和调出时间,实现安全稳定输水。

连通线路评价优选技术:对众多的连通线路进行定量评价优选,确定连通线路较优方案,实现合理高效水力连通。

参 考 文 献

陈佳玲，王昶. 基于 ENVI 的遥感影像分类 [J]. 北京测绘，2018，32 (8)：933-937.

陈静波，刘顺喜，汪承义，等. 基于知识决策树的城市水体提取方法研究 [J]. 遥感信息，
　　2013，28 (1)：29-33，37.

陈雷. 立足科学发展 着力改善民生 做好水利发展"十二五"规划编制工作：在全国水利发展
　　"十二五"规划编制工作视频会议上的讲话 [J]. 中国水利，2009 (21)：1-5.

陈雷. 凝心聚力加快水利改革发展 以优异成绩迎接党的十九大胜利召开 [J]. 中国水利，
　　2017 (1)：1-7.

陈玲玲. 调水工程受水区水资源均衡调配方案评价与优化研究 [D]. 天津：天津大
　　学，2018.

陈文龙，宋利祥，邢领航，等. 一维-二维耦合的防洪保护区洪水演进数学模型 [J]. 水科学
　　进展，2014，25 (6)：848-855.

程卫国. 变化条件下吉林西部地下水的模拟与管理 [D]. 长春：吉林大学，2015.

崔广柏，陈星，向龙，等. 平原河网区水系连通改善水环境效果评估 [J]. 水利学报，2017，
　　48 (12)：1429-1437.

崔国韬，左其亭，窦明. 国内外河湖水系连通发展沿革与影响 [J]. 南水北调与水利科技，
　　2011，9 (4)：73-76.

丁咏梅，邵东国. 水资源有计划市场配置模型及其应用 [J]. 武汉大学学报（工学版），
　　2010，43 (4)：438-442.

董增川，卞戈亚，王船海，等. 基于数值模拟的区域水量水质联合调度研究 [J]. 水科学进
　　展，2009，20 (2)：184-189.

窦明，靳梦，牛晓太，等. 基于遥感数据的城市水系形态演变特征分析 [J]. 武汉大学学
　　报（工学版），2016，49 (1)：16-21.

傅春，李云翊，王世涛. 城市化进程下南昌市城区水系格局与连通性分析 [J]. 长江流域资
　　源与环境，2017，26 (7)：1042-1048.

高学平，陈玲玲，刘殿竹，等. 基于 PCA-RBF 神经网络模型的城市用水量预测 [J]. 水利
　　水电技术，2017，48 (7)：1-6.

高学平，胡泽，闫晨丹，等. 考虑水力连通性的水系连通评价指标体系构建与应用 [J]. 水
　　资源保护，2022，38 (2)：41-47.

高学平，聂晓东，孙博闻，等. 调水工程中相邻梯级泵站的开启时间差研究 [J]. 水利学报，
　　2016，47 (12)：1502-1509.

高学平，闫晨丹，张岩，等. 基于 BP 神经网络的调水工程调蓄水位预测模型 [J]. 南水北调与水利科技，2018，16（1）：8-13.

高学平，朱洪涛，闫晨丹，等. 基于 RBF 代理模型的调水过程优化研究 [J]. 水利学报，2019，50（4）：439-447.

葛忆，顾圣平，贺军，等. 基于模拟与优化模式的流域水量水质联合调度研究 [J]. 中国农村水利水电，2013（3）：62-65.

顾晨霞，黄显峰. 水资源水质水量联合调度研究进展 [J]. 水利科技与经济，2012，18（3）：26-28.

郭文献，夏自强，王鸿翔，等. 基于模糊物元模型的水资源合理配置方案综合评价 [J]. 灌溉排水学报，2007，26（5）：75-78.

郭旭宁，雷晓辉，李云玲，等. 跨流域水库群最优调供水过程耦合研究 [J]. 水利学报，2016，47（7）：949-958.

何国华，汪妮，解建仓，等. 基于熵权的水资源配置和谐性模糊综合评价模型的建立及应用 [J]. 西北农林科技大学学报（自然科学版），2016，44（2）：214-220.

侯玉，卓建民，郑国权. 河网非恒定流汊点分组解法 [J]. 水科学进展，1999（1）：49-53.

胡泽. 区域水网水系连通方案优化研究：以廊坊水系连通工程为例 [D]. 天津：天津大学，2020.

华士乾. 水资源系统分析指南 [M]. 北京：水利电力出版社，1988.

槐文信，赵振武，童汉毅，等. 渭河下游河道及洪泛区洪水演进的数值仿真（Ⅰ）：数学模型及其验证 [J]. 武汉大学学报（工学版），2003，36（4）：10-14.

黄草，陈叶华，李志威，等. 洞庭湖区水系格局及连通性优化 [J]. 水科学进展，2019，30（5）：661-672.

黄草，王忠静，李书飞，等. 长江上游水库群多目标优化调度模型及应用研究Ⅰ：模型原理及求解 [J]. 水利学报，2014，45（9）：1009-1018.

黄草，王忠静，鲁军，等. 长江上游水库群多目标优化调度模型及应用研究Ⅱ：水库群调度规则及蓄放次序 [J]. 水利学报，2014，45（10）：1175-1183.

姜晓明，李丹勋，王兴奎. 基于黎曼近似解的溃堤洪水一维、二维耦合数学模型 [J]. 水科学进展，2012，23（2）：214-221.

赖锡军，汪德爟. 非恒定水流的一维、二维耦合数值模型 [J]. 水利水运工程学报，2002（2）：48-51.

李安强，张建云，仲志余，等. 长江流域上游控制性水库群联合防洪调度研究 [J]. 水利学报，2013，44（1）：59-66.

李景保，于丹丹，张瑞，等. 近61年来长江荆南三口水系连通性演变特征 [J]. 长江流域资源与环境，2019，28（5）：1214-1224.

李普林，陈菁，孙炳香，等. 基于连通性的城镇水系规划研究 [J]. 人民黄河，2018，40（1）：31-35，49.

李义天. 河网非恒定流隐式方程组的汊点分组解法 [J]. 水利学报, 1997 (3)：50-58.

李英海, 莫莉, 左建. 基于混合差分进化算法的梯级水电站调度研究 [J]. 计算机工程与应用, 2012, 48 (4)：228-231.

李玉凤, 王波, 李小明. 基于SPOT5影像的山东南四湖地被覆盖分类研究 [J]. 遥感技术与应用, 2008, 23 (1)：62-66.

李云, 范子武, 吴时强, 等. 大型行蓄洪区洪水演进数值模拟与三维可视化技术 [J]. 水利学报, 2005, 36 (10)：1158-1164.

李宗礼, 刘昌明, 郝秀平, 等. 河湖水系连通理论基础与优先领域 [J]. 地理学报, 2021, 76 (3)：513-524.

梁霄, 巨文慧, 孙博闻, 等. 基于AHP-熵权法的平原城市河网水系连通性评价：以廊坊市为例 [J]. 南水北调与水利科技 (中英文), 2022, 20 (2)：352-364.

刘海娟, 陆凡. 遗传投影寻踪插值模型在生态安全评价中的应用：以甘肃省民勤县为例 [J]. 西北农林科技大学学报 (自然科学版), 2013, 41 (1)：118-124.

刘玒玒, 汪妮, 解建仓, 等. 水库群供水优化调度的改进蚁群算法应用研究 [J]. 水力发电学报, 2015, 34 (2)：31-36.

刘殿竹. 调水工程受水区水量水质联合调控研究 [D]. 天津：天津大学, 2018.

龙江, 李适宇. 珠江河口水动力一维、二维联解的有限元计算方法 [J]. 水动力学研究与进展 A 辑, 2007, 22 (4)：512-519.

罗建男. 基于替代模型的DNAPLs污染含水层修复方案优选 [D]. 长春：吉林大学, 2014.

罗军刚, 张晓, 解建仓. 基于量子多目标粒子群优化算法的水库防洪调度 [J]. 水力发电学报, 2013, 32 (6)：69-75.

马栋, 张晶, 赵进勇, 等. 扬州市主城区水系连通性定量评价及改善措施 [J]. 水资源保护, 2018, 34 (5)：34-40.

孟祥永, 陈星, 陈栋一, 等. 城市水系连通性评价体系研究 [J]. 河海大学学报 (自然科学版), 2014, 42 (1)：24-28.

聂晓东. 调水工程中调蓄工程群水量联动机制研究 [D]. 天津：天津大学, 2017.

牛文静, 冯仲恺, 程春田, 等. 梯级水电站群并行多目标优化调度方法 [J]. 水利学报, 2017, 48 (1)：104-112.

庞博, 徐宗学. 河湖水系连通战略研究：理论基础 [J]. 长江流域资源与环境, 2015, 24 (S1)：138-145.

彭少明, 郑小康, 王煜, 等. 黄河典型河段水量水质一体化调配模型 [J]. 水科学进展, 2016, 27 (2)：196-205.

彭卓越, 张丽丽, 殷峻暹, 等. 水质水量联合调度研究进展及展望 [J]. 水利水电技术, 2015, 46 (4)：6-10.

钱玲, 刘媛, 晁建颖. 我国水质水量联合调度研究现状和发展趋势 [J]. 环境科学与技术, 2013, 36 (S1)：484-487.

桑国庆. 基于动态平衡的梯级泵站输水系统优化运行及控制研究 [D]. 济南：山东大学，2012.

邵东国，郭宗楼. 综合利用水库水量水质统一调度模型 [J]. 水利学报，2000 (8)：10-15.

侍翰生，程吉林，方红远，等. 基于动态规划与模拟退火算法的河-湖-梯级泵站系统水资源优化配置研究 [J]. 水利学报，2013，44 (1)：91-96.

宋月清，林仁. 水泵起动过程中泵站前池水位降落值的分析 [J]. 水利学报，1999 (5)：72-77.

王光谦，欧阳琪，张远东，等. 世界调水工程 [M]. 北京：科学出版社，2009.

王浩，王建华，秦大庸. 流域水资源合理配置的研究进展与发展方向 [J]. 水科学进展，2004，15 (1)：123-128.

王伟，周延萍，王睿. 基于 SPOT 卫星影像的水域特征提取 [J]. 测绘与空间地理信息，2010，33 (2)：99-100，103.

王智勇，陈永灿，朱德军，等. 一维、二维耦合的河湖系统整体水动力模型 [J]. 水科学进展，2011，22 (4)：516-522.

吴寿红. 河网非恒定流四级解法 [J]. 水利学报，1985 (8)：42-50.

吴泽宁，左其亭，丁大发，等. 黄河流域水资源调控方案评价与优选模型 [J]. 水科学进展，2005，16 (5)：735-740.

武周虎，付莎莎，罗辉，等. 南水北调南四湖输水二维流场数值模拟及应用 [J]. 南水北调与水利科技，2014，12 (3)：17-23.

武周虎，罗辉，刘长余，等. 南水北调东线南四湖出、入湖泵站开启时间差分析研究 [J]. 南水北调与水利科技，2008，6 (1)：77-80，91.

武周虎，罗辉，刘长余，等. 南水北调南四湖提水泵站开启时间的分析研究 [J]. 水力发电学报，2008，27 (2)：110-115.

夏继红，陈永明，周子晔，等. 河流水系连通性机制及计算方法综述 [J]. 水科学进展，2017，28 (5)：780-787.

夏军，王渺林，王中根，等. 针对水功能区划水质目标的可用水资源量联合评估方法 [J]. 自然资源学报，2005，20 (5)：752-760.

夏敏，周震，赵海霞. 基于多指标综合的巢湖环湖区水系连通性评价 [J]. 地理与地理信息科学，2017，33 (1)：73-77.

夏星辉，张曦，杨志峰，等. 从水质水量相结合的角度评价黄河的水资源 [J]. 自然资源学报，2004，19 (3)：293-299.

解建仓，廖文华，荆小龙，等. 基于人工鱼群算法的浐灞河流域水资源优化配置研究 [J]. 西北农林科技大学学报（自然科学版），2013，41 (6)：221-226.

谢新民. 水电站水库群与地下水资源系统联合运行多目标管理模型及计算方法 [J]. 水利学报，1995 (4)：13-24.

徐刚，马光文，梁武湖，等. 蚁群算法在水库优化调度中的应用 [J]. 水科学进展，2005，

16 (3)：397 - 400.

徐志侠，王浩，董增川，等. 南四湖湖区最小生态需水研究 [J]. 水利学报，2006，37 (7)：784 - 788.

闫晨丹. 引运济廊水系连通研究 [D]. 天津：天津大学，2018.

杨光，郭生练，陈柯兵，等. 基于决策因子选择的梯级水库多目标优化调度规则研究 [J]. 水利学报，2017，48 (8)：914 - 923.

杨倩倩，吴时强，戴江玉，等. 夏季短期调水对太湖贡湖湾湖区水质及藻类的影响 [J]. 湖泊科学，2018，30 (1)：34 - 43.

杨晓萍，黄瑜珈，黄强. 改进多目标布谷鸟算法的梯级水电站优化调度 [J]. 水力发电学报，2017，36 (3)：12 - 21.

游进军，薛小妮，牛存稳. 水量水质联合调控思路与研究进展 [J]. 水利水电技术，2010，41 (11)：7 - 9, 18.

余新明，谈广鸣，赵连军，等. 天然分汊河道平面二维水流泥沙数值模拟研究 [J]. 四川大学学报（工程科学版），2007，39 (1)：33 - 37.

张晨. 长距离调水工程水质安全研究与应用 [D]. 天津：天津大学，2008.

张大伟，李丹勋，陈稚聪，等. 溃堤洪水的一维、二维耦合水动力模型及应用 [J]. 水力发电学报，2010，29 (2)：149 - 154.

张静. 不确定条件下城市多水源供水优化配置 [D]. 北京：华北电力大学，2008.

张守平，魏传江，王浩，等. 流域/区域水量水质联合配置研究 I：理论方法 [J]. 水利学报，2014，45 (7)：757 - 766.

张万台，路明利，吴秀云，等. 引滦工程尔王庄暗渠泵站经济运行方案研究 [J]. 水利学报，2004 (8)：94 - 97, 102.

张伟. 区域水资源水量水质统筹优化配置及其对策研究 [D]. 北京：中国矿业大学，2016.

张小飞. 不确定风险规避随机规划在流域水环境管理中的应用研究 [D]. 北京：华北电力大学，2013.

张修宇，潘建波，张修萍. 基于水量水质联合调控模式的水资源管理研究 [J]. 人民黄河，2011，33 (6)：46 - 49.

张岩. 复杂水网水量多目标联合优化调度研究 [D]. 天津：天津大学，2018.

赵璧奎，王丽萍，张验科，等. 城市原水系统水质水量控制耦合模型研究 [J]. 水利学报，2012，43 (11)：1373 - 1380, 1386.

郑姣，杨侃，倪福全，等. 水库群发电优化调度遗传算法整体改进策略研究 [J]. 水利学报，2013，44 (2)：205 - 211.

中山大学数力系计算数学专业珠江小组，李岳生，杨世孝，等. 网河不恒定流隐式方程组的稀疏矩阵解法 [J]. 中山大学学报（自然科学版），1977 (3)：28 - 38.

周振民，刘俊秀，郭威. 郑州市水系格局与连通性评价 [J]. 人民黄河，2015，37 (10)：54 - 57.

朱长明，骆剑承，沈占锋，等. DEM 辅助下的河道细小线性水体自适应迭代提取 [J]. 测绘学报，2013，42（2）：277 - 283.

ABBOTT M B，IONESCU F. On the numerical computation of nearly horizontal flows [J]. Journal of hydraulic research，1967，5（2）：97 - 117.

AFSHAR A，SHARIFI F，JALALI M R. Non - dominated archiving multi - colony ant algorithm for multi - objective optimization：Application to multi - purpose reservoir operation [J]. Engineering optimization，2009，41（4）：313 - 325.

ALI G A，ROY A G. Revisiting hydrologic sampling strategies for an accurate assessment of hydrologic [J]. Geography compass，2009，3（1）：350 - 374.

ALIZADEH M R，NIKOO M R，RAKHSHANDEHROO G R. Developing a multi - objective conflict - resolution model for optimal groundwater management based on fallback bargaining models and social choice rules：a case study [J]. Water resources management，2017，31（5）：1457 - 1472.

AMOROS C，ROUX A L. Interactions between water bodies within floodplains of large rivers：Function and development of connectivity [J]. Munst geograrb，1988，29：125 - 130.

ANVARI S，MOUSAVI S J，MORID S. Stochastic dynamic programming - based approach for optimal irrigation scheduling under restricted water availability conditions [J]. Irrigation and drainage，2017，66（4）：492 - 500.

AZAIEZ M N，HARIGA M，AL - HARKAN I. A chance - constrained multi - period model for a special multi - reservoir system [J]. Computers & operations research，2005，32（5）：1337 - 1351.

BANIHABIB M E，ZAHRAEI A，ESLAMIAN S. Dynamic programming model for the system of a non - uniform deficit irrigation and a reservoir [J]. Irrigation and drainage，2017，66（1）：71 - 81.

BELLMAN R E，ZADEH L A. Decision - making in a fuzzy environment [J]. Management science，1970，17（4）：141 - 164.

BLADÉ E，GÓMEZ - VALENTÍN M，DOLZ J，et al. Integration of 1D and 2D finite volume schemes for computations of water flow in natural channels [J]. Advances in water resources，2012，42：17 - 29.

BRIERLEY G，FRYIRS K，JAIN V. Landscape connectivity the geographic basis of geomorphic applications [J]. Area，2006，38（2）：165 - 174.

BROAD D R，DANDY G C，MAIER H R. A systematic approach to determining metamodel scope for risk - based optimization and its application to water distribution system design [J]. Environmental modelling & software，2015，69：382 - 395.

CASULLI V. A high - resolution wetting and drying algorithm for free - surface hydrodynamics [J]. International journal for numerical methods in fluids，2009，60（4）：391 - 408.

CENTER H E. Hec – ras 2D modeling user's manual version 5. 0 [M]. Davis CA：US army corps of engineers，2016.

CENTER H E. Hec – ras hydraulic reference manual version 5. 0 [M]. Davis CA：US army corps of engineers，2016.

CENTER H E. Hec – ras user's manual version 5. 0 [M]. Davis CA：US army corps of engineers，2016.

CHEN Y，WANG Z，LIU Z，et al. 1D – 2D coupled numerical model for shallow – water flows [J]. Journal of hydraulic engineering，2012，138（2）：122 – 132.

CUI L，LI Y，HUANG G. Planning an agricultural water resources management system：a two – stage stochastic fractional programming model [J]. Sustainability，2015，7（8）：9846 – 9863.

DANTZING G B. Linear programming under uncertainty [J]. Management science，1995，1（3 – 4）：197 – 206.

DAVIDSEN C，LIU S，MO X，et al. Hydroeconomic optimization of reservoir management under downstream water quality constraints [J]. Journal of hydrology，2015，529：1679 – 1689.

DEB K. An efficient constraint handling method for genetic algorithms [J]. Computer methods in applied mechanics and engineering，2000，186（2）：311 – 338.

DING Y，TANG D，DAI H，et al. Human – water harmony index：a new approach to assess the human water relationship [J]. Water resources management，2014，28（4）：1061 – 1077.

DUTTA D，ALAM J，UMEDA K，et al. A two – dimensional hydrodynamic model for flood inundation simulation：a case study in the lower mekong river basin [J]. Hydrological processes，2007，21（9）：1223 – 1237.

ELSAYED K，LACOR C. CFD modeling and multi – objective optimization of cyclone geometry using desirability function，artificial neural networks and genetic algorithms [J]. Applied mathematical modelling，2013，37（8）：5680 – 5704.

FAN J. A modified levenberg – marquardt algorithm for singular system of nonlinear equations [J]. Journal of computational mathematics，2003，21（5）：625 – 636.

FREAD D L. Technique for implicit dynamic routing in rivers with tributaries [J]. Water resources research，1973，9（4）：918 – 926.

GAO X，CHEN L，SUN B，et al. Employing SWOT analysis and normal cloud model for water resource sustainable utilization assessment and strategy development [J]. Sustainability，2017，9（8）.

GAO X，LIU Y，SUN B. A joint – probabilistic programming method for water resources optimal allocation under uncertainty：a case study in the beiyun river，China [J]. Journal of hydroinformatics，2018，20（2）：393 – 409.

GAO X，LIU Y，SUN B. Water shortage risk assessment considering large – scale regional transfers：a copula – based uncertainty case study in lunan，China [J]. Environmental science and pollution research，2018，25（23）：23328 – 23341.

GAO X，TIAN Y，SUN B. Multi – objective optimization design of bidirectional flow passage components using RSM and NSGA Ⅱ：A case study of inlet/outlet diffusion segment in pumped storage power station [J]. Renewable energy，2018，115：999 – 1013.

GEORGE B，MALANO H，DAVIDSON B，et al. An integrated hydro – economic modelling framework to evaluate water allocation strategies Ⅰ：Model development [J]. Agricultural water management，2011，98（5）：733 – 746.

GLAVAN M，CEGLAR A，PINTAR M. Assessing the impacts of climate change on water quantity and quality modelling in small slovenian mediterranean catchment – lesson for policy and decision makers [J]. Hydrological processes，2015，29（14）：3124 – 3144.

GUO P，HUANG G H，ZHU H，et al. A two – stage programming approach for water resources management under randomness and fuzziness [J]. Environmental modelling & software，2010，25（12）：1573 – 1581.

HABIBI D M，BANIHABIB M E，NADJAFZADEH A A，et al. Multi – objective optimization model for the allocation of water resources in arid regions based on the maximization of socioeconomic efficiency [J]. Water resources management，2016，30（3）：927 – 946.

HABIBI D M，BANIHABIB M E，NADJAFZADEH A A，et al. Optimization model for the allocation of water resources based on the maximization of employment in the agriculture and industry sectors [J]. Journal of hydrology，2016，533：430 – 438.

HASSANZADEH E，ELSHORBAGY A，WHEATER H，et al. A risk – based framework for water resource management under changing water availability，policy options，and irrigation expansion [J]. Advances in water resources，2016，94：291 – 306.

HE L，HUANG G H，LU H W. A simulation – based fuzzy chance – constrained programming model for optimal groundwater remediation under uncertainty [J]. Advances in water resources，2008，31（12）：1622 – 1635.

HUANG C，DAVIS L S，TOWNSHEND J R. An assessment of support vector machines for land cover classification [J]. International journal of remote sensing，2002，23：725 – 749.

HUANG G，LOUCKS D P. An inexact two – stage stochastic programming model for water resources management under uncertainty [J]. Civil engineering and environmental systems，2000，17（2）：95 – 118.

HUANG W，YUAN L，LEE C. Linking genetic algorithms with stochastic dynamic programming to the long – term operation of a multireservoir system [J]. Water resources research，2002，38（12）：40 – 49.

ISHIBUCHI H，TANAKA H. Multiobjective programming in optimization of the interval ob-

270

jective function [J]. European journal of operational research, 1990, 48 (2): 219 – 225.

J S, WJ W, TJ M, et al. Desigh and analysis of computer experiments [J]. Statistical science, 1989, 4 (4): 409 – 423.

JAFARZADEGAN K, ABED – ELMDOUST A, KERACHIAN R. A stochastic model for optimal operation of inter – basin water allocation systems: a case study [J]. Stochastic environmental research and risk assessment, 2013, 28 (6): 1343 – 1358.

JAIN V, TANDON S K. Conceptual assessment of (dis) connectivity and its application to the ganga river dispersal system [J]. Geomorphology, 2010, 118 (3 – 4): 349 – 358.

KRIGE D G. A statistical approach to some basic mine valuation problems on the witwatersrand [J]. Journal of the chemical metallurgical and mining engineering society of south africa, 1951, 94: 95 – 111.

LAI X, JIANG J, LIANG Q, et al. Large – scale hydrodynamic modeling of the middle yangtze river basin with complex river – lake interactions [J]. Journal of hydrology, 2013, 492: 228 – 243.

LI Y, CUI Q, LI C, et al. An improved multi – objective optimization model for supporting reservoir operation of China's south – to – north water diversion project [J]. Sci total environ, 2017, 575: 970 – 981.

LI Y, HUANG G, HUANG Y, et al. A multistage fuzzy – stochastic programming model for supporting sustainable water – resources allocation and management [J]. Environmental modelling & software, 2009, 24 (7): 786 – 797.

LI Y, HUANG G, YANG Z, et al. An integrated two – stage optimization model for the development of long – term waste – management strategies [J]. Science of the total environment, 2008, 392 (2): 175 – 186.

LIANG D, FALCONER R A, LIN B. Linking one – and two – dimensional models for free surface flows [J]. Proceedings of the institution of civil engineers – water management, 2007, 160 (3): 145 – 151.

LIN B, WICKS J M, FALCONER R A, et al. Integrating 1D and 2D hydrodynamic models for flood simulation [J]. Proceedings of the institution of civil engineers – water management, 2006, 159 (1): 19 – 25.

LITTLE J D C. The use of storage water in a hydroelectric system [J]. Journal of the operations research society of america, 1955, 3 (2): 187 – 197.

MARQUARDT D W. An Algorithm for least – squares estimation of nonlinear parameters [J]. Journal of the society for industrial and applied mathematics, 1963, 11 (2): 431 – 441.

MERRIAM G. Connectivity: a fundamental ecological characteristic of landscape pattern [C]. Proceedings of the international association for landscape ecology, 1984.

MORALES – HERNÁNDEZ M, GARCÍA – NAVARRO P, BURGUETE J, et al. A conservative strategy to couple 1D and 2D models for shallow water flow simulation [J]. Computers & fluids, 2013, 81: 26 – 44.

MUNYATI C, RATSHIBVUMO T, OGOLA J. Landsat TM image segmentation for delineating geological zone correlated vegetation stratification in the Kruger national park south Africa [J]. Physics and chemistry of the earth parts A/B/C, 2013, 55 – 57: 1 – 10.

NGUYEN D C H, MAIER H R, DANDY G C, et al. Framework for computationally efficient optimal crop and water allocation using ant colony optimization [J]. Environmental modelling & software, 2016, 76: 37 – 53.

NIAYIFAR A, PERONA P. Dynamic water allocation policies improve the global efficiency of storage systems [J]. Advances in water resources, 2017, 104: 55 – 64.

PAREDES – ARQUIOLA J, ANDREU – ÁLVAREZ J, MARTÍN – MONERRIS M, et al. Water quantity and quality models applied to the jucar river basin spain [J]. Water resources management, 2010, 24 (11): 2759 – 2779.

QIN X S, HUANG G H. An inexact chance – constrained quadratic programming model for stream water quality management [J]. Water resources management, 2008, 23 (4): 661.

RAFIEE V, SHOURIAN M. Optimum multicrop – pattern planning by coupling SWAT and the harmony search algorithm [J]. Journal of irrigation and drainage engineering, 2016, 142 (12).

REN CF, LI RH, ZHANG LD, et al. Multiobjective stochastic fractional goal programming model for water resources optimal allocation among industries [J]. Journal of water resources planning and management, 2016, 142 (10).

SREEKANTH J, DATTA B. Comparative evaluation of genetic programming and neural network as potential surrogate models for coastal aquifer management [J]. Water resources management, 2011, 25 (13): 3201 – 3218.

TETZLAFF D, SOULSBY C, BACON PJ, et al. Connectivity between landscapes and riverscapes a unifying theme in integrating hydrology and ecology in catchment science? [J]. Hydrological processes, 2007, 21 (10): 1385 – 1389.

VAN L K, PIFFADY J, CAVILLON C, et al. Integrated modelling of functional and structural connectivity of river corridors for european otter recovery [J]. Ecological modelling, 2014, 273: 228 – 235.

VIANA F A C, VENTER G, BALABANOV V. An algorithm for fast optimal Latin hypercube design of experiments [J]. International journal for numerical methods in engineering, 2010, 82 (2): 135 – 156.

WANG D, ADAMS BJ. Optimization of real – time reservoir operations with markov decision [J]. Water resources research, 1986, 22 (3): 345 – 352.

YAZDI J, LEE E H, KIM J H. Stochastic multiobjective optimization model for urban drainage network rehabilitation [J]. Journal of water resources planning and management, 2015, 141 (8).

ZHANG C, GAO X, WANG L, et al. Modelling the role of epiphyton and water level for submerged macrophyte development with a modified submerged aquatic vegetation model in a shallow reservoir in China [J]. Ecological engineering, 2015, 81: 123 – 132.

ZHANG Q, XIAO M, SINGH V P. Uncertainty evaluation of copula analysis of hydrological droughts in the east river basin, China [J]. Global and planetary change, 2015, 129: 1 – 9.

ZHANG Y M, HUANG G H, LIN Q G, et al. Integer fuzzy credibility constrained programming for power system management [J]. Energy, 2012, 38 (1): 398 – 405.